信息时代的指挥与控制丛书

空军网络化指挥信息系统

Networked C^{4}KISR System for Air Force

张刚宁　易侃　孙勇成　黄松华　著

国防工业出版社

·北京·

图书在版编目（CIP）数据

空军网络化指挥信息系统/张刚宁等著. —北京：国防工业出版社，2019.3（2024.11重印）
ISBN 978-7-118-11797-4

Ⅰ.①空… Ⅱ.①张… Ⅲ.①空军—军队指挥—网络化—信息系统 Ⅳ.①E154②E141.1

中国版本图书馆 CIP 数据核字（2019）第 039411 号

※

国防工业出版社出版发行
（北京市海淀区紫竹院南路23号 邮政编码100048）
北京凌奇印刷有限责任公司印刷
新华书店经售

*

开本 710×1000 1/16 印张 22¼ 字数 396 千字
2024年11月第1版第4次印刷 印数 3001—3200 册 定价 99.00 元

（本书如有印装错误，我社负责调换）

国防书店：（010）88540777　　书店传真：（010）88540776
发行业务：（010）88540717　　发行传真：（010）88540762

致 读 者

本书由中央军委装备发展部国防科技图书出版基金资助出版。

为了促进国防科技和武器装备发展，加强社会主义物质文明和精神文明建设，培养优秀科技人才，确保国防科技优秀图书的出版，原国防科工委于1988年初决定每年拨出专款，设立国防科技图书出版基金，成立评审委员会，扶持、审定出版国防科技优秀图书。这是一项具有深远意义的创举。

国防科技图书出版基金资助的对象是：

1. 在国防科学技术领域中，学术水平高，内容有创见，在学科上居领先地位的基础科学理论图书；在工程技术理论方面有突破的应用科学专著。

2. 学术思想新颖，内容具体、实用，对国防科技和武器装备发展具有较大推动作用的专著；密切结合国防现代化和武器装备现代化需要的高新技术内容的专著。

3. 有重要发展前景和有重大开拓使用价值，密切结合国防现代化和武器装备现代化需要的新工艺、新材料内容的专著。

4. 填补目前我国科技领域空白并具有军事应用前景的薄弱学科和边缘学科的科技图书。

国防科技图书出版基金评审委员会在中央军委装备发展部的领导下开展工作，负责掌握出版基金的使用方向，评审受理的图书选题，决定资助的图书选题和资助金额，以及决定中断或取消资助等。经评审给予资助的图书，由中央军委装备发展部国防工业出版社出版发行。

国防科技和武器装备发展已经取得了举世瞩目的成就。国防科技图书承担着记载和弘扬这些成就，积累和传播科技知识的使命。开展好评审工作，使有限的基金发挥出巨大的效能，需要不断摸索、认真总结和及时改进，更需要国防科技和武器装备建设战线广大科技工作者、专家、教授、以及社会各界朋友的热情支持。

让我们携起手来，为祖国昌盛、科技腾飞、出版繁荣而共同奋斗！

国防科技图书出版基金

评审委员会

国防科技图书出版基金
第七届评审委员会组成人员

主 任 委 员	柳荣普
副主任委员	吴有生　傅兴男　赵伯桥
秘 书 长	赵伯桥
副 秘 书 长	许西安　谢晓阳
委　　　员 （按姓氏笔画排序）	才鸿年　马伟明　王小谟　王群书 甘茂治　甘晓华　卢秉恒　巩水利 刘泽金　孙秀冬　芮筱亭　李言荣 李德仁　李德毅　杨　伟　肖志力 吴宏鑫　张文栋　张信威　陆　军 陈良惠　房建成　赵万生　赵凤起 郭云飞　唐志共　陶西平　韩祖南 傅惠民　魏炳波

"信息时代的指挥与控制丛书"
编审委员会

名誉主编 费爱国

丛书主编 戴 浩

执行主编 秦继荣

顾 问 （以姓氏笔画为序）

于 全　王 越　王小谟　王沙飞　方滨兴　尹 浩
包为民　苏君红　苏哲子　李伯虎　李德毅　杨小牛
何 友　汪成为　沈昌祥　陆 军　陆建华　陆建勋
陈 杰　陈志杰　范维澄　郑静晨　赵晓哲　费爱国
黄先祥　曾广商　臧克茂　谭铁牛　樊邦奎　戴琼海
戴 浩

丛书编委 （以姓氏笔画为序）

王飞跃　王国良　王树良　王积鹏　付 琨　吕金虎
朱 承　朱荣刚　刘 忠　刘玉晓　刘玉超　刘东红
刘晓明　李定主　杨 林　汪连栋　宋 荣　张红文
张宏军　张英朝　张维明　陈洪辉　邵宗有　周献中
周德云　胡晓峰　战晓苏　秦永刚　袁宏勇　贾利民
夏元清　顾 浩　高会军　郭齐胜　黄 强　游光荣
蓝羽石　熊 伟　潘 泉　潘成胜　潘建群

总　序

众所周知，没有物质，世界上什么都将不存在；没有能量，世界上什么都不会发生；没有信息，世界上什么都将没有意义。可以说，世界是由物质、能量和信息三个基本要素组成的。当今社会，没有哪一门科技比信息科学技术发展更快，更能对人类全方位活动产生深刻影响。因此，全球把21世纪称为信息时代。

信息技术的发展、社会的进步和信息资源的协同利用，对信息时代的指挥与控制提出了新的要求。全面、系统、深入研究信息时代的指挥与控制，具有重要的现实意义和历史意义。习近平总书记在2018年7月13日下午主持召开中央财经委员会第二次会议并发表重要讲话时强调："关键核心技术是国之重器，对推动我国经济高质量发展、保障国家安全都具有十分重要的意义，必须切实提高我国关键核心技术创新能力，把科技发展主动权牢牢掌握在自己手里，为我国发展提供有力科技保障。"信息时代的指挥与控制，涉及国防建设、经济建设、科学研究等社会的方方面面，例如国防领域的军队调遣、训练和作战，经济建设领域的交通运输调度等，太空探索领域的飞船上天、探月飞行，社会生活领域的应急处置，等等，均离不开指挥与控制。指挥与控制已经成为信息时代关键核心技术之一。为贯彻落实习近平总书记重要讲话精神，总结、传承、创新、发展指挥与控制知识和技术，培养国防建设、经济建设、科学研究等方面急需的年轻科研人才，服务国家关键核心技术创新能力建设战略，中国指挥与控制学会联合国防工业出版社共同组织、策划了《信息时代的指挥与控制丛书》（下文简称《丛书》），《丛书》的部分分册获得国防科技图书出版基金资助。

《丛书》全面涉及指挥与控制的基础理论和应用领域，分"基础篇、系统篇、专题篇和应用篇"。"基础篇"主要介绍指挥与控制的基础理论、发展及应用，包括指挥与控制原理、指挥控制系统工程概论等；"系统篇"主要介绍空军、陆军等军种及联合作战指挥信息系统；"专题篇"主要介绍目前指挥控制的关键技术，包括预警与探测、态势预测与认知、指挥筹划与决策、系统效能评估与验证等；"应用篇"主要介绍指挥与控制在智能交通、反恐等方面的实际应用。

《丛书》是近年来国内第一套全面、系统介绍指挥与控制相关理论、技术及应用的学术研究丛书。《丛书》各分册力求包含我国信息时代指挥与控制领域最新成果，体现国际先进水平，作者均为奋战在科研一线的专家、学者。我们希望通过此套丛书的出版、发行，推动我国指挥与控制理论、方法和技术的创新、发展及应用，为推动我国经济建设、国防现代化建设、军队现代化和智慧化建设，促进国家军民融合战略发展做出贡献。需要说明的是，《丛书》组织、策划时只做大类、系统性规划，部分分册并未完全确定，便于及时补充、增添指挥与控制领域新理论、新方法和新技术的学术专著。

《信息时代的指挥与控制丛书》的出版，是指挥与控制领域一次重要的学术创新。由于时间所限，《丛书》难免有不足之处，欢迎专家、读者批评、指正。

中国工程院院士
中国指挥与控制学会理事长
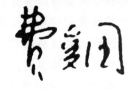

前 言

作为作战效能的"倍增器"和作战指挥的"神经中枢",指挥信息系统成为各国重点建设的核心军事能力之一。自20世纪50年代初创起,在军事需求牵引和技术发展推动的共同作用下,空军指挥信息系统不断地发展、完善和成熟。20世纪空军指挥信息系统建设历经三代,主要围绕以平台为中心,着力提高作战指挥效能,增强整体国土防空和空中突击能力。近年来,为了支撑空军空天地一体的战场感知、实时高效的智能指挥控制、中远程全天候的空中精确打击和全频域全时空的信息作战,网络化作战指挥成为遂行攻防作战行动的基本形态,以此理念推进研制的"空军网络化指挥信息系统"以及在其上形成的网络化作战体系,成为提升空军核心作战能力、遂行多样化任务的基本依托。

在这种背景下,作者依据多年的指挥信息系统关键技术研究和空军网络化指挥信息系统研制经验,重点围绕以网络为中心、以信息为主导、形成体系能力等网络化指挥信息系统的主要特征进行了深入的探讨,融入了国内外指挥信息系统的最新进展,包括美国、俄罗斯空军网络化指挥信息系统的发展现状和未来建设目标,重点介绍了空军网络化指挥信息系统总体架构,以及信息栅格、感知网、指控网和武器网四个核心系统,最后分析了涉及的主要关键技术和未来发展趋势等。

本书共分为8章:第1章为概论,叙述了空军信息化进程和转型概况、指挥信息系统基本概念和发展历程,以及美国、俄罗斯空军典型指挥信息系统发展现状;第2章介绍了空军网络化指挥信息系统总体架构,包括能力特征、组成结构和运作机理;第3章至第6章分别介绍了作为空军网络化指挥信息系统核心的信息栅格、感知网、指控网和武器网,包括核心功能、体系结构、基本原理;第7章主要介绍了空军网络化指挥信息系统主要技术;第8章介绍了空军网络化指挥信息系统技术发展趋势。

本书的撰写离不开作者研究团队中其他研究人员的辛勤工作,他们为本书中的发展现状梳理、体系架构设计、典型案例研究、发展趋势分析等做了大量严谨细致的工作,他们是张兆晨、汪霜玲、蔡凌峰、朱景晨、毛晓彬、周光霞、游坤、许莺、刁联旺、钱宁、周方、宗士强和杨进佩,十分感谢他们为本书付出的努力和做出的贡献。

在本书出版之际，我们非常感谢中国电子科技集团公司第二十八研究所的领导、同事及国防工业出版社的大力支持。专著的出版，得到了以下专家的关心、指导与支持，在此深表感谢，他们是：信息系统工程重点实验室第二十八研究所分实验室的丁峰常务副主任、闫晶晶副书记。尤其要感谢科技发展部王红杰处长、黄晓燕高级工程师在出版基金申请、著作出版管理工作方面付出的卓有成效的努力，保证了著作的顺利出版。此外，中国电子科技集团公司第二十八研究所李阳、端木竹筠、秦洪、陈玥同等也为本书的完成付出了努力，他们的有益讨论以及提供的材料给予了我们许多帮助，在此一并表示衷心感谢。

本书是作者在中国电子科技集团公司第二十八研究所和信息系统工程实验室第二十八研究所分实验室长期从事空军指挥信息系统总体技术研究、工程实践的基础上撰写而成的。由于空军指挥信息系统在不断发展演进，且涉及面广，加上我们的学识有限，书中难免会出现遗漏和不足之处，敬请各位读者批评指正。

作者

2018 年 10 月于南京

目 录

第1章 概论 ··· 1
  1.1 空军信息化与发展趋势 ··· 1
    1.1.1 空军信息化内涵 ·· 1
    1.1.2 空军信息化发展趋势 ·· 4
  1.2 空军指挥信息系统概念内涵 ··· 5
    1.2.1 指挥信息系统 ·· 5
    1.2.2 空军指挥信息系统 ·· 7
    1.2.3 空军网络化指挥信息系统 ···································· 7
    1.2.4 作用意义 ·· 8
  1.3 空军指挥信息系统发展历程 ··· 9
    1.3.1 初始发展阶段 ·· 9
    1.3.2 分散建设阶段 ··· 11
    1.3.3 集成建设阶段 ··· 12
    1.3.4 网络化发展阶段 ·· 14
  1.4 典型空军指挥信息系统发展现状 ····································· 15
    1.4.1 美国空军星座网计划 ····································· 16
    1.4.2 美国空军数据链系统 ····································· 18
    1.4.3 联合空中层网络 ··· 21
    1.4.4 美国卫星通信系统 ······································· 23
    1.4.5 美国空军分布式通用地面站系统 ·························· 25
    1.4.6 美军指挥控制、作战管理和通信系统 ······················ 28
    1.4.7 美国空军战区作战管理核心系统 ·························· 30
    1.4.8 "舒特"系统 ·· 33
    1.4.9 俄罗斯防空指挥自动化系统 ······························ 36
    1.4.10 启示 ·· 39
  1.5 本书内容组织架构 ··· 39

第2章 空军网络化指挥信息系统总体架构 ······························ 43
  2.1 主要能力 ··· 43

2.1.1 能力特征 ... 43
2.1.2 作战应用能力 ... 44
2.2 总体架构 ... 46
2.2.1 结构模型 ... 46
2.2.2 组成结构 ... 49
2.2.3 技术架构 ... 50
2.3 总体运作机理 ... 54

第3章 信息栅格ㅤ65

3.1 概述 ... 65
3.2 核心功能 ... 67
3.3 体系结构 ... 68
3.4 基本原理 ... 70
3.5 通信网络平台 ... 72
ㅤ3.5.1 空天地通信网络设施 ... 72
ㅤ3.5.2 通信网络服务 ... 81
3.6 计算与存储平台 ... 83
ㅤ3.6.1 组成结构 ... 83
ㅤ3.6.2 计算存储设施 ... 84
ㅤ3.6.3 计算存储服务 ... 89
3.7 信息服务平台 ... 90
ㅤ3.7.1 组成结构 ... 90
ㅤ3.7.2 大数据支撑环境 ... 92
ㅤ3.7.3 网络化信息服务 ... 95
3.8 运维管理体系 ... 104
ㅤ3.8.1 组成结构 ... 104
ㅤ3.8.2 数据采集 ... 106
ㅤ3.8.3 运维态势分析 ... 108
ㅤ3.8.4 资源调配方案生成 ... 109
ㅤ3.8.5 资源联动控制 ... 112
3.9 安全保障体系 ... 114
ㅤ3.9.1 组成结构 ... 114
ㅤ3.9.2 密码服务系统 ... 115
ㅤ3.9.3 认证授权系统 ... 115
ㅤ3.9.4 安全态势感知系统 ... 118

		3.9.5 安全管理系统	119
		3.9.6 安全防护系统	121

第4章 感知网 · 125

- 4.1 概述 · 125
- 4.2 核心功能 · 127
- 4.3 体系结构 · 129
- 4.4 基本原理 · 133
- 4.5 防空雷达子网 · 135
  - 4.5.1 组成结构 · 135
  - 4.5.2 工作原理 · 138
  - 4.5.3 典型应用 · 140
- 4.6 图像侦察子网 · 141
  - 4.6.1 组成结构 · 142
  - 4.6.2 工作原理 · 143
  - 4.6.3 典型应用 · 144
- 4.7 电子侦察子网 · 146
  - 4.7.1 组成结构 · 146
  - 4.7.2 工作原理 · 147
  - 4.7.3 典型应用 · 148
- 4.8 弹道导弹预警子网 · 150
  - 4.8.1 组成结构 · 150
  - 4.8.2 工作原理 · 151
  - 4.8.3 典型应用 · 154
- 4.9 空间监视子网 · 155
  - 4.9.1 组成结构 · 156
  - 4.9.2 工作原理 · 156
  - 4.9.3 典型应用 · 158
- 4.10 其他专业子网 · 160
  - 4.10.1 信号侦察子网 · 160
  - 4.10.2 网络侦察子网 · 162
  - 4.10.3 空管情报子网 · 165
- 4.11 综合感知子网 · 166
  - 4.11.1 组成结构 · 166
  - 4.11.2 工作原理 · 167

XIII

  4.11.3 典型应用 …… 172
 4.12 情报生成服务流程 …… 173
 4.13 情报产品分类 …… 176
 4.14 体系支撑运用案例 …… 180
  4.14.1 作战运用一般流程 …… 180
  4.14.2 反隐身 …… 182
  4.14.3 反弹道导弹 …… 184
  4.14.4 远程精确打击 …… 187

第5章 指控网 …… 191

 5.1 概述 …… 191
 5.2 核心功能 …… 191
 5.3 体系结构 …… 192
 5.4 基本原理 …… 196
 5.5 空天作战指挥子网 …… 197
  5.5.1 组成结构 …… 198
  5.5.2 工作原理 …… 199
  5.5.3 典型应用 …… 203
 5.6 防空防天指挥子网 …… 205
  5.6.1 组成结构 …… 205
  5.6.2 工作原理 …… 207
  5.6.3 典型应用 …… 210
 5.7 赛博作战指挥子网 …… 211
  5.7.1 组成结构 …… 212
  5.7.2 工作原理 …… 213
  5.7.3 典型应用 …… 218
 5.8 合成作战指挥子网 …… 219
  5.8.1 组成结构 …… 220
  5.8.2 工作原理 …… 221
  5.8.3 典型应用 …… 228
 5.9 体系支撑运用案例 …… 230

第6章 武器网 …… 235

 6.1 概述 …… 235
 6.2 核心功能 …… 236
 6.3 体系结构 …… 237

| 6.4 | 基本原理 | 239 |

6.5 空天武器子网 ………………………………………………………… 241
 6.5.1 组成结构 ……………………………………………………… 242
 6.5.2 工作原理 ……………………………………………………… 243
 6.5.3 典型应用 ……………………………………………………… 248

6.6 地面防空防天武器子网 ………………………………………………… 250
 6.6.1 组成结构 ……………………………………………………… 250
 6.6.2 工作原理 ……………………………………………………… 252
 6.6.3 典型应用 ……………………………………………………… 256

6.7 电磁武器子网 …………………………………………………………… 257
 6.7.1 组成结构 ……………………………………………………… 258
 6.7.2 工作原理 ……………………………………………………… 259
 6.7.3 典型应用 ……………………………………………………… 263

6.8 体系支撑运用案例 ……………………………………………………… 264

第7章　空军网络化指挥信息系统主要技术 …………………………… 268

7.1 信息栅格支撑技术 ……………………………………………………… 268
 7.1.1 通信网络技术 ………………………………………………… 268
 7.1.2 高性能计算技术 ……………………………………………… 270
 7.1.3 海量存储技术 ………………………………………………… 275
 7.1.4 服务技术 ……………………………………………………… 279
 7.1.5 安全可信技术 ………………………………………………… 282

7.2 网络化信息融合技术 …………………………………………………… 287
 7.2.1 概述 …………………………………………………………… 287
 7.2.2 现状分析 ……………………………………………………… 288
 7.2.3 技术难点 ……………………………………………………… 289

7.3 分布式辅助决策技术 …………………………………………………… 295
 7.3.1 面向网络化联合筹划的群决策技术 ………………………… 295
 7.3.2 面向协同空战自主规划的群智能技术 ……………………… 298

7.4 武器协同控制技术 ……………………………………………………… 300
 7.4.1 协同探测技术 ………………………………………………… 301
 7.4.2 复合跟踪技术 ………………………………………………… 303
 7.4.3 传感器管理技术 ……………………………………………… 304
 7.4.4 协同交战管理技术 …………………………………………… 306

第 8 章 空军网络化指挥信息系统技术发展趋势 ... 309

8.1 支持前出作战的联合信息环境 ... 309
8.1.1 发展需求 ... 309
8.1.2 发展思路 ... 310
8.1.3 技术方向 ... 311

8.2 基于大数据的情报处理 ... 312
8.2.1 发展需求 ... 312
8.2.2 发展思路 ... 314
8.2.3 技术方向 ... 314

8.3 智能化指挥控制 ... 316
8.3.1 发展需求 ... 316
8.3.2 发展思路 ... 318
8.3.3 技术方向 ... 319

8.4 有人/无人平台协同 ... 323
8.4.1 发展需求 ... 323
8.4.2 发展思路 ... 325
8.4.3 技术方向 ... 327

8.5 赛博对抗与韧性 ... 328
8.5.1 发展需求 ... 328
8.5.2 发展思路 ... 329
8.5.3 技术方向 ... 330

Contents

Chapter 1 Conspectus 1

  1.1 Air Force Informatization and Development Tendency 1
    1.1.1 Concept Intent of Air Force Informatization 1
    1.1.2 Development Tendency of Air Force Informatization 4
  1.2 Concept Intent of AF C^4KISR System 5
    1.2.1 C^4KISR System 5
    1.2.2 AF C^4KISR System 7
    1.2.3 Networked AF C^4KISR System 7
    1.2.4 Effect and Significance 8
  1.3 Development History of AF C^4KISR System 9
    1.3.1 Initial Development Stage 9
    1.3.2 Decentralized Construction Stage 11
    1.3.3 Integrated Construction Stage 12
    1.3.4 Networked Development Stage 14
  1.4 Development Situation of Typical AF C^4KISR Systems 15
    1.4.1 USAF C^2 ConstellationNet 16
    1.4.2 USAF Data Link Systems 18
    1.4.3 Joint Air Layer Network 21
    1.4.4 US Satellite Communication System 23
    1.4.5 US DCGS-AF 25
    1.4.6 US C^2BMC 28
    1.4.7 USAF TBMCS 30
    1.4.8 Suter System 33
    1.4.9 Russia Automatic Command System for Air Defense 36
    1.4.10 Enlightenment 39
  1.5 Book Framework 39

Chapter 2 Architecture of Networked AF C^4KISR System 43

  2.1 Primary Capabilities 43

	2.1.1	Capability Feature	43
	2.1.2	Application Capabilities	44
2.2	Overall Architecture		46
	2.2.1	Architecture Model	46
	2.2.2	Component Framework	49
	2.2.3	Technology Framework	50
2.3	Operating Mechanism		54

Chapter 3 Information Grid 65

- 3.1 Generalization 65
- 3.2 Core Functions 67
- 3.3 Architecture 68
- 3.4 Rationale 70
- 3.5 Communication Network Platform 72
  - 3.5.1 Air-Space-Ground Communication Network Facilities 72
  - 3.5.2 Communication Network Service 81
- 3.6 Computing and Storage Platform 83
  - 3.6.1 Structure 83
  - 3.6.2 Computing and Storage Facility 84
  - 3.6.3 Computing and Storage Service 89
- 3.7 Information Service Platform 90
  - 3.7.1 Structure 90
  - 3.7.2 Big Data Run-time Infrastructure 92
  - 3.7.3 Networked Information Service 95
- 3.8 Operation and Maintenance System 104
  - 3.8.1 Structure 104
  - 3.8.2 Data Collection 106
  - 3.8.3 Operational Situation Analysis 108
  - 3.8.4 Resource Allocation Plan Generation 109
  - 3.8.5 Resource Linkage Control 112
- 3.9 Security Assurance System 114
  - 3.9.1 Structure 114
  - 3.9.2 Cryptographic Service System 115
  - 3.9.3 Authentication & Authorization System 115
  - 3.9.4 Security Situation Awareness System 118

		3.9.5	Security Management System	119
		3.9.6	Security Operation System	121

Chapter 4 Sensor Network 125

4.1 Generalization 125
4.2 Core Functions 127
4.3 Architecture 129
4.4 Rationale 133
4.5 Subnet of Air Defense Radars 135
    4.5.1 Structure 135
    4.5.2 Operating Principles 138
    4.5.3 Typical Applications 140
4.6 Subnet of Image Reconnaissance 141
    4.6.1 Structure 142
    4.6.2 Operating Principles 143
    4.6.3 Typical Applications 144
4.7 Subnet of Electron Reconnaissance 146
    4.7.1 Structure 146
    4.7.2 Operating Principles 147
    4.7.3 Typical Applications 148
4.8 Subnet of Ballistic Missile Warning 150
    4.8.1 Structure 150
    4.8.2 Operating Principles 151
    4.8.3 Typical Applications 154
4.9 Subnet of Space Surveillance 155
    4.9.1 Structure 156
    4.9.2 Operating Principles 156
    4.9.3 Typical Applications 158
4.10 Other Professional Subnets 160
    4.10.1 Subnet of Signal Detection 160
    4.10.2 Subnet of Network Detection 162
    4.10.3 Subnet of Air Traffic Control 165
4.11 Subnet of Comprehensive Perception 166
    4.11.1 Structure 166
    4.11.2 Operating Principles 167

		4.11.3	Typical Applications	172

4.12 Process of Intelligence Generation Service ················ 173
4.13 Classification of Intelligence Products ················ 176
4.14 Application Cases ················ 180
    4.14.1 Process of General Operation ················ 180
    4.14.2 Anti-Stealthy ················ 182
    4.14.3 Anti-Ballistic Missile ················ 184
    4.14.4 Long-Range Precision Strikes ················ 187

Chapter 5 Command and Control Network ················ 191

5.1 Generalization ················ 191
5.2 Core Functions ················ 191
5.3 Architecture ················ 192
5.4 Rationale1 ················ 196
5.5 Subnet of C^2 for Air & Space Operation ················ 197
    5.5.1 Structure ················ 198
    5.5.2 Operating Principles ················ 199
    5.5.3 Typical Applications ················ 203
5.6 Subnet of C^2 for Aerospace Defense ················ 205
    5.6.1 Structure ················ 205
    5.6.2 Operating Principles ················ 207
    5.6.3 Typical Applications ················ 210
5.7 Subnet of C^2 for Cyber Operation ················ 211
    5.7.1 Structure ················ 212
    5.7.2 Operating Principles ················ 213
    5.7.3 Typical Applications ················ 218
5.8 Subnet of C^2 for Composite operation ················ 219
    5.8.1 Structure ················ 220
    5.8.2 Operating Principles ················ 221
    5.8.3 Typical Applications ················ 228
5.9 Application Cases ················ 220

Chapter 6 Weapon Network ················ 235

6.1 Generalization ················ 235
6.2 Core Functions ················ 236
6.3 Architecture ················ 237

6.4	Rationale	239
6.5	Subnet of Air & Space Weapon	241
	6.5.1 Structure	242
	6.5.2 Operating Principles	243
	6.5.3 Typical Applications	248
6.6	Subnet of Ground Aerospace Defense Weapon	250
	6.6.1 Structure	250
	6.6.2 Operating Principles	252
	6.6.3 Typical Applications	256
6.7	Subnet of Electromagnetic Weapon	257
	6.7.1 Structure	258
	6.7.2 Operating Principles	259
	6.7.3 Typical Applications	263
6.8	Application Cases	264

Chapter 7 Main Technologies Envolved in Networked AF C^4KISR System 268

7.1	Technologies for Information Grid	268
	7.1.1 Communication Network Technologies	268
	7.1.2 High-performance Computing Technologies	270
	7.1.3 Mass Storage Technologies	275
	7.1.4 Service Technologies	279
	7.1.5 Security & Trust Technologies	282
7.2	Technologies for Networked Information Fusion	287
	7.2.1 Generalization	287
	7.2.2 Status Analysis	288
	7.2.3 Technical Difficulties	289
7.3	Technologies for Distributed Decision	295
	7.3.1 Group Decision Technologies for Networked Joint Planning	295
	7.3.2 Swarm Intelligence Technologies for Cooperative Autonomous Planning	298
7.4	Technologies for Weapons Coordination Control	300
	7.4.1 Cooperative Detection Technologies	301
	7.4.2 Composite Tracking Technologies	303

7.4.3 Sensor Management Technologies ·· 304
7.4.4 Collaborative Engagement Management Technologies ·········· 306

Chapter 8   Development Trend of Networked AF C^{4}KISR System ······ 309

8.1 The Joint Environment for Outlying Operations ···························· 309
    8.1.1 Development Requirements ··· 309
    8.1.2 Development Strategies ··· 310
    8.1.3 Technology Directions ··· 311
8.2 Information Processing based on Big Data ································· 312
    8.2.1 Development Requirements ··· 312
    8.2.2 Development Strategies ··· 314
    8.2.3 Technology Directions ··· 314
8.3 Intelligent C^2 ·· 316
    8.3.1 Development Requirements ··· 316
    8.3.2 Development Strategies ··· 318
    8.3.3 Technology Directions ··· 319
8.4 Manned/Unmanned Platform Collaboration ································· 323
    8.4.1 Development Requirements ··· 323
    8.4.2 Development Strategies ··· 325
    8.4.3 Technology Directions ··· 327
8.5 Cyber Confrontation and Resilience ··· 328
    8.5.1 Development Requirements ··· 328
    8.5.2 Development Strategies ··· 329
    8.5.3 Technology Directions ··· 330

第1章
概 论

百年空军发展史基本上是机械化战争形态趋向成熟到信息化战争形态萌生发展历史过程的素描简图,充分显现了信息技术在军事上的应用所引发的深刻变革和巨大影响,为机械化战争形态向信息化战争形态的过渡转型起到了先导性探索作用[1]。百年之间,空军从无到有,从弱到强,从拦截防御到踹门前锋、到全球打击,在现代国防和现代战争中的地位和作用日益重要,成为现代立体作战的先导力量,能对战争的进程和结局产生决定性影响。

空军武器装备是空军作战的物质基础。随着信息技术的发展,当今空军武器装备的作战使用,已不是传统概念的单个武器平台的对抗,而是敌对双方整个武器装备体系的对抗。一方面,信息力是战斗力的核心要素,信息系统是生成信息力的关键"平台",可将分散的各作战单元、作战要素融合成为一个有机的整体,形成体系化的感知、决策、打击能力,满足未来一体化联合作战的要求。另一方面,夺取信息优势是第一要务,谁能先敌发现、先敌打击,谁就能够在关键时间和地点形成决策优势、行动优势;谁能破"网"断"链",攻敌于无形、无边,谁就能直接致敌体系"毁伤"或"瘫痪",形成有效的非对称威慑能力,进而掌握和保持战争的主动权。

信息化时代,空军信息化已成为各国空军武器装备建设的重要内容。美国早已将空军信息化作为其装备建设的首要任务,其空军装备信息化程度已高达60%以上。俄罗斯、日本、印度等国和地区也在空军信息化建设方面做出了多方面的尝试,并已形成了独具特色的装备体系和建设理论。

1.1 空军信息化与发展趋势

1.1.1 空军信息化内涵

世界新军事革命深入发展,武器装备精确化、智能化、隐身化、无人化趋势愈加明显,战争形态加速向信息化演变。

信息化是现代化的一个重要标志和组成部分,是指人们利用信息的能力不断增长,范围不断扩大,以致在人类生存和发展中占主导地位的实践活动过程。空军信息化的要旨是针对空军全域机动、快速反应、精确打击等自身作战特点,以及弹道导弹、巡航导弹、隐身飞机、临近空间飞行器和低、慢、小目标等空天威胁,将信息技术应用于基于信息系统的空军作战体系建设,将机械时代的单一功能空军武器装备子系统按照一定作战原则,整合成为系统互联、信息互通、功能互补,以及体系互操作、互理解、互遵循的有机整体,使空军力量各构成要素实现由机械时代到信息时代的"跨时代"跃升,是破解影响空军体系作战能力生成的关键问题。

通过信息化可以实现空军战场监视的透明化、指挥控制的智能化、目标打击的实时化和精确化。具体来说,包括:支持大范围空天预警探测和对地/海侦察监视,实时感知战场态势,及时预警和智能决策,提供信息优势和决策优势;支持大区域快速机动攻防作战,夺取制空权、制天权;大规模兵力物资快速投送,支援多样式军事行动;随时随地远程精确打击,摧毁敌军事目标,削弱敌战争潜力,夺取行动优势和全谱优势。

各国空军把武器装备信息化,增强装备发展后劲作为优势竞争的核心,制信息权成为空军作战的关键。以美国为例,其空军一直在通过信息技术解决其瓶颈性难题,不断优化和调整其空军力量发展。

(1) 全球互联,支撑网络中心行动。美国空军提出了联合空中层网络(Joint Aerial Layer Network, JALN)发展构想,试图将各军兵种所有的空中平台都纳入到一体化的空基网络体系中,按照网络中心战概念实现新的空中层网络体系结构。在空间通信方面,构建全球移动宽带通信设施,为航空平台提供现代化的超视距特高频通信能力。在空中通信方面,除了发展各类空中平台的数据链系统,还提出了全面的"五代机到四代机"通信方案"多域自适应处理系统(Multi-domain Adaptive Processing System, MAPS)",解决空中移动互联网的瓶颈问题。

(2) 全域共享,适应信息对抗环境。为了加强对抗条件下通信与信息共享技术研究,美国国防部高级研究计划局(Defense Advanced Reseavch Projects Agency, DARPA)于2014年启动了"竞争激烈环境中的通信"项目,研制抗干扰和低截获/低检测(LPI/LPD)的通信技术。同年,发布"超宽频带可用射频通信"项目公告,发展基于先进微系统技术的抗干扰扩频通信技术,确保在未来复杂电磁环境下的可靠通信。2015年,DARPA公布了"满足任务最优化的动态适应网络"(DyNAMO)项目公告,寻求空基网络在射频对抗环境下分享信息、适应干扰和网络中断的创新技术,确保有人/无人机实时分享信息。

(3) 能力聚合,形成体系作战优势。在探测方面,美国空军启动"太空篱笆"系统研制,持续推进"天基红外系统"建设,通过两者集成,极大提高了空间态势感知和预警能力。在情报处理方面,美国空军将来自E-8、无人机和F-

15E 战机的图像有效融合在一起,为作战提供更全面、准确的信息。例如"掠夺者"无人机,飞行时间长,但视野很窄,其获得的图像就像是坐井观天,而 E-8 的视野要宽得多,所以二者要配合使用,从而为战场信息的细化提供条件。指挥控制方面,美国空军正在为"太空行动计划"寻求轨道空间控制技术,并升级 E-3 预警机和核力量空中机动指挥系统,全面部署改进型联合任务规划系统,实现指挥范围内的作战资源最大化利用,使战术飞机中队任务规划时间缩短 40%～70%。在各领域能力提升的基础上,美国空军正在大力发展"星座网"和"作战云",希望通过综合集成和能力聚合实现空军防御性和进攻性作战的体系优势。

综上,空军武器装备信息化建设的主导思想,是在提升单个武器装备信息化水平的同时,注重体系集成。体系集成是指以信息技术为纽带,把空军各种感知、指挥、武器系统联成一个有机整体,实现各种信息化装备的一体化,进而形成一种高效的作战体系。一方面,"体系集成"能够使空军作战要素高度集约化。未来空战涉及到空军多兵种、多种多样武器装备的协同配合。作战要素的高度集约化,意味着空军各兵种、武器装备能够在更大范围内联结、互动,实现优势互补,发挥体系性优势。另一方面,体系集成能够使空军装备的战场控制能力大幅提高。体系集成增强了空军武器装备体系对战场全方面实时情报资源的收集、集成和利用能力,可使地理上分散的武器通过集成的网络实现火力的集中和作战系统的统一,也为发挥空军武器装备远距离突袭和精确打击的优势提供了方便。

20 世纪 70 年代,时任美军防务计划与工程项目领导的国防部部长佩里曾提出著名的"三能力":看的能力——发现战场上所有高价值目标;打的能力——能直接攻击每个看到的目标;毁的能力——"打就能中",毁伤所攻击的每个目标。对空军武器装备以体系集成为主导思想进行信息化建设的目标就是要实现"三能力",即战场监视的透明化、指挥控制实时化、火力打击精确化。

一是存在即能发现,即战场监视透明化。信息化的空军有机组合各种空天侦察平台,包括红外卫星、可见光成像卫星等天基侦察平台和预警机、有人侦察机、无人侦察机以及侦察直升机等空基侦察平台,构成全方位、全纵深、全天时的空天侦察网络,在情报获取、远程进攻、精确打击以及效果评估等各个阶段发挥作用,使战场态势对己方更为透明。

二是发现即能攻击,即指挥控制实时化。依据作战目的和任务,依托预警/侦察/监视/情报等感知装备获取的战场态势信息,制定空中打击计划和任务指令,对空战行动实时指挥控制,并能根据战场变化情况进行动态临机规划,不断修订后续行动计划和任务指令,使得发现目标与实施攻击的时间间隔大幅压缩。以美国空军为例,海湾战争中美国空军发现目标到实施攻击需要 3 天时间,在科索沃战争中需要119min,在阿富汗战争中仅需20min,而伊拉克战争中美国空军在空中游弋的战机可对伊拉克全境内的目标实施近乎实时的打击。

三是攻击即能摧毁,即火力打击精确化。机械化战争时期的空军武器装备,如普通航空炸弹、航炮等,由于对能量的释放缺乏有效的控制,准确度不高,往往片面追求大规模杀伤破坏,不仅作战效能低,而且附带损伤也大。信息化空军武器装备在空中打击时则能够"攻其一点,不及其余",即空中精确打击。根据推算,就杀伤破坏效果而论,弹药的精度每提高1倍,破坏力就可增加4倍。正因为空军精确制导武器与现代化感知、指挥控制系统相结合,可对战场任何目标进行更快速、更精确的火力协同和打击,从而极大提升了空中打击的毁伤效果。

1.1.2 空军信息化发展趋势

进入21世纪后,空军信息化发展趋势日益明显。

一是一体化情报、监视与侦察。通过大范围空天预警探测和对地/海侦察监视,感知战场态势,及时预警,为决策层提供决策优势。提升未来强对抗环境下的情报、监视与侦察能力,平衡和优化一体化情报、监视与侦察资源,强化和完善联合共享关系,创新情报分析和利用能力,促使情报、监视与侦察人员、有人/无人平台、传感器、人力情报资源等有效协同,促进空基、陆基、海基、天基、网络电磁空间和人力情报资源的情报、监视与侦察力量走向一体化,从而提升空军全谱感知能力。

二是多域指挥与控制。确保指挥官能够灵活高效地指挥陆、海、空、天、电、网多域联合空中作战行动,实施一体化空天防御和赛博防御作战,对抗弹道导弹、巡航导弹、隐身飞机和新型空天武器、赛博武器的袭击。针对网络攻防武器、反卫星系统、电磁干扰等技术的发展及相应的多域威胁影响,升级现役空军指挥控制系统,同时优先发展和部署一些高性能、高可靠性、高生存性和互联互通的先进指挥控制系统,培养新型指挥人才,建立新型管理机制,不断完善空军指挥信息系统。

三是自适应作战域控制。针对大区域快速空中机动攻防作战,通过体系优势夺取制空权、制天权,确保空军能够自由攻击及免遭敌方攻击,并为远海、跨区域提供空中护航和掩护。制空方面,基于大数据和人工智能技术升级航空平台及其携带的雷达和武器,提升电子协同防护和作战智能识别能力;制天方面,推动太空侦察监视系统的发展,提高态势感知、指控、数据综合利用的能力,加强情报共享。此外,提升赛博空间控制能力,增强赛博空间对空天等作战域的支撑能力。

四是全球精确打击。通过信息化实现体系优势,提升空军核与常规打击能力,使其能够随时随地精确打击远程或防区外的任何目标,摧毁敌军事目标、削弱敌战争潜力。为了落实装备体系作战能力,大力发展战斗机编队和轰炸机编队成为发展趋势,包括提升轰炸机武器挂载能力、远程通信、机间交互和目标再瞄准能力。

空军信息化发展的途径就是依据网络中心作战理论,通过将传感器、决策者和射手进行组网、整体统筹和自同步,达到体系能力最大化,以实现更高质量的共享感知、更快的指挥速度,提高杀伤力、生存能力和反应能力。信息化发展的关键就是指挥信息系统,以指挥信息系统为纽带和支撑,形成网络化作战体系,将信息优势转化为战斗力。

1.2 空军指挥信息系统概念内涵

1.2.1 指挥信息系统

指挥信息系统这个概念看起来很容易理解,不外乎是支持指挥员开展作战指挥部署的信息系统。但细究起来还是有人会疑惑:本质上是什么?和指挥控制系统、指挥自动化系统等军事信息系统是什么关系?包含什么具体功能?指挥信息系统概念本身经历了一个随着战争需要不断演变的过程。

指挥信息系统起源于指挥控制(Command & Control,C^2)系统,用于实现信息采集、处理、传输和指挥决策过程中相关作业的自动化。由于认识到指挥、控制与通信在现在战争中应融合为一个整体,C^2系统又加了 C(Communication,通信),使之成为C^3系统。随后,情报(Intelligence)作为不可缺少的系统要素融入到C^3系统中,确立了以指挥控制为核心,以通信为依托,以情报为灵魂的一体化指挥信息系统,形成了C^3I系统。随着计算机技术的发展,计算机在指挥信息系统中的作用日益突出,在C^3I系统基础上增加了另一个C(Computer,计算机),使C^3I系统演变为C^4I系统,指挥信息系统的概念再一次被扩大。为了增强作战的一体化效能,指挥信息系统又纳入监视(Surveillance)和侦察(Reconnaissance),形成了C^4ISR系统。近年来,网络中心作战成为未来的主要作战样式。为了适应未来网络中心作战的需求,指挥信息系统又融入杀伤能力(Killer),形成C^4KISR系统,以实现侦察、监视、决策、杀伤和评估等作战过程的一体化。

根据《中国军事百科全书》的定义,指挥信息系统,以前称为指挥自动化系统,是指以计算机网络为核心,集指挥控制、预警探测、情报侦察、通信、武器控制、信息对抗和综合保障等功能为一体,可对作战信息进行实时获取、处理、传输和决策支持,用于保障各级指挥机构对所属部队和武器实施科学、高效指挥控制的军事信息系统[3]。指挥自动化系统作为指挥自动化手段的技术实现,是在现代作战理论指导下,综合运用现代电子信息技术和设备,与作战指挥人员紧密结合,对作战力量实施指挥与控制的人机系统。

根据军语的解释,指挥信息系统是以计算机网络为核心,由指挥控制、情报、通信、信息对抗、综合保障等分系统组成,可对作战信息进行实时获取、传输、处理,用于保障各级指挥机构对所属部队和武器实施科学高效指挥控制的军事信息系统。而指挥控制系统是保障指挥员和指挥机关对作战人员和武器系统实施指挥和控制的信息系统,是指挥信息系统的核心。按指挥层次,指挥信息系统分为战略、战役、战术三级。

可以看出,上述两个定义还停留在 C^4ISR 系统阶段。为适应时代发展,本书中指挥信息系统涵盖传感器和武器系统,是一个作战指挥员在环中与军队或武器、传感器共同构成的 C^4KISR 系统,其功能结构如图1-1所示。

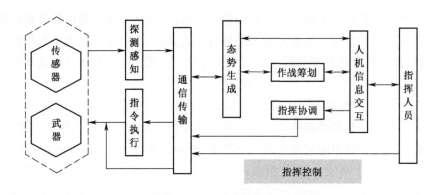

图1-1 指挥信息系统功能结构

其中,探测感知(ISR)用于及时获取各种战场信息,通信(C)的功能是快速、安全、不间断地传输信息,指挥控制(C^2)作为指挥信息系统的核心,其功能包括:①为指挥人员提供形象、直观、清晰的战场态势信息;②依据战场态势及有关作战规则、知识等,形成决策支持方案,进行模拟推演,为指挥人员决策提供参考信息;③拟制作战计划,进行作战计算,分配作战任务,下达作战命令,及时准确地对部队、武器和传感器实施指挥控制;④跟踪作战进程,适时调整作战计划和节奏等;⑤战况总结。

总之,指挥信息系统将作战诸多要素组成一个有机的整体,在实现战场透明,指挥部队作战,使部队作战能力成倍增加等方面发挥出前所未有的威力,因此被称为战斗力的"倍增器"。

1.2.2 空军指挥信息系统

空军指挥信息系统的含义是从指挥信息系统的概念中引申来的,在许多军事词典和著作中有过不同的表述。

根据《中国军事百科全书》的定义,空军指挥信息系统是"在空军指挥体系中,综合运用以计算机为主的技术设备,把情报、侦察、监视、通信、计算、指挥、控制、火力有机地结合成一体,能够自动、自主、智能完成信息收集、传输、处理和显示,以及对部队、武器和传感器实施有效的指挥与控制的人机系统"。

军语则把空军指挥信息系统解释为"综合运用以计算机为主的技术设备,具有对空军作战和其他行动进行指挥控制、情报侦察、预警探测、通信、电子对抗和其他作战信息保障功能,专门用于保障空军各级指挥机构实施指挥的军事信息系统"。

还有著作认为空军指挥信息系统是"空军指挥系统中的人机系统,是全军指挥系统的重要组成部分,分别配置在空军各级指挥机构中,上下逐级展开,左右相互贯通,构成的一个有机整体"[4,5]。

这些描述在不同的历史阶段,从不同的角度和侧面,对空军指挥信息系统的含义进行了较为细致的解释,然而这些概念的理解都不能适应网络中心作战的需求。

依据空军对本军种指挥信息系统认识的发展,空军指挥信息系统的含义可以这样描述:是 C^4KISR 系统,通过传感器、通信网络、计算机和软件等装备,实现对空军武器、传感器等资源进行控制和管理,具有对空天防御作战、前出进攻作战、赛博作战和其他行动进行指挥控制、情报侦察、预警探测、通信、电子对抗及其他作战信息综合保障的军事信息系统。

1.2.3 空军网络化指挥信息系统

网络化指挥信息系统是指在体系对抗作战环境下,依托信息栅格网络,以信息共享为基础,以协同和自同步为特征,以能力聚合为核心[6],实现"共享战场态势、高效决策指挥、协同武器打击"等功能的军事信息系统。同时,它也应该包括相关标准规范、条令条例以及组织机构、人的行为等管理要素。

空军网络化指挥信息系统以提高空军基于信息系统的体系作战能力为建设目标,按照网络中心化作战理念,采用面向服务的技术体制,将探测装备、指挥系统、信息化武器等各类作战资源连为一体,形成"观测判断—决策指挥—火力打击"各环节同步运行的一体化作战信息系统。空军网络化指挥信息系统通过信息共享实现全维态势感知,获取信息优势;通过态势知识提取与智能判断,达成决策优势;支持作战要素实现同步,达成行动优势,最终实现多武器协同运用以达到最优作战效果。

从指挥信息系统的发展来看,其建设核心始终围绕着军事活动对信息获取与决策支持的需求进行。空军网络化指挥信息系统的建设发展是按照网络中心战理念进行的,其基本思路是快速实现各种情报、侦察、监视传感器的组网并协调合作、同步运作,加强对作战探视感知信息的共享能力,保障航空航天优势与信息优势,形成网络中心体系杀伤链,实现全球攻击、精确交战、快速全球机动和敏捷战斗支援,在缩短决策周期和提高指挥速度的条件下有效完成各项作战任务。

与过去传统的"平台为中心"系统相比,空军网络化指挥信息系统内涵发生了根本的变化。

首先,空军网络化指挥信息系统以网络为中心。这里的网络不再是我们过去所说的传统通信网络或计算机网络,而是一个以网络为中心的信息栅格。它不仅是解决信息传输的问题,更重要的是解决全网资源的优化调度、自主协同与能力聚合,实现资源共享和增值服务,形成能力最大化。与过去传统的系统相比,此时的网络内涵发生了根本变化:一是从过去网络服务于系统变为系统基于网络,即基于网络的作战;二是网络形态从固定专网变为泛在网络,网络将是无处不在;三是装备形态从机械化/信息化装备变为网络化装备,所有装备将具备网络化接入能力。

其次,信息是空军网络化指挥信息系统的主导因素。这里信息的内涵也在发生变化,信息不再是单一的、孤立的数据,而是围绕作战需求,各处、各种信息充分融合的关联信息。信息的处理方式也将发生根本性变化,不再是按传统隶属关系各业务部门分散处理,而是以作战目标为中心,打破隶属关系,进行全网相关信息的横向扁平化快速融合与关联,并可向全系统提供服务。

最后,空军网络化指挥信息系统是一个系统的系统,将分散配置的作战要素集成为网络化的作战指挥体系、作战力量体系和作战保障体系,实现各作战要素间战场态势感知共享,提高信息共享程度、态势感知质量、协作和自我同步能力,最大限度地把信息优势转变为决策优势和行动优势,充分发挥整体作战效能,支撑体系能力的形成。

综上,空军网络化指挥信息系统建立在一个广域、分布式的基础设施之上,将传感器、决策者和射手进行组网,实现更全面的共享感知、更快的决策速度、高节奏的作战行动、更强的杀伤力、增强的生存能力和某种程度的自同步,在军事行动作战的各个层级实现更迅速有效的决策,将信息优势转化为战斗力,通过体系能力产生增强的战斗力和更快的作战速度。

1.2.4 作用意义

作为空军信息化作战体系的核心与纽带,空军网络化指挥信息系统聚合了传感器、指控系统、武器平台以及各种支援保障单元等要素,实现信息流控制物质流和能量流,支撑体系作战效能的整体释放和精确释放,大大提升基于信息系统的体系作战效能,加速推进空军信息化战略转型[2]。

(1) 扩大网络覆盖,模糊战争边界。空军网络化指挥信息系统从维护空天优势到实现全球打击,具有巨大的连通性、渗透性、融合性和黏合作用,在信息化战争中作用更加凸显。(例如:美国空军准备构建空中互联网,共享海陆空异构平台信息资源,而未来空间信息网络的能力指标是全球共享,60s 内可接通战术系统,1min 内可发送重要态势、特定目标和威胁变化,10s 内可为 2000 个作战单元用户提供作战信息。)

(2) 强调信息主导,改变作战方式。空军网络化指挥信息系统的核心要素是信息,也就是说在战场上释放的不仅是火力或能量,更主要的是信息能,即由网络信息连接起来的各种信息化武器,包括战场探测、侦察、指挥控制、制导、精确打击、评估等。(例如:海湾战争中以美军为首的多国部队首先通过空中打击使伊拉克指挥系统瘫痪,雷达网络和通信节点被摧毁,从而避开了地面部队与伊拉克直接对抗。)

(3) 构建体系优势,提升作战效能。空军网络化指挥信息系统通过网络信息将各种作战单元连接在一起,形成信息共享、联合协同的一体化作战体系,发挥体系的整体效益,使作战效能得到倍增。(例如:美军通过发展网络中心能力,海湾战争中,从发现目标到实施打击的周期为两到三天,科索沃战争为近 2h,伊拉克战争则缩短至 10min 以内。)

可以看出,空军网络化指挥信息系统是高速发展的信息技术与新时期空军作战体系建设相互融合的产物,对空军形成体系作战能力产生重要作用。

1.3 空军指挥信息系统发展历程

空军在第一次世界大战前后孕育成长,第二次世界大战前后在军队电子化、自动化和信息化建设方面得到了强化发展[7]。自 20 世纪 50 年代开始,在军事需求牵引和技术发展推动的共同作用下,空军指挥信息系统大致经历了初创、分散建设、集成建设三个阶段,发展了以"点线""局部互联""广域互联"为特征的三代系统,目前进入了以"网为中心、面向服务"的网络化建设阶段,正逐步发展适应网络中心战的网络化指挥信息系统。

1.3.1 初始发展阶段

20 世纪 50 年代末至 60 年代中期,冷战刚刚开始,苏联、美国两大政治军事集团的关系日益紧张,存在着爆发大规模核战争的危险。为防止对方飞机的突然袭击和核打击,美国空军开始建设指挥控制系统,并于1958年建成了世界上首个半自动防空指挥控制系统——"赛其"(Semi-Automatic Ground Environment System,SAGE),部署在北美防空司令部,用于防空预警和作战指挥。同一时期,苏联开始构建空军的"天空一号"系统,在防空作战指挥系统中部分实现情报处理的半自动化。

这一时期的指挥信息系统首次将地面传感器系统(如警戒雷达)、武器平台、通信系统和电子计算机等装备连接起来,实现了目标航迹绘制和其他数据显示的自动化[8]。从系统能力来看,第一代指挥信息系统以承担单一的作战指挥控制任务为使命,功能相对单一,如防空预警雷达情报综合处理,拦截引导等,主要解决了情报获取、传递、处理和指挥手段等环节的自动化问题,在一定程度上满足了空军的作战指挥需求。

初始阶段的空军指挥信息系统(图1-2)结构特征可以凝练为"点线"模式,即以某一作战区域的指挥所这个"点"为中心,直接连接传感器和武器平台,不具备和友邻部队进行协同作战的能力。从物理连接来看,限于当时的通信水平,指挥所外部还不具备数据通信能力,对武器平台的指挥采用无线电台语音通信。从系统逻辑结构来看,传感器、指挥所和武器平台之间没有真正的数据与信息交换,如指挥所利用电话接收传感器上报的目标信息,指挥所内部采用单计算机系统,信息的输入和输出由计算机的外围接口设备完成。

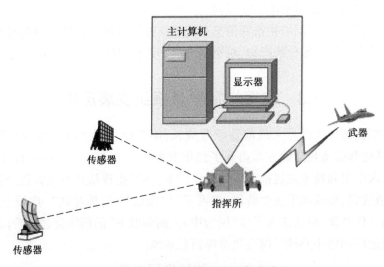

图1-2 初始阶段的空军指挥信息系统

由于通过单一主机处理单一特定功能,没有考虑冗余备份等策略,灵活性和抗毁性很差,可靠性和稳定性也不是很高。

1.3.2 分散建设阶段

20世纪60年代末至80年代中期,冷战全面升级,同时伴随有局部地区的热战,以美国、俄罗斯为首的西方发达国家的空军指挥信息系统发展较快,建成了面向特定任务的多功能系统,在一定程度上,实现了情报处理和指挥控制的自动化。

在分散建设阶段,随着通信、计算机等技术的发展,美国国防部于1977年首次把C^3同情报合并起来,称为C^3I系统,确立了以指挥控制为核心,以通信为依托,以情报为支撑的指挥信息系统体制。后面随着信息化战争理念研究的不断深入,美军又在C^3I定义中加上了"包括研制和使用有效的电子战和指挥、控制、通信对抗系统"的内容,同时还研制了空中预警机系统、空中指挥所系统、地下指挥所系统、战略空军指挥信息系统、战术空军控制系统等许多新型的指挥信息系统,并且在学习训练、作战应用等方面积累了一定的经验。以此为导向,空军指挥自动化建设向信息化方向发展,研制了以"战术空军控制系统(Tactical Air Control System,TACS)"等为典型代表的指挥信息系统,基本解决了空军独立作战的指挥控制问题,提高了指挥自动化水平。

分散建设阶段的空军指挥信息系统(图1-3)结构特征可以凝练为"局部互联"模式,即形成了空军专用的指挥信息系统,实现了空军内部指挥、情报和通信的相互结合,具备了对区域内作战的指挥能力。从系统互联情况来看,该阶段的空军指挥信息系统相对独立运行,缺乏跨军兵种的信息共享和作战协同能力,形成了一个个独立的"烟囱"和"信息孤岛"。

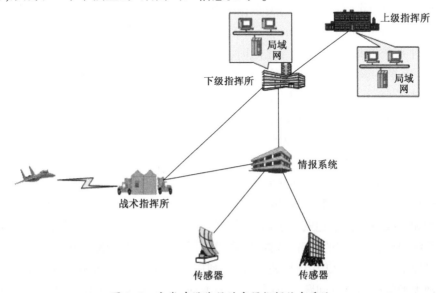

图1-3 分散建设阶段的空军指挥信息系统

从系统物理结构来说，传感器、各级情报处理系统和各级指挥所系统通过电话线路、专线或卫星线路连接，后期随着网络路由技术的出现，各系统之间通过路由器等通信设备实现互联。从系统逻辑结构来说，情报逐级上报与处理、作战命令逐级下发与传递，传感器、情报处理系统和指挥所系统之间的信息交互完全依赖于其通信连接关系完成，在指挥所内部，基于以太网技术，实现局域网连接与信息交互。

与初始阶段的空军指挥信息系统结构相比，局域网技术和冗余备份手段的运用，使得系统结构的时效性和可靠性均有大幅度提高。但同时系统结构的复杂度大大增加，固定的信息交互关系限制了系统结构适应外部环境的变化能力，系统结构的灵活性较差。

1.3.3 集成建设阶段

从20世纪80年代末至90年代中期，针对因"烟囱"式系统无法互联互通而导致作战过程中暴露的军兵种间信息不通、协同困难的问题，以及无法有效支持联合作战的需求，美军提出了新军事变革理论，并通过跨军兵种综合集成手段，形成了跨军兵种多功能的综合系统。该阶段空军指挥信息系统不但发展迅速，而且普遍进行了更新改造和完善，以统一信息格式、信息流程和信息编码、传递、交换的方式等制定系统软件和硬件标准，着力解决各系统之间的互联互通，战略、战役、战术等各层次指挥信息系统的基本型号开始列入装备序列，并实现了与其他兵种的特定指挥信息系统的按需互联互通。

在集成建设阶段，由于计算机技术的快速发展，计算机软件和网络在指挥信息系统中的作用日益突出，美军相继制定了"武士C^4I"、国防信息基础设施(Defense Information Infrastructure, DII)等一系列建设计划，加强顶层设计与各军兵种系统的综合集成。与此同时，监视和侦察也综合进了C^4I，发展成为C^4ISR系统。该阶段，美国空军主要将DII作为实现各兵种互联互通的共用信息基础平台，并着手建设以"全球指挥控制系统(Global Command and Control System, GCCS)"为依托的美国空军全球指挥控制系统(Global Command and Control System-Air Force, GCCS-AF)，大刀阔斧地对"烟囱"式系统进行整合和集成，着力提高系统互联互通互操作能力。

从这一时期开始，美国空军指挥信息系统建设有了顶层设计，重视推行技术标准、统一技术体制、集成联试试验等总体工作。①在通信网络方面，基于广域网和无线通信技术建成了包括光纤通信网络、数据链和卫星通信等在内的通信系统，具备了一定的语音、数据、图像、视频等综合业务传输能力，基本保障了战场通信传输要求；②在计算处理方面，利用了集群计算、分布式计算等技术来处理大型复杂的计算问题；③在软件开发方面，广泛采用面向对象、基于组件和可视化的方法,出现了软件分层体系结构,有效提高了软件资源的重用能力;④在信息交互和共享方面,通过联合共享库、数据库订阅/分发、固定的信息推送和信息点播等方式实现了与其他军兵种系统间的信息有限共享。

集成建设阶段的空军指挥信息系统(图1-4)结构特征可以凝练为"广域互联"模式,即在计算机软件和广域网通信等技术发展的推动下,通过统一信息格式、流程、编码,以及传输、交换等技术体制、标准,形成"树型异构广域互联结构",具备了空军互联互通互操作能力和一定程度的跨军兵种能力。

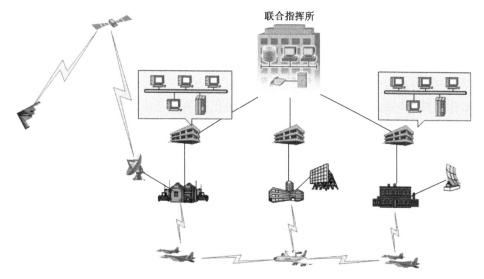

图1-4 集成建设阶段的空军指挥信息系统

从系统物理结构来讲,广域网技术大规模应用,更多地体现在战略、战役层面的互联与互通,后期随着数据链技术的使用,在战术层面也实现了互联。从系统逻辑结构来讲,由于面向特定需求进行系统建设,通信网络建设服务于系统建设,"系统建到哪里,网络铺到哪里",采用固定预设方式设计系统间的通信网络链路和信息交互关系,使得系统逻辑结构与物理结构、指挥组织机构隶属关系高度重合而且相对固定。

该阶段空军指挥信息系统结构规模更大、系统组成要素种类更多,部分实现了与其他军兵种的互联互通能力,完成了从"局部互联"到"广域互联"的转变。因此,系统结构的高效性依然保持,连通性大大增强,也具有一定的鲁棒性,但预设的系统物理结构仍然限制了应对非预期任务的变化能力,系统结构的灵活性没有得到显著提高。

总体来讲,该阶段空军指挥信息系统还存在以下问题:①系统结构灵活性仍然较差。主要问题是层次化联网结构遵循的是通信、计算等资源与系统固定绑定、事先预设的原则。②横向协同困难。由于系统结构本质还是依据编制和指挥体制关系连接,因此与其他军兵种之间横向协同困难,尤其是在战术级层面,制约了联合作战的有效实施。③信息共享效率低。信息主要在空军内部交互,信息流主要是由下至上流动的情报、报告,以及由上至下分发的态势、计划和命令,与其他军兵种系统之间的信息交互和共享层次多、效率低。④系统节点功能庞大和臃肿。基于平台中心建设思想,追求功能的完整和独立运行,造成指挥所软件功能庞大和臃肿,系统部署/升级/维护困难,灵活性和适应性差。

1.3.4　网络化发展阶段

从 20 世纪 90 年代末期以来,各国对波黑战争、科索沃战争普遍予以了高度的关注,并十分重视指挥信息系统在战争中的运用规律和存在的问题,提出了"网络中心战"(Network-Centric Warfare,NCW)[9]、"全谱作战"为代表的新型作战理论和概念。"网络中心战"是机械化战争形态向信息化战争形态演变过程中的一个重要标志,是信息时代联合作战的高级形态,是相对"平台中心战"的信息化战场上的一种新型作战模式。近年来的局部战争表明,强国空军建立在 C^4ISR 系统基础上的指挥决策和控制协调能力,已成为取得空中作战胜利的关键因素。

另外,在未来信息化战争中,空军的作战使命开始由单纯的防空、空战、对地打击向维持空天优势的全球一体化情报、监视与侦察、快速全球机动、指挥控制、全球精确打击五项核心使命转变,空中作战力量将是整场战争的先锋和至始至终的中坚力量。为适应空军这一转变,支撑空军空天地一体的战场感知、实时高效的智能指挥控制、中远程全天候的空中精确打击和全频域全时空的信息作战,网络化作战成为新型空中力量遂行攻防作战行动的基本形态,对空军的作战指挥提出了新的要求,包括指挥手段的网络化和指挥决策的智能化。

与此同时,从 20 世纪 90 年代中后期开始兴起的互联网以及后来的栅格(Grid)技术[10]、面向服务的体系架构(SOA)[11]等为人们提供了建设指挥信息系统的新视角、新理念和新技术。

在新军事需求的牵引和信息技术发展的有力推动下,美国国防部于1999年提出建设全球信息栅格(Global Information Grid,GIG)[12]的战略构想,强调以"基于能力"(Capability-Based)[13]的方式推进联合部队转型,遵循"网络赋能"(Network Enabled)思想[14],而美国空军也开始全面构建网络中心化(Network-Centric)的指挥控制星座网(C^2 ConstellationNet,C^2CNet)、战区作战行动网络中心环境(TBONE)、未来一体化反导指挥控制/作战管理与通信系统(C^2BMC)、网络协同目标捕获(NCCT)系统等[15]。以此为导向,空军指挥信息系统由"平台中心"向"网络中心"转型,"空军网络化指挥信息系统"以及在其上形成的网络化作战体系,成为提升空军核心作战能力、遂行多样化任务的基本依托,空军指挥信息系统进入了网络化建设新阶段。

一体化建设阶段的空军指挥信息系统如图 1-5 所示,该阶段空军指挥信息系统发生了重大变化,将依托军事信息基础设施(Military Information Infrastructure,MII)[16](如,美军的全球信息栅格)来构建空军网络化指挥信息系统,其结构特征可以凝练为"网络中心、信息主导、知识驱动、体系赋能"模式,即打破平台间的壁垒,通过"网络"将战场上的传感器、指挥控制系统、作战部队与火力打击单元等作战实体连接起来,构成一个有机整体,从而使得信息充分共享,系统能根据作战任务、战场环境、作战单元毁伤情况,快速、灵活地对组成要素进行扩充、剪裁和重组,作战人员利用这种网络体系及时了解战场态势、交流作战信息、指挥与实施作战行动,基于网络实现协同和联合作战,情报传输、指挥时效、武器铰链、抗毁、抗扰等能力显著增强,整体作战效能大大提高。

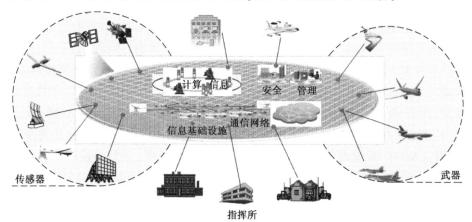

图 1-5　一体化建设阶段的空军指挥信息系统

从几个阶段的发展历程来看,空军指挥信息系统的发展经历了由简单到复杂、从低级到高级、由单一功能到综合功能、由简单互联到高度联网、由独立建设到一体化建设的过程,这些过程伴随着军事需求的不断变化和科学技术的迅猛发展,具有明显的时代特征。在不同的代际中,空军指挥信息系统的使命任务需求、组织应用模式、建设方法、系统结构和支撑技术等均在不断发展变化。

1.4　典型空军指挥信息系统发展现状

指挥信息系统实现了各作战要素间的互联互通、信息共享,充分发挥了各作战要素的作战效能,有效提高部队的作战能力,许多国家对指挥信息系统的建设极为重视。美国、俄罗斯等国家从 20 世纪 50 年代开始研究和建设指挥信息系统,经过几十年的发展,已经建成多种指挥层次、多种用途、多种规模的指挥信息系统。

1.4.1 美国空军星座网计划

1. 概述

星座网计划是美国空军正在实施的支持网络中心战和《2020联合设想》的关键计划,是美国空军目前规模最大、涉及范围最广的一个项目。该计划于2000年提出,原先起名为"多传感器指挥控制星座网"(MC^2C),其目的是建设以指挥控制飞机为核心的机载网络,将美国空军的空中平台连接起来。随着系统结构设计、信息处理、通信和传感器等技术的不断发展,MC^2C逐渐发展为一个包含多个地面站、空间传感器以及空间、空中和地面平台的全球性指挥控制网络,并于2003年正式更名为"指挥控制星座网"(C^2 Constellation Net),即"C^2星座网"[17]。

美国空军的指挥控制星座网是美军全球信息栅格(GIG)的重要组成部分,旨在为美国空军构建一个以网络为中心,集侦察监视平台、指挥控制平台、各种作战平台为一体的全球网络。星座网将美空军所有平台、节点紧密连接起来,构成一个多系统的大系统(SoS),并借助通用标准和通信协议实现信息的自动收发,为作战人员提供指挥、控制、计算机、通信、情报、预警、侦察、杀伤(C^4KISR)能力。星座网与美国陆军的陆战网(Land-WarNet)和海军的力量网(FORCENet)一起组成美军全球信息栅格三大军种子网,它们的建成将确保美军信息优势和不同军兵种间的协同作战,最终全面实现美军的网络中心战能力。

2. 系统现状

星座网的目标是覆盖空间、空中、地面各个层面,可实现各个级别的指挥控制节点和情报、监视与侦察节点的横向、纵向融合[18]。为此,采用了开放式网络结构,以互联网络协议(Internet Protocal,IP)网络为技术基础,在结构上分为核心层、中间层和外层。其中:核心层主要包含侦察监视和指挥控制平台,是星座网的神经中枢,主要提供目标定位和战场管理指挥及控制功能;中间层由数据链连接在一起的战斗机、轰炸机、无人机、运输机、加油机和多个武器平台构成;外层包括作战人员、其他战术作战飞机等单元。星座网核心层平台上装备联合作战天线系统(Joint Tactical Radio System,JTRS)电台实现多军兵种的互联互通,装备宽多平台通用数据链 Multi-Platform Common Data Link(MP-CDL),实现多种侦察平台的互联互通;中间层和外层的各单元通过 Link-16、机间协同数据链(Intra-flight Datalink,IFDL)、多功能先进数据链(Multifunction Advanced Data Link,MADL)等数据链进行连接。星座网节点的全球互联则是通过卫星来实现的。"C^2 星座网"构想如图 1-6 所示。

图 1-6 "C^2 星座网"构想图

C^2 星座网的重要节点和关键子系统主要有：
- 空中节点：包括机载预警与控制系统飞机（AWACS）、联合监视与目标攻击雷达系统（JSTARS）、联合铆钉电子侦察机（EW）、捕食者无人机（UAV）。
- 地面节点：空中作战中心（AOC）、空军分布式联合通用地面系统（AF-DCGS）、空中支援作战中心（ASOC）、指挥报告中心（CRC）、飞行作战中心（WOC/EOC）和战术空中控制组（TACP）。
- 关键子系统：战区作战管理核心系统。

3. 发展趋势

美国空军计划耗资 400 亿美元~500 亿美元进行 C^2 星座网建设，将整个建设分为 2005 年、2010 年、2020 年三个关键点，到 2020 年最终完成[17]。

第一阶段（2004—2005 财年），重点是提高现有系统的联网能力和数据链传输能力。在此期间，美国空军确定 C^2 星座网的关键节点、系统和服务，以及空中作战中心和分布式联合通用地面站系统指挥中心等关键支撑计划，增强飞机间的联网能力，扩大 Link-16 的装备范围，明确星座网的关键节点、系统和服务以及"空军分布式通用地面系统"（AF-DCGS）等关键支撑计划。

第二阶段（2005—2009 财年），进一步扩展星座网，增强飞机间通信能力。

基本完成星座网中的联合战术无线电系统（JTRS），加强中间层各节点的互联能力。同时，再加上宽带多平台通信数据链的大量列装，极大提高了飞机间的卫星通信(Satellite Communication, SATCOM)通信能力。此外，利用宽带全球通信卫星(Wideband Global SATCOM, WGS)卫星和移动用户目标系统(Mobile User Objective System, MUOS)卫星，实现与地面机动部队交换大量数据和使用无人机传输大量信息。

第三阶段(2009—2020财年)，具有JTRS功能的星座网中间层将继续扩展。2013财年，随着一系列卫星通信升级，连通性方面产生了革命性飞跃。由先进极高频(Advanced Extremely High Frequency, AEHF)卫星组成的星座成为IP网络空基枢纽，提供与11种飞机、陆军地面站和GIG的直接IP联网。星座网核心层将装备高级超视距终端(FAB-T)进行AEHF卫星通信，将机载网络扩展到全球各个地方。

目前，C^2星座网建设已进入第三阶段，正按照计划有序进行。

根据星座网的建设目标：美军开展了全球指挥控制系统空军部分(Global Command and Control System-Air Force, GCCS-AF)的研究和测试，把空军的各项能力集成到GCCS基线配置中并进行测试；开展指挥控制互操作性与性能研究，确保空军GCCS与联合GCCS各分系统之间的同步与互操作性；进行研究与分析，制定更为强大的配置控制与安全防护战略。

为了满足海量信息传输需要、克服多种数据链体制共存所造成的互联困难等，美军提出了空中层组网的设想和飞行规划，将星座网建设集中于机载数据链系统和网络的互联互通等方面。在机载数据链系统方面，对通用数据链提出了新的能力需求，以满足情报视频和图像信息传输，同时开发100Gb/s空基骨干链路，作为空中骨干网的载体，目前该项目正开展系统设计和集成；在互联互通方面，开展战场机载通信节点、智能节点吊仓的试验部署，为异构链路和网络之间提供信息交换的能力，实现空中层网络的互联互通。

1.4.2　美国空军数据链系统

1. 概述

20世纪50年代和60年代，为了应付不断增强的空中威胁，适应飞机的高速化与舰载、机载武器导弹化的发展，美国等北约国家开始研制和装备"战术数字信息链路"，简称数据链[37]。数据链是一种按照规定的消息格式和通信协议实时传输格式化数字信息的战术信息系统。在美军近几场局部战争，尤其是伊拉克战争中，数据链发挥了重要作用，已成为三军联合作战中进行实时或近实时指挥控制、战场态势信息分发的主要手段。

数据链的军事应用主要体现在战场中，包括数据链支持和研制网络中心战、在指挥控制系统和联合作战中的应用、在精确制导武器中的应用,以及数据链在一体化 C⁴ISR 系统中的应用等。美军数据链经过几十年的发展,先后研制了40余种数据链系统,形成了适应信息化作战需要的数据链装备体系。

2. 系统现状

美军为了满足其作战需求,发展了一系列专用和通用的数据链。美国空军的数据链系统主要可分为专用数据链和情报、监视侦察通用数据链两种。专用数据链是指用于各军兵种多种平台之间交换不同类型信息,以满足多样化任务需求的数据链系统,此类数据链系统的工作频带和数据速率都较低,现阶段主要包括战术目标瞄准网络技术(Tactical Targeting Network Technology,TTNT)、机间数据链(Intra-flight Data Link,IFDL)和多功能先进数据链(Multi-function Data Link,MADL)。ISR 通用数据链是美国国防部为各类 ISR 空中平台设计的宽带数据链系统,用于弥补专用数据链的数据传输速率与通用性的不足问题,主要包括战术通用数据链(TCDL)和多平台通用数据链(MP-CDL)[19]。

1) TTNT 系统

2001 年 5 月,DARPA 信息开发办公室(IXO)提出了 TTNT 计划[38],旨在构建一种基于 IP 和 JTRS 技术的高速、动态、新型战术机载网络。通过采用 TTNT 系统,可以实现空中和地面各种平台的快速联网,并以极高的速度传递数据,从而对时间敏感目标的精确打击起到决定性的作用,使美军的网络中心战能力产生质的飞跃[20-22]。TTNT 系统的显著特点包括:①自组织,以 IP 协议为基础,能够通过自组织的方式快速完成网络构建;②高容量,系统数据传输率达到 10Mb/s,等待时间为"零延迟"(小于 2ms),可供 200 个以上的用户以高速互联网的速度安全地、不受干扰地传递信息;③兼容 Link-16,使用 Link-16 的 J 系列报文集,并通过 JTRS 技术在 Link-16 端机上增加 TTNT 模块来实现其能力。TTNT 的缺陷在于其与 Link-16 一样采用全向通信模式,因隐蔽性较差而容易被敌方探测发现,从而影响隐身战机的隐身性能,另外,其通信距离也没有 Link-16 远。目前,美军已证明了 TTNT 能在各种飞机、舰船和地面车辆平台上进行集成应用,目前验证过的平台包括 E-2C、E-2D、B-52、F-15、F-16、F/A-18、F-22、X-47B、EA-18G 等空中平台以及多种地面平台。

2) IFDL/MADL 系统

IFDL 和 MADL 都是运用于隐身飞机上的定向数据链系统。IFDL 主要是一种空空作战使用的机间数据链,装备美军的 F-22 战斗机,可针对针状窄波束进行精确定向控制,进而锁定接受信息的友方战机,实现 F-22A 之间点对点通信。但 IFDL 数据链传输速率仅为 28.8~238kb/s,且只能实现 F-22A 战斗机之间的数据交换,因此美军又设计了 MADL 数据链以取代 IFDL。MADL 是在 IFDL 的基础上开发的,最初专门设计用于 F-35 战斗机,但通过改进后可成为所有隐身作战飞机(如 F-22A、F-35、B-2、X-47B)的通用数据链装备,实现 F-35 战机与其他隐身作战平台之间的数据交换。MADL 使用共有 6 副相控阵天线组成 360°的天线阵列,可以在多架飞机之间实现一对多或多对多的定向组网通信,是一种低截获概率的网络化数据链。此外美军还研究 E-3、E-8、无人机等装备 MADL 的可行性,以解决第五代隐身战机与其他主力战机之间的数据共享问题。

3) TCDL 系统

TCDL 是专门针对无人机等小型平台开发的战术通用宽带数据链,克服了通用数据链(Common Data Link,CDL)的重量、体积、功耗及成本无法适用无人机平台的缺点,是遵循通用数据链路标准的数据链。TCDL 是全双工、点对点、视距微波通信数据链路,可在 200km 范围内,为有人和无人驾驶的飞机之间及其与地(海)面之间提供安全、可互操作的宽带数据传输。

4) MP-CDL 系统

由于 CDL 终端之间存在互操作问题,因此美国空军正在实施 MP-CDL 计划,目的是在网络化环境下提供经济可承受且作战有效的视距、宽带、空空与空地的数据链路。这是一种为满足美国空军未来网络中心战需求的新型视距宽带情报分发数据链,具有很大的灵活性,即规模大小可变、结构采用模块化设计,只需要对硬件或者软件进行修改,就可以适用于新的波形,无须对整个系统进行重新设计。MP-CDL 具有"网络广播"和"点对点"两种工作模式,采用"网络广播"模式工作时能够将数据同时发送给 32 个用户,采用"点对点"模式时可用更强的信号将数据传送给地面、海上或空中的一个特定用户。MP-CDL 可工作在 X、Ku、Ka 频段,传输速率为 10~274Mb/s,具有很强的抗干扰能力。

3. 发展趋势

未来的空战是一种体系的对抗,将以网络中心战为重要依托,未来战术数据链会进一步向着一体化、网络化和高速化的方向发展[23-25]。

1) 多数据链的兼容与协同趋势

未来的新型数据链的发展趋势是在兼容现有装备的基础上,从战术数据链终端向联合信息分发系统演变,并在与各指挥控制系统及武器系统链接的同时,实现与战略网的互联互通,以解决现代战争中的多平台、多种类的探测器、传感器的信息资源共享,多平台、多类型武器协同所要求的实时性,联合作战指挥协同所需的保密、抗干扰等问题。但是,这并不意味着旧的数据链将被立即取代,相反在相当长一段时间内它们是共存的。因此,未来适应网络中心作战模式的数据链应考虑与其他数据链路及已有旧系统的兼容性,实现多数据链的协同作战。美国空军提出的"空中互联网",其思想就是将各种使用不同数据链路的空中平台连接起来,以达到多数据链的兼容与协同。

2) 数据链向综合化、网络化发展

从美国发展数据链的进程看,首先是从各军种自行研制各自的数据链起步,随着战争理念的变化,在联合作战的军事需求牵引下,不仅考虑与各指挥控制系统和武器系统的链接,而且还考虑与战术、战略通信网的互通,发展可直接接入全球信息栅格(GIG)的数据链网络,实现以网络为中心的数据链之间以及数据链与 GIG 之间的互联,逐步向支持三军联合作战的综合化方向发展,不断提升数据分发能力,形成一体化的数据链系统。

3) 数据链向低时延与高数据传输率发展

现代战争作战区域广阔,作战节奏转换极快,作战信息需求海量,对自动化指挥系统的数据传输速率、通信容量等提出了更高的要求。因此,未来的新型数据链在兼容现有装备的基础上,积极开发新的频率资源,拓展数据链带宽,提高数据传输速率,改进网络结构,增大系统信息容量,不断提升数据分发能力,以满足未来多平台协同作战的大容量传输需求。

1.4.3 联合空中层网络

1. 概述

当前,美国空军的数据链和通信系统装备形态是多重数据链体制共存,不同的数据链与通信系统在不同的作战环境中使用,完成不同的作战任务。然而,各数据链系统在连通性、容量、信息共享能力和网络管理功能等方面存在缺陷。为此,美国空军在 2009 年提出了发展联合空中层网络(JALN)的构想,试图将美军各军兵种所有的空中平台都纳入到一体化的空基网络体系中,按照网络中心战概念实现新的空中层网络体系[26-27]。

JALN 并非是一个具体的项目,而只是一个构想,即如何实现跨域(空中、太空、地面和海面)和跨环境(完全不受制约的环境、对抗的环境和反介入拒止环境)信息传输的一种愿景。美国空军预期在 2024 年实现 2010 年制定的《2024 年空中层组网设想》,到那时作为《空中层组网飞行计划》初始螺旋阶段成果的现役平台现代化升级和改进也将基本成型。

2. 系统现状

在美军开展 JALN 概念具体化、制定实施路线图、设计应用概念等工作的同时,也在同步推进实现一体化空中层网络所需的关键系统,开发 100Gb/s 空基骨干链路,作为空中层网络骨干网的载体;在互联互通方面,开展战场机载通信节点、智能节点吊仓的试验部署,实现空中层网络的互联互通。

1) 100Gb/s 骨干射频链

100Gb/s 骨干射频链的目标是开发一种基于无线电信道、具有光纤等效传输容量和通信距离的机载通信链,它的传输速率达 100Gb/s,可以穿越云层、雨滴和雾霾,适用于从无人机等低速平台到战斗机等高速空中平台的全天候通信需求。

项目研发拟分三个阶段。第一阶段重点解决高速无线射频通信的关键技术难题,研发并演示验证适用于毫米波波段的高价调制及空间复用技术;第二阶段是系统设计、集成与测试,将开发具备指向、确认及跟踪能力的信号收发装置原型,将其集成到飞机和地面站,并进行初步的实地测试与评估;第三阶段为系统演示验证,将完成系统的定型与飞行测试。目前该项目正开展系统设计和集成。

2) "五代机与四代机"通信系统

按照美国国防部的"联合能力技术演示验证(JCTD)"计划,诺斯罗谱·格鲁曼公司从 2010 年初开始承担"联合攻击战斗机一体化终端(JETPack)"项目,旨在验证"五代机与四代机"的无障碍通信技术。最终通过两次飞行试验证明,JETPack 具备将 F-35 战斗机的 MADL、F-22A 战斗机的 IFDL 同时连接到通用数据链 Link-16 的能力。

在 2014 年完成 JETPack 演示项目后不久,诺斯罗普·格鲁曼公司就公布了"自由 550"(Freedom550)系统。"自由 550"是一种"五代与四代"的网络系统,可使四代机毫无障碍地使用五代机传感器获得的信息,以提高不同型号战斗机在协同作战时的态势感知能力,进而显著提高作战效能。

3) 战场机载通信节点(BACN)

BACN 是美国国防部早在 2004 年就启动的一个临时网关计划,以应对阿富汗战场中对联合紧急作战的迫切需求。它是一种高空机载通信中继与信息网关系统,采用基于网际协议(IP)的通信中继和信息服务器,在视距和超视距情况下,通过中继、桥接和数据翻译,支持相同/不同战术数据链与语音系统之间的实时信息传输,使得地面指挥所与空中机组人员看到相同的作战图像。

在"联合远征部队试验 2008"(JEFX-08)演习中,美国空军利用 BACN 首次成功演示了飞行中的数据转换能力。演习期间,通过综合运用 BACN、F-22 战斗机数据链以及 Link-16,F-22 传感器信息被实时下载和分发到 F-15 和 F-16 战斗机。截至 2013 年 5 月,美军共有 4 架 E-11A 飞机和 4 架 EQ-4B 无人机加装 BACN。自 2008 年 10 月首次部署阿富汗战场以来,BACN 已完成 2500 多项任务,飞行超过 25000h,任务成功率为 98%。不过,BACN 平台数量有限,可能无法满足美国空军全球到达的作战需求。

3. 发展趋势

由于现阶段美军空基网络在组网能力、网络容量、系统互操作性和网络管理等方面还存在诸多问题,美国空军已将联合空中层网络作为发展重点,试图将美军各军兵种所有的空中平台都纳入到一个一体化的空基网络体系中,意图按照网络中心战概念实现全新的空中层网络体系结构。其中发展重点在于:

(1) 大容量骨干链路,提供跨联合作战区域传输海量信息的能力,并提供通过地面通信或卫星通信接入 GIG 的能力;

(2) 分发/接入/距离扩展,为海、陆、空、天提供定制的接入访问能力;

(3) 转换功能,提供网络信息和波形进行交换、翻译的能力。

1.4.4 美国卫星通信系统

1. 概述

卫星通信由于覆盖范围广、可用频段宽、便于机动、对通信距离不敏感等特点,在军事通信中得到广泛的应用。美军在《2020 联合构想》中提出要建立一个可向各类不同用户提供宽带、窄带及安全通信能力的新一代集成卫星通信系统。该"集成系统"中的三大卫星系统的建设目标是:宽带通信系统重点是发展大容量;窄带通信系统主要为移动中的作战单元提供点到点的链接通信能力;安全通信系统则强调抗干扰、隐蔽性和核生存性。

2. 系统现状

美国卫星通信系统正向包括宽带、保密以及窄带 3 种方向发展,主要包括 WGS 系统、AEHF 系统和 MUOS 系统,分别用来取代现有的 DSCSⅢ系统、军事星(Milstar)以及特高频后继(UFO)。这些新一代卫星通信系统的带宽、数据传输速率和信道数量将呈指数级增长,而保密性、抗干扰性、低截获率和波束覆盖范围等其他性能指标也将得到全面提升。这些卫星系统能够通过远程端口连入 GIG 的国防信息系统网络(DISN),进而融入 GIG 的海军部队网、陆军陆战网和空军星座网,用于指挥控制、数据连接、后勤保障等任务。

1) WGS 卫星系统

WGS 计划由美国国防部于 1997 年 8 月提出,是美国新一代军用宽带通信卫星,用于替代现有 DSCS Ⅲ系统,其信息传输能力是 DSCS Ⅲ系统的 10 倍。WGS 系统旨在为美军各军种及其国际盟友(如澳大利亚国防军)提供高数据速率、大容量的通信支持,如音频、视频会议、情报文件及气象数据等。

WGS 原计划建造 5 颗业务卫星和 1 颗备份卫星,而由于 2009 年美军取消了下一代宽带卫星通信系统"转型卫星通信系统"(TSAT)的研制计划,使 WGS 计划得到了大幅度扩张,卫星数量增加到 10 颗。WGS 系统的首颗卫星于 2007 年 10 月发射升空,于 2017 年 3 月完成了第 9 颗 WGS 卫星的发射,第 10 颗卫星也已经采购。美军将继续采购2颗,形成由12颗卫星组成的星座,到2020年将具备10GPS传输容量的卫星通信能力。WGS卫星部署在同步轨道上,目前公布的前5颗轨道位置分别覆盖太平洋、印度洋、大西洋、印度洋与美国大陆。

该系统前3颗为基本型第一批次(BLOCK I),已交付美国空军使用,能够支持8架无人机同时以137Mb/s速率传输;从第4颗卫星起为第二批次(BLOCK II),增加了无线电旁路设备,还能再支持2架无人机以274Mb/s速率传输;从第8颗起,WGS卫星将集成波音公司的先进数字载荷,这将使得通信带宽拓展1倍,进一步提高卫星容量。

2) AEHF卫星系统

AEHF是美国新一代战略与战术级的指挥与控制通信卫星,用于替代现有的Milstar卫星系统,其能提供Milstar卫星10倍以上的数据吞吐量和430Mb/s的保密通信能力。AEHF的目标是为美国及英国、荷兰和加拿大提供可用于所有级别军事冲突的准全球、高保密性、高通信容量、高生存能力及防阻塞的新一代战略和战术的指挥与控制通信卫星以及地面匹配系统,该项目还可为国家领导人提供生存力强的保密、可持续的通信服务。

AEHF项目属于美国国防部,原计划由3颗卫星组成,后增加到4颗,随着TSAT计划的中止,美军还将增购2颗AEHF卫星。AEHF系统在2013年9月18日发射了第3颗卫星,目前已具有了初始运行能力(所有允许访问的用户可以利用该系统进行常规敏感通信和关键作战),后续3颗卫星正在生产中,预计将在2017—2019年进行发射,于2020年前全部部署完毕。

3) MUOS卫星系统

MUOS是美国开发的下一代窄带战术卫星通信系统,将取代美军目前使用的特高频后继(UFO)卫星系统,其通信容量超过UFO卫星容量的10倍,通信速率提高16倍,同时保持与传统UFO卫星的兼容性。MUOS的主要目标是解决目前用户必须在静止状态下进行窄带通信的限制问题,向作战人员提供超视距通信、全球覆盖以及联合互操作,满足移动作战人员对通信距离、容量、接入与控制、互通、业务、动中通和可用性等方面的要求。

MUOS卫星将由位于地球同步轨道的4颗工作星和1颗备份星组成,地面部分将采用符合JTRS规范要求的手持式终端,并将实现未来JTRS终端的全部能力。

3. 发展趋势

未来美国军事卫星通信系统的发展主要表现在探索不同的体系结构、引入智能手机和其他商业通信技术,并提高用于军事目的的商业卫星通信系统的可靠性。

1) 探索解聚的卫星通信体系结构

解聚的思想是通过数量较少的集中任务来创建一个成本更加可控并以增量的方式部署的卫星通信体系结构。主要有两种解聚方式：第一种是将一个大型的任务集聚系统分解为多个较小的组成部分；第二种是通过为现有系统补充增加的较小组成部分来建立一个更多样化的增值系统。

2) 引入软件可重新编程载荷技术

软件可重新编程载荷(SRP)是一种具备实际通信潜能的固有的卫星技术，用于在一个基于软件无线电平台的工具包中实现通信、射频感应和电子战等多重功能，比如通过"影子"无人机实现相互通信，且不管无线电、网络或波形是否正在使用。

3) 提高商业卫星通信系统的可靠性

随着商业卫星通信系统越来越多地进入美国军事卫星通信系统的体系结构，并承担着重要的角色，美军也日益陷入卫星通信系统成本和安全性权衡的困境，提高商业通信卫星系统的可靠性，使其满足军用卫星通信系统的需求是当前和未来美军必须面对的一个问题。

1.4.5　美国空军分布式通用地面站系统

1. 概述

鉴于美军在"沙漠风暴"行动中，情报系统、国家部门之间林立的ISR烟囱严重降低了指挥控制系统的性能和作战效果，美国国防部于1996年启动建设一个全球性、军方和国家安全机构能够共同访问情报、监视信息和侦察数据的互联网络，这就是分布式通用地面站(Distributed Common Ground Station, DCGS)系统[34-36]。该项目由美国空军率先研制，系统总集成商雷神公司联合了微软、谷歌、惠普、甲骨文和BEA等公司共同研制。DCGS系统是美国陆军、空军、海军和海军陆战队通用的多源ISR信息综合应用系统，可近实时接收、处理及分发ISR信息。该系统能进行多源ISR信息的分布式处理，构建了一个与因特网类似的情报共享网络。DCGS是由固定和移动地面数据处理系统组成的分布全球的广域网，用于从有人驾驶战斗机、无人机以及卫星上收集并处理ISR数据。随着美军海、陆、空、天多维一体情报侦察体系的成型，各种情报搜集平台和传感器不断涌现，DCGS系统已发展为由空军DCGS-AF系统、陆军DCGS-A系统、海军DCGS-N系统、海军陆战队DCGS-MC系统、特种部队DCGS-SOF系统、情报界DCGS-IC系统以及其他部门乃至盟军的DCGS系统等多个系统组成的综合ISR系统[29,30]。

2. 系统现状

美国空军分布式通用地面站(DCGS-AF)系统不仅是各军种中开发最早的

系统,也是各军种中发展相对成熟且技术水平最先进的系统,被美国空军认为是 ISR 系统转型的基础。美国空军不只是把 DCGS 看作是情报能力,更将其视为一种武器系统,并于 2013 年 7 月发布了《2020 空军分布式通用地面站系统路线图》,规划了实现"全源"情报目标的各阶段措施,将已有的 ISR 力量进行同步和整合,为空军提供信息优势、作战优势和决策优势。DCGS-AF 系统包括可部署地面侦听设备(Deployable Ground Intercept Facility,DGIF)、可部署防护系统(Deployable Shelterized Systems,DSS)、可部署的流程化打包系统(Deployable Transit Cased Systems,DTS)、地面控制处理器(Ground Control Processor,GCP)、分布式交互仿真系统(Distributed Interactive Simulation System,DTSS)和通用数据链系统(Common Data Link,CDL)等部分。目前,美国空军已安装了 45 个 DCGS 站点,包括 5 个核心站点和 17 个重要的远程站点,可处理 6 种以上机载侦察平台的情报,每天分发 1400 多件情报产品[28]。DCGS-AF 作战视图如图 1-7 所示。

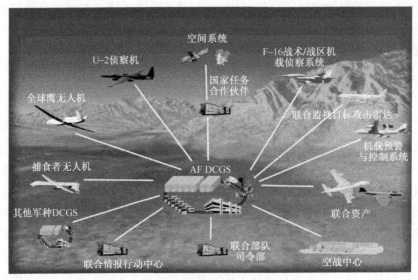

图 1-7 DCGS-AF 作战视图

系统采用了开放的面向服务的体系架构(Service-Oriented Architecture,SOA),以全新的"分配任务、发布、处理和利用"(Task,Dost,Process,Use,TPPU)情报流程替代传统的"分配任务、处理、利用和分发"(Task,Procoss,Exploitation,Dissemination,TPED)处理方式,相关数据在具备可用性之后,就立即发布在共享网络上允许用户提取数据并将其纳入他们自己的处理进程中。这一点在时敏目标定位之类的军事应用上显得尤为重要。系统采用 Java 连接器体系结构实现对 DIB(DCGS Integration Backbone)的访问,支持从世界上任意位置,通过基于 Web 的工具,对空军 ISR 平台进行实时规划,为其提供类似谷歌的情报搜索能力；系统利用通用数据链和综合广播服务系统接收空中侦察平台送来的图像情报、信号情报、测量与特征情报等多种情报数据，通过 GIG 向美军各战场用户进行更大范围的信息分发。DCGS-AF Block10.2 为空军构建了一个全球体系，可帮助用户实现各种内外部协同活动，先进的处理工具和机制也可更早地发现信息，体现了转型能力。

3. 发展趋势

当前，空军 DCGS-AF 系统正在向通用工作站过渡，以替代地理空间情报工作站、信号情报工作站和人力情报工作站等特殊工作站，该工作站可同时在 Windows 和 Solaris 两种操作系统模式下工作。美国空军第 25 航空队成立后，重点改进 DCGS-AF 系统为开放式体系架构，寻求实现情报处理的快速响应能力。未来系统还将具备对 F-22"猛禽"和 F-35"闪电Ⅱ"等非传统 ISR 平台的情报搜集处理能力。DCGS 体现了美军情报信息融合体系如下特点：

(1) 以 SOA 架构为基础，实现对现有系统集成和整个情报体系的横向融合。DCGS 系统的建设不是另起炉灶，而是在美国国防部体系框架（Department of Defense Architecture Framework, DoDAF）理念的指导下进行体系架构设计，采用了开放的基于 SOA 的体系架构，将 DCGS 分为核心服务层、数据服务层、应用服务层和表示层。在此结构下，多源情报融合的各项业务、功能将以服务的形式集成、共享与使用，具有即插即用、按需共享、柔性重组等特征。通过采用 SOA 架构，DCGS 打破了现有各专用系统的烟囱壁垒，并将其不断改造、集成到 DCGS 系统中；采用搜索服务、消息服务、协作服务、安全服务等核心服务，加上共享的共用接口和数据标准，各军种、各情报单元的情报系统能够实现互联、互通、互操作，实现了整个情报体系的横向融合。

(2) 以 DIB 数据集成为核心，实现情报体系的多源信息共享和按需服务。DIB 是 DCGS 体系的基础设施，其核心是一组符合 SOA 架构的通用服务和标准，以实现不同 DCGS 体系之间的信息共享和互操作。DIB 分为数据仓库层、服务层和客户层，主要包括资源适配器、DIB 集成数据库、元数据目录、元数据框架、数据集成框架、安全服务、工作流服务、WEB 门户等部分组成。DIB 为系统提供了通用硬件基础结构、通用数据服务、通用知识库及通用应用等。美三军可通过 DIB 彼此互联，共享所有重要的 ISR 资源。DIB 系统采用了一种基于开放标准的构建方法，允许第三方软件供应商自己完成软件与 DIB 系统的集成工作。

(3) 以 TPPU 为主要模式，推动情报融合体系由逐级融合的纵向模式向以网络为中心的融合模式转型。早期的 DCGS 系统采用传统的纵向融合处理模式，即 TPED 流程模式。此模式先由下级融合节点进行低级融合，然后再分发到高级节点进行高级融合,最后统一汇总到最高司令部进行统一融合,此种模式的最大问题是情报融合的时效性难以满足灵敏作战、快速打击的需要。目前各军种 DCGS 系统都在进行升级,改用了新的 TPPU 模式。在 TPED 模式中,任务规划包括用户请求的具体信息、平台或者传感器的使命管理、ISR 使命规划和实力部属。然而,在 TPPU 模式中,任务规划以网络为中心,所有授权用户都可以访问,它集成了用户计划和作战行动;TPPU 模式中的"Post"是指数据提供者在从获取平台得到数据后立即以能够进一步处理的方式将原始数据和预处理数据发布到网上,而不必等处理完分发,以保证时效性。从一般意义上说,TPPU 中的"Post"包括了 TPED 中的处理和分发(Processing and Dissemination)工作;在 TPED 中"Processing"是指把原始数据转换成情报分析员能够使用的情报产品,而 TPPU 中的"Process"本质上是 TPED 中的"E"(Exploitation),情报产品可以像在 TPED 那样分发,但是更加有效地动态推送或者拉取;TPPU 中的"Use"可以使多个用户实时访问原始数据或者完成的情报产品,以供它们进一步分析、融合和协作。由于采用了 TPPU 模式,DCGS 体系的每个节点既是原始数据或情报产品的提供者,又是原始数据或情报产品的需求者,各节点之间没有固定的情报信息流程,而是根据作战任务灵活组合,实现了以网络为中心的信息融合,大大缩短了从传感器到射手的时间。

1.4.6 美军指挥控制、作战管理和通信系统

1. 概述

C^2BMC 系统是美国全球性的导弹防御指控通信系统,于 2002 年作为弹道导弹防御系统网络化作战的核心被首次提出,其通过网络把分布在世界各地的传感器、武器系统有效地集成到一起,为分散在各个地方的指挥人员提供综合的公共作战图像并协调武器部署的决策,使指挥人员能运用最有效的武器对各飞行阶段的来袭目标进行拦截,从而实现无缝分层的导弹防御。C^2BMC 的目标是实现以网络为中心的一体化、分层弹道导弹防御,确保威胁目标在整个飞行过程中一直处于导弹防御的杀伤区域,并能在任何时间、在任何责任区对处于各种飞行阶段的导弹目标进行拦截。

2. 系统现状

由于一体化的全球导弹防御具有复杂性高、地理上分散、分布式作战的特点,C^2BMC 采用分布式的体系结构,如图 1-8 所示。

C^2BMC 体系结构将包括由通过地理上分散的网络连接在一起的区域作战管理指挥和控制(Battle Management Command and Control,BMC^2)系统,所有参与者能根据需要获取特定区域的信息,而时间关键信息(Critical Time Information,CTI)将被发送给对来袭导弹进行拦截的同一地区协作的作战单位,

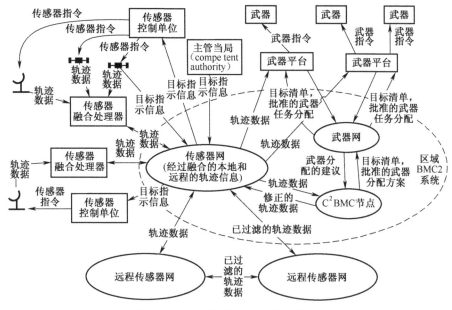

图 1-8　分布式 C^2BMC 体系结构

或是当来袭导弹从一个区域飞到另一个区域时,由这些作战单位将关键信息传递给非地区协作作战单位,从而确保对目标的全程拦截。

C^2BMC 系统从功能上可划分为指挥控制、作战管理和通信三个子系统。

1) 指挥控制系统

该系统负责对导弹防御行动进行规划和监控,提供计划制定和态势感知等决策辅助应用程序,近实时地将信息和防御备选方案进行综合,从而为基于可靠信息的决策和缩短决策周期提供作战辅助。其中,计划工具采用网络中心的体系结构,取代过去的点对点方式,从而确保横向和纵向的协作,用于全球导弹防御和战区导弹防御计划制定过程中的各个阶段,包括危机前的精心规划、危机发生后的危机行动计划以及在交战过程中动态地对计划进行调整;态势感知应用为从总统到作战司令的各级指挥人员提供一个公共的单一综合弹道导弹图像(Single Intergrated Ballistic Missile Picture,SIBMP),提供有关弹道导弹防御系统(Ballistic Missile Defense System,BMDS)总体状态及其拦截各类威胁能力的信息,并为各级决策者提供指示武器发射的权限。

2) 作战管理系统

作战管理系统将对拦截弹的发射进行控制,协调助推段、中段和末段分层防御的杀伤链功能——目标探测、跟踪、分类、交战和杀伤评估,充分利用地基、海基和机载等各类传感器并安排最佳武器系统进行拦截。传感器组网和融合功能将从轨迹相关向特征辅助识别和不同类传感器融合发展,从而支持一体化火力控制。

3)通信系统

通信系统将利用现有及拟建的全球通信网(Global Communication Network,GCN)、国防信息系统网(Defense Information System Network,DISN)和战术信息数据链(Tactical Digital),无缝地连接全球各导弹防御系统,实现系统之间的数据交换和各资源的网络互联。整个 BMDS 将被综合集成到一起并通过高可靠性的互联互通实现内部用户和外部用户的态势共享。BMDS 的网络运行中心通过综合网络管理系统(Integrated Network Management System,INMS)分配作战带宽,战略司令部的联合网络管理系统(Joint Network Management System,JNMS)则提供网络集成管理。

3. 发展趋势

当前,美国部署的 C^2BMC 系统已具备区域管理多部雷达以及初步的全球作战管理能力,未来将通过整合本土及其盟国的反导系统,搭建全球一体化的反导作战体系,发展趋势如下:

在传感器综合管理能力建设方面,通过一体化的传感器网络技术和先进的辅助决策技术,提高对导弹航迹的描绘能力和精度,使当前许多影响实时作战的人工任务实现自动化处理,具备探测/拦截系统直接匹配和管理的能力,实现探测系统的一体化管理。

在系统安全防护建设方面,由于 C^2BMC 系统的电子设备易受到电子攻击弹头的干扰或摧毁,网络漏洞可能会被黑客发现并利用,卫星通信会受到地面大功率干扰设备、反卫武器的威胁,美军在建设 C^2BMC 系统的过程中,也在逐步提高 C^2BMC 系统对电子干扰、电子摧毁和网络攻击的防护能力。

在一体化防空反导能力建设方面,美国导弹防御团队正在研究将导弹防御局的 C^2BMC 系统与陆军的一体化防空反导作战指挥系统(Integrated Air and Missile Defense Battle Command System,IBCS)连接的可行性,通过系统集成使得对各种分散信息源的综合处理能力更强,目标跟踪和识别信息的质量、传感器组网能力及与联军的互操作性都将得到改善,以确保更完整的防空反导态势感知,从而进一步扩展作战空间。

1.4.7 美国空军战区作战管理核心系统

1. 概述

为适应网络中心战的发展需求,美国空军于 1995 年开始研制战区作战管理核心系统(Theater Battle Management Core System,TBMCS)[39],旨在将原有的三个系统,即战区应急自动计划系统、航空兵联队指挥和控制系统(Wing Command and Control System,WCCS)、作战情报系统(Combat Intelligence System,CIS),和其他应用系统综合集成为一个联合空战 C^2 系统,为空军及其他军种、联合部队的司令提供自动化空战计划和执行管理手段。TBMCS 将提供共享的空战和情报数据库以及公用的空战计划、管理和执行的工具,实现态势感知共享,提高空战计划和执行的效能。2000 年 7 月 TBMCS 通过了多军种作战试验和评估,同年 10 月该系统被批准进行部署。

由于 TBMCS 系统中各"烟囱"式系统间的连接问题限制了用户间的信息共享,不同功能的程序间不具有互联互通性,空中作战中心(Air Operations Center,AOC)人员需要人工将一个系统的信息导入到另一个系统中,于是把战区作战行动网络中心环境(Theater Battle Operations Net-Centric Environment,TBONE)作为 TBMCS1.1.4 版的一个核心部分来开发,旨在增强系统的可部署性和可扩展性、实现向 Web 使能、PC 可运行的应用环境转移、为网络中心作战重新设计数据库和应用程序以及通过使用门户技术来共享信息。

2. 系统现状

TBMCS 是一个综合空战指挥控制系统,为空中部队司令提供对全战区的空战进行计划、指挥和控制的手段,并对地面、海上以及特种作战部队进行协调。通过综合各类情报、图像和信息,在空军空战中心和空中支援作战中心生成共用作战图,有效地进行任务计划管理,实现空军与其他军种功能上的横向连接以及与航空远征联队、部署的分队以及高层司令部的纵向连接。

TBMCS 采用模块化结构,便于陆海空运输,其配置可以根据信息资源、作战单元、可用的武器数量、参战军种和盟军、疏散要求以及作战强度等战区条件进行裁减,通常部署到战役级和战术级作战单位,包括美国空军的空战中心、空中支援作战中心和分队级作战中心以及联军和盟军现有的系统上,如图 1-9 所示。

TBMCS 分为部队级和分队级系统,分别为空战中心、空中支援作战中心及分队级单元提供相应的功能。

(1)部队级 TBMCS(相当于战役级):为空战中心提供数据通信、系统管理和服务以及空战中心使命应用程序,包括情报处理、战区目标确定、空战计划制定、空域计划和控制、确定任务分配和分发、任务执行监控、重新制定计划和兵力集成。在空中支援作战中心(Air Support Operations Center,ASOC),部队级 TBMCS 提供机动式计算机硬件配置、数据通信和 ASOC 任务应用软件,用于对机动目标的空中作战行动进行计划、协调、控制和实施,从而支援地面部队。

(2)分队级 TBMCS(相当于战术级):分队级作战中心负责从高层司令部接收所分配的任务并将其转换成分队的飞行计划,分队级 TBMCS 对分队级资

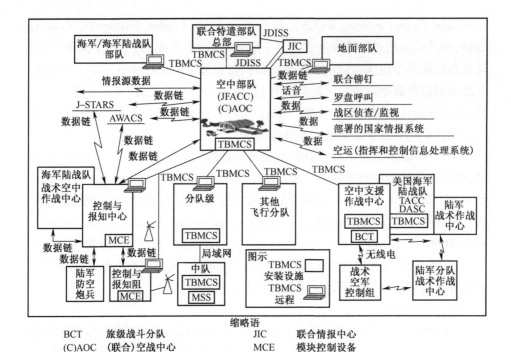

图 1-9 TBMCS 与战区其他指挥控制系统的连接示意图

源进行管理以确保该飞行计划的完成,执行飞行计划并报告结果。TBMCS-UL 是一个联队级指挥控制(C^2)系统,由遍布整个联队的用户终端组成。单元级的 TBMCS 通过联队作战中心(Wing Operation Center, WOC)、维护作战中心 (Maintain Operation Center, MOC)和中队作战中心(Squadron Operation Center, SOC)为联队司令提供支持。

此外,TBMCS 还为联合情报中心(Joint Intelligence Center, JIC)提供数据通信、核心支持以及情报任务应用软件,建立了与其他一系列 C^4I 和管理信息系统的外部接口,通过 TADIL 和联合战术信息分发系统(Joint Tactical Information Distribution System, JTIDS)网络及公共处理器与机载平台(如 AWACS 和 E-8)进行通信,使得空军基地、舰船及行动中的地面作战部队等各个地点的作战人员都可快速访问联军的空战任务信息。

为解决现有各"烟囱"式系统间的连接问题,TBONE 将 TBMCS 由 UNIX 环境向 PC 环境迁移,通过机—机流程处理增加空中任务指令(Air Tasking Order, ATO)的动态性。TBONE 使空中作战中心转变到 Web 使能、PC 可运行的应用环境中,可兼容目前基于美国消息文本格式(U.S. Message Text Format, USMTF),并为第三方团体的加入提供 Web 服务,极大地提高了 TBMCS 的灵活性和多功能性;TBONE 使用门户技术来共享信息,并提供等同于空中作战中心武器系统的动态规划、执行和评估能力,加速计划和执行,提供所有步骤间的直接数据连接能力,消除了许多之前的人工步骤,极大程度地减少 AOC 中软件程序和人员数量;此外,TBONE 还提供先进信息服务来支持网络中心战,使外部系统轻松实现机—机接口并与 TBONE 数据和服务交互,减少为空战中心增加新能力带来的时间和成本。

3. 发展趋势

作为 TBMCS 的核心部分,TBONE 已完成了 5 次有效目标实验评估,于 2007 年完成开发,可为联合部队提供大幅度提升的联合计划能力,保证持续和动态的空中力量计划、执行和评估,发展趋势如下:

在系统建设保障方面,更多的通过训练演习、结构调整、程序更新、条令编修等软性举措来优化系统的建设使用,针对系统在作战使用中存在的缺陷和薄弱环节;持续财政拨款用于进行硬件升级并解决信息保障和安全问题。

在系统作战应用方面,以网络中心战新作战概念为指引,更多的体现出军种联合共用或共享,强调系统的快速反应、动态适应和后方支前等能力,根据美军军事行动的一般规律和战区作战任务的需求,研发相应的指挥与控制空中作战套件、指挥与控制信息服务,并通过版本升级不断提升实战能力。

1.4.8 舒特系统

1. 概述

舒特(Suter)系统是美国空军遵循"网络中心战"理念,追求"从传感器到射手"无缝一体化运用的一项具体实践。舒特系统从针对战场时敏目标起步,逐步发展到针对防空系统、国家级指挥系统等战略目标。

舒特系统发展至今,已有舒特Ⅰ、舒特Ⅱ、舒特Ⅲ、舒特Ⅳ和舒特Ⅴ五代,并在 2000—2008 年的两年一度的"联合远征部队试验"(Joint Expeditionary Force Experiment,JEFX)中分别进行了技术能力演示。演示结果表明,舒特系统的作战范围越来越广,体系要素综合集成越来越多,一体化程度越来越高,技术与运用成熟度越来越高。

(1) 舒特Ⅰ:可以实时监视敌方雷达的探测结果,使美军作战人员能够评估其隐身系统和地形遮蔽战术的效能。在 2000 年的联合远征部队试验(JEFX 2000)中,EC-130H 电子战飞机成功地与 RC-135V/W 侦察机及 F-16CJ 战斗机结合在一起,演示了实时监视敌方雷达所探测到目标情况的能力。

(2) 舒特Ⅱ:通过入侵雷达网,实现了对敌方雷达控制系统的接管,使敌方雷达转离美军突防路线。2002 年的联合远征部队试验(JEFX2002)中对舒特Ⅱ进行了试验,EC-130H 把假目标信号注入敌方防空雷达,RC-135V/W 把假指令注入敌方防空雷达网中。

(3) 舒特Ⅲ~Ⅴ：舒特Ⅲ~Ⅴ监视能力扩展到了时敏目标的网络以及敌方指挥控制通信系统。在2008年的联合远征部队试验(JEFX2008)中，舒特Ⅴ实现了一体化的体系作战能力。通过将在同一战场上的地面、无人、机载和空中情报、监视与侦察系统(ISR)、电子攻击和网络战系统以及进攻性空间防御作战系统进行横向一体化的综合集成，在美军全球作战信息系统的支援保障下，实现了电子攻击、网络战与动能打击、ISR行动和精确火力打击等作战行动的一体化。

2. 系统现状

1) 舒特Ⅰ

舒特Ⅰ系统组成如图1-10所示，该系统主要由EC-130H、RC-135V/W、高级侦察员(Senior Scout)、无人机载传感器、战场机载通信节点(Battlefield Airborne Communications Node, BACN)和联合空中作战中心等组成，通过机载数据链将各系统集成在一起。

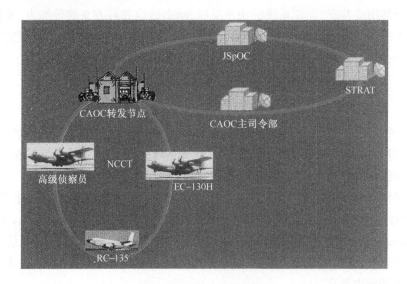

图1-10　舒特Ⅰ系统组成

舒特Ⅰ系统的作战概念图如图1-11所示。

整个系统的运行过程如下：

(1) 在战区或战区附近部署无人机载传感器，以侦察雷达信号。无人机载传感器实现了组网。

(2) 传感器开始接收敌方雷达信号，雷达信号经过无人机载传感器转发网络的简单数据融合后，转发给中继飞机，目前所用的中继飞机是美国空军研制

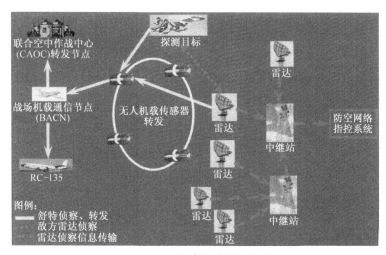

图 1-11 舒特 I 作战概念图

的战场机载通信节点。

(3) 中继节点飞机将接收信号转发给 RC-135 以及联合空中作战中心转发节点。其中,联合空中作战中心转发节点与联合空中作战中心司令部、联合航天控制中心(Joint Space Operations Center, JSpOC)、战略司令部(STRAT)等之间是组网的。

(4) 组网部署的各种传感器将截获的敌方雷达网络传输内容集中在 RC-135 上融合分析,由 RC-135 处理后还原出近实时的敌方雷达探测图。

从以上分析可以看出,舒特 I 实现过程充分体现了基于战术级网络中心化环境的体系集成思想,实现了对手雷达情报的反演,从而达到"允许攻击者实时监视敌方雷达所观测到的情形"这种能力。

2) 舒特 II

舒特 II 系统实现了美军作战人员以系统管理员身份接管敌方防空网络并操纵雷达的能力,其进入敌方防空网络的入口是敌方传感器(主要是雷达)天线、通信天线以及微波中继站天线。

在舒特 II 系统中,搜索敌方无线网络入口的工作是由"高级侦察员"与 RC-135 共同来完成的,而通过无线入口接入以及注入恶意代码的工作,由 EC-130H 负责。EC-130H 飞机上的"长矛"干扰吊舱具有强大的相阵控天线,实施电子攻击时可辐射大功率、窄波束信号,并以此突破无线入口进入敌方网络,然后根据具体攻击目标植入不同软件算法或恶意代码。

舒特 II 作战概念图如图 1-12 所示。

3) 舒特 III ~ V

舒特 III ~ V 系统提出的假想背景是敌方拥有现代化的指挥控制与通信

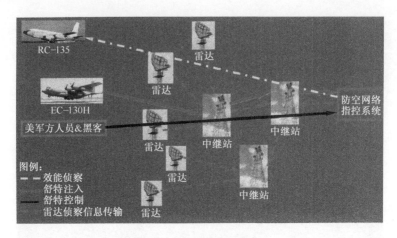

图1-12 舒特Ⅱ作战概念

(C^3)以及电子防御系统,需要综合动能及非动能打击实现对潜在目标的打击。在美军全球信息系统的支援保障下,舒特Ⅴ实现了指挥与控制节点、ISR平台、网络战节点、电子攻击系统之间的有效集成和协同,进而实现了电子攻击、网络战、进攻性反太空战与动能打击、ISR行动和精确火力打击等作战行动的一体化。

3. 发展趋势

"舒特"从针对"脆弱性在极为有限的时间窗内出现"、需要立即做出响应的目标起步,逐步发展到针对网络化防空系统、国家级指挥系统等战略网络目标。目前,"舒特"已发展到第五代,实现了战场情报侦察监视、指挥控制、网络空间作战以及火力打击等系统的有机集成,形成针对作战对象为网络化目标的一体化作战体系。"舒特"的发展是"网络中心战"思想不断发展、深化应用的过程。随着通用宽带数据链等基础通信网的能力不断提升,情报组网范围不断扩大,情报处理能力不断增强,指控组网和武器组网实现了电子战、网络战、动能战综合运用。未来随着网络中心化能力的进一步发展,"舒特"将成为网络空间和物理空间的一体化作战的利器。

1.4.9 俄罗斯防空指挥自动化系统

1. 概述

防空指挥自动化系统是俄罗斯防空体系的核心要素和神经中枢,由信息搜集与传递、信息处理、信息显示和辅助决策指挥等分系统组成,其主要作用在于及时、准确地提供敌我双方的空情和作战态势,把各种防空兵器组织成协调一致、互为依托、互为补充的有机整体,从而提高各种防空兵器的综合作战效能。

俄罗斯防空指挥自动化系统自20世纪50年代后期开始研制,至今大致经历了四个阶段：即 50—60 年代的基础性研究与初步建设阶段、70 年代的深入发展阶段、80 年代的实际应用阶段和 90 年代以来的改进完善阶段[31-33]。目前，俄罗斯防空指挥自动化系统已发展到了第三代，即以高速并行计算机和智能化作战软件为核心的防空指挥自动化系统，分为战略、战役和战术三个层次。战略战役级防空指挥自动化系统已完成与其他军种系统的兼容和联网，实现了空中与地面、固定与机动等指挥方式的相互结合与替代；战术级防空指挥自动化系统已与武器系统融为一体，成为武器系统的指挥控制单元；同时，各个层次的防空指挥自动化系统又与侦察预警和火力拦截等系统实现了信息互联互通。

2. 系统现状

1）战略层次防空指挥自动化系统

战略防空是防空防天力量为保卫国家领空安全或达成战争目的，对来自空中和空间的战略性威胁所采取的防御行动和措施。战略层次防空指挥自动化系统，又称国土防空指挥自动化系统，其主要用于由统帅部统一组织指挥的国家或战略区、战略方向，及时发现和判明敌战略空袭征兆，争取更长的预警时间，对空中威胁采取防空作战行动指挥。

俄军战略层次防空指挥自动化系统由战略预警探测系统、指挥控制中心和战略通信系统组成，如图 1-13 所示。

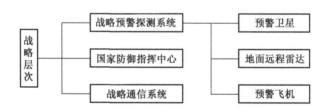

图 1-13　战略层次防空指挥自动化系统

战略预警探测系统由预警卫星、地面远程雷达和预警飞机组成。预警卫星由"宇宙"系列卫星充当。A-50 预警机用于发现低空飞机和巡航导弹，并能指挥战斗机作战。新式大型相控阵雷达站可执行反导作战管理任务。

国家防御指挥中心下辖战略核力量指挥、战斗指挥和日常活动指挥三个分中心。该中心平时将统领武装力量及所有国防力量，并整合俄罗斯现有的各类指挥和监控系统，成为国家级的情报分析和决策中心；在战争或巨大灾难发生时，还将统一指挥其他权力部门武装力量、国防综合体，甚至所有国民经济体系。

战略通信系统由战略话音通信网络、卫星通信网络和对潜通信系统等组成，用于建立统帅部和军区、军兵种间的长途干线通信。

2）战役层次防空指挥自动化系统

战役防空是战役军团在战役中组织的对空防御和抗击敌空袭的作战行动。战役层次防空指挥自动化系统主要用于制定战役防空计划,组织战时防空侦察和情报传递,对战役防空力量进行部署,组织转移、转隶,组织战役防空作战协同以及各种保障等。

俄军战役层次防空指挥自动化系统主要包括棱堡系列和多面手、9С52 和 9С52М 等,分别装备在空防集团军、防空师(军)和防空导弹旅等不同的层级。其中,棱堡系列防空指挥自动化系统装备在空防集团军,采用俄罗斯国家和军队的统一标准设计制造,有各种通用接口,能方便地实现与其他军兵种的指挥自动化系统和各种防空武器系统连接,具备自动从所属部队、相邻部队、А-50 预警机、空军指挥中心等信息源接收、处理、显示空中目标的信息,然后指挥地空导弹、歼击机、电子对抗部队的战斗行动,并且能够进行目标分配的功能。

3）战术层次防空指挥自动化系统

战术防空是战术兵团、部队、分队制止敌航空侦察以及抗击敌空袭的战斗行动,是防空作战最基本、最普遍的形式。战术层次防空指挥自动化系统主要用来引导歼击航空兵,为防空导弹、高炮和电子对抗部队提供目标指示,实现对武器系统的直接控制以及雷达信息源与指挥所之间、指挥所与防空导弹武器之间的数据信息互传。

俄军战术层次防空指挥自动化系统主要包括 83М6Е 系列、9С737"排队"和基座系列等。其中,83М6Е 防空指挥自动化系统是在 54К6Е 指挥控制系统基础上加装三坐标战斗雷达 64Н6Е 组合而成,装备于 С-300ПМУ 系列地空导弹团,采用雷达、指挥控制、通信三位一体技术,解决地空导弹过分依赖无线电技术兵(雷达兵)的问题,以及特殊情况下 С-300 部队独立作战的空天目标信息保障问题。

3. 发展趋势

当前,俄军在各个层次均已建立了比较完善的防空指挥自动化系统,能在有线、无线和卫星等通信系统的支持下,实时收集、分析、传递大量情报信息,自动进行辅助决策,对作战兵器实施人工干预指挥和自动控制,极大提高了防空体系的作战效能及生存能力。为应对日益严峻的空天威胁,俄罗斯正在国家层面加强统一领导,整合空天防御资源,统筹运用军民力量,并提升决策效率,实现实时指挥,以应对瞬息万变的态势。

在战略战役级指挥自动化系统建设方面,重点提升各级指挥所之间安全的战场信息交换能力,确保在常规战争和核战争中都能实施稳定可靠的作战指挥,并根据战区指挥体制调整,不断发展区域一体化指挥自动化系统,努力建造防空、反导、防天一体化的指挥自动化系统,通过数字化改造使配置于不同地点和互不隶属的各指挥机构之间实现互联互通。

在战术级指挥自动化系统建设方面,俄军正朝着野战化和机动化方向发展,各作战和保障单元可通过战术互联网实现动态的互联互通,实现作战指挥、对空防御和综合保障等要素的高效集成。

在军事信息网络建设方面,俄军一贯重视自动化指挥系统的军民兼容能力,通过军民融合共建将军事信息网络建设纳入国家信息网络建设的总体规划之中,平时军民分立,相对独立使用,战时则重点保障军事行动,根据需要快速向军用系统转换。

1.4.10 启　　示

美、俄等国的指挥信息系统采用高效的互操作和综合集成方式,通过信息的快速获取,实现基于效果的精确作战和预测性的战场空间感知,达到计划协同和同步作战的能力,对空军网络化指挥信息系统建设具有借鉴意义。

1) 构建一体化的空基网络,实现各个作战域的无缝连接

为了满足不同的作战环境、不同的作战任务需求,出现多种数据链体制并存的状态,因此,需要重点研究异构数据链的互联互通技术及装备,提高系统之间互操作性;开展宽带数据链技术研究,满足情报视频、图像信息传输和火力协同的需要;建立一体化的空基网络体系,实现空、天、地的无缝连接。

2) 建设网络化指挥信息系统,适应网络中心战的发展需求

将空军所需的各项能力集成到网络化指挥信息系统中,为空中部队、侦察设备、武器提供态势感知、智能决策、指挥和控制的手段,增强与地面、海上以及其他作战部队进行协调的能力,有效地进行任务计划管理,提高空战计划和执行的效能。

3) 加强核心技术的研究,形成体系能力

空军网络化指挥信息系统涉及很多技术领域,为了形成空军作战的体系能力,需要各个技术领域协调发展,如:基于效果的精确作战技术、时间敏感目标打击技术、宽带数据链技术和空中网络安全可信机制等。为了构建空军网络化指挥信息系统,必须加强核心技术的研究,在相关基础技术方面有所突破。

1.5　本书内容组织架构

本书共分为 8 章来讨论和阐述空军网络化指挥信息系统,其组织框架如图 1-14 所示。

第 1 章为导论,简要叙述了空军信息化进程和转型概况、指挥信息系统基

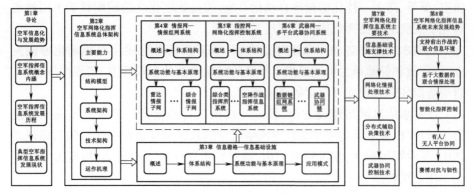

图 1-14 本书的组织框架

本概念和发展历程,以及空军网络化信息系统概念内涵、主要能力和作用意义、典型空军指挥信息系统发展现状等;第 2 章介绍了空军网络化指挥信息系统总体架构,包括主要能力、组成结构、技术架构和组织运用方法等。第 3、4、5、6 章分别介绍了作为空军网络化指挥信息系统核心的信息栅格、感知网、指控网和武器网,包括空军信息栅格、情报组网系统、网络化指挥控制系统和多平台武器协同系统。第 7 章主要介绍了空军网络化指挥信息系统主要技术,包括信息栅格支撑、情报处理、辅助决策、武器协同等技术。第 8 章介绍了空军网络化指挥信息系统未来发展趋势,包括航空平台组网应用、基于云计算的数据中心建设、大数据处理、有人/无人作战支持、网络对抗与韧性系统构建等。

参 考 文 献

[1] 郭拓荒,等. 撼天裂地:21 世界中国空军的作战理念[M]. 北京:国防大学出版社,2013.

[2] 巴宏欣,方正,陈亚飞. 空军网络化指挥信息系统作战效能评估指标体系构建[J]. 指挥控制与仿真, 2014, 36(6): 21-26.

[3] 徐步荣. 电子信息装备. 中国军事百科全书:学科分册[M].2 版. 北京:中国大百科全书出版社,2008.

[4] 中国人民解放军军语[M].北京:军事科学出版社,2011.

[5] 张伟. 现代空军装备概论[M]. 北京:航空工业出版社,2010.

[6] 蓝羽石,毛少杰,王珩. 指挥信息系统结构理论与优化方法[M]. 北京:国防工业出版社,2015.

[7] 费爱国,戴静泉,许同和. 空军信息化与 C^2 转型建设[M]. 北京:军事科学出版社,2009.

[8] 郑鹏飞. 美军指挥信息系统发展初探[J]. 新闻世界, 2012, 7: 337-338.

[9] David S. Alberts, John J. Garstka, Frederick P. Stein. Network Centric Warfare: Developing and Leveraging Information Superiority [M]. Washington, DC: CCRP, 1999.

[10] 刘鹏. 走向军事网格时代[M]. 北京:解放军出版社,2004.

[11] Thomas Erl. SOA 概念、技术与设计(英文版)[M]. 北京:科学出版社,2012.

[12] DoD. Department of Defense Global Information Grid Architectural Vision, Version 1.0. 2007.

[13] 童志鹏. 综合电子信息系统:信息化战争的中流砥柱[M]. 21 版. 北京:国防工业出版社,2008.

[14] David S. Alberts. CCRP Network Enabled Command and Control (NEC2) Short Course [EB/OL]. http://dodccrp.org/html4/education_nec2.html.

[15] 郝飞. 美国空军指挥控制星座网近期发展概况[J]. 指挥信息系统与技术, 2010,1(2):29-33.

[16] 蓝羽石,丁峰,王珩,等. 信息时代的军事信息栅格[M]. 北京:军事科学出版社, 2011.

[17] 郝飞. 美国空军指挥控制星座网近期发展概况[J]. 指挥信息系统与技术, 2010,1(2):29-33.

[18] 刘波,王子刚. 美国空军 C^2 星座网及关键支撑技术[J]. 通信导航与指挥自动化, 2012,(2):73-74.

[19] 卢建川. 机载协同数据链系统现状与未来[J]. 国际航空杂志,2010,(7):40-42.

[20] 齐忠杰,张利锋. 数据链武器协同作战应用研究[J]. 2009,35(5):51-54.

[21] 和欣,张晓林. 机载网络中武器协同数据链组网体制[J]. 指挥信息系统与技术,2011, 2(3):19-22.

[22] 陈志辉,李大双. 对美军下一代数据链 TTNT 技术的分析与探讨[J]. 信息安全与通信保密,2011,33(5):76-79.

[23] 李桂花. 美军空基网络转型发展概述[J]. 通信技术,2014,47(7):748-754.

[24] 于耀. 美军战场空中通信节点研究进展[J]. 电讯技术,2014,54(6):845-850.

[25] 季齐鸣. 2012 年外军通信系统年度发展概述[J]. 电讯技术动态,2013,(1).

[26] William Murray. Airborne Network of Networks—Long-Term Development of Joint Aerial Layer Network Seeks Aerial, Ground and Space Network Intergration [J]. Military Information Technology, 2012, 16(8): 10-11.

[27] Michael J. Basla. Joint Aerial Layer Network Version Moves Toward Reality [J]. Signal, 2013, (6): 8-9.

[28] 谭玲,印骏,徐进. 美军分布式通用地面系统发展现状[J]. 飞航导弹,2014,(4):76-79.

[29] 李颖,陈刚. 美军分布式通用地面站系统[J]. 现代军事,2007,(7):57-59.

[30] 顾呈. 分布式通用地面站[J]. 航空电子技术,2013,44(3):52-57.

[31] 刘兴,梁维泰,赵敏. 一体化空天防御系统[M]. 国防工业出版社,2011.

[32] 龚旭,荣维良,李金和,等. 聚焦俄军防空指挥自动化系统[J]. 指挥控制与仿真,2006, 28(6):116-120.

[33] 龚旭. 俄军防空指挥自动化系统简析[J]. 中国人民防空,2006,181:48-49.

[34] 周海瑞,张臻,刘畅. 美国空军情报监视侦察体系[J]. 指挥信息系统与技术,2017, 8

(5): 56-61.

[35] 吉祥,蒋锴,芮平亮. 美军联合情报组织架构及其信息系统[J]. 指挥信息系统与技术,2016,7(4): 6-13.

[36] 吉祥,吴振锋,王芳. 美军联合情报保障体系及其信息系统发展[J]. 指挥信息系统与技术,2015,6(4): 7-13.

[37] 李云茹. 联合战术信息系统及其技术发展[J]. 指挥信息系统与技术,2017,8(1): 9-14.

[38] 戴辉. 武器协同数据链发展需求[J]. 指挥信息系统与技术,2011,2(5): 11-14.

[39] 周海瑞,刘小毅. 美军联合火力机制及其指挥控制系统[J]. 指挥信息系统与技术,2018,9(1): 8-17.

第 2 章
空军网络化指挥信息系统总体架构

2.1 主要能力

2.1.1 能力特征

空军网络化指挥信息系统注重通过信息流对各作战要素的体系化集成,具有"空天覆盖、按需聚合、韧性服务、全域感知、敏捷指控、自主协同、体系防御、能力聚合"等能力特征,支持系统结构自适应、功能自同步、信息自汇聚、体系自保护"四自"能力,进而满足遂行多样化军事任务的需求。

1) 空天覆盖

在空间,通过若干同步轨道卫星组成天基骨干网,支持星间大容量的高速连接及空间组网。在空中,通过在预警指挥飞机、作战飞机、保障飞机等平台上加装宽/窄带数据链设备,构成适应节点高速移动、宽窄带链路并存、拓扑频繁变化的网络,并提供空基/天基(包括临近空间)数据中继等能力;各类通信、导航及侦察监视等功能性卫星星座与骨干网卫星间建立星间链路,提供宽带、窄带及移动通信、全球导航定位授时、天基预警探测等能力。以此为基础,形成空天一体化情报侦察、作战指挥和武器控制能力,并通过通用数据链与地面和空间网络紧密铰链,支撑空中大规模作战和远程作战等应用。

2) 按需聚合

继承现有信息系统的优点,具有可扩展、可伸缩的开放式系统体系结构,采用标准的接口协议和框架,能够支持单元灵活接入、自动入网、即插即用,并且能够快速地进行系统裁减和能力扩展,以适应不同作战任务变化的需求。

3) 韧性服务

采用面向服务的体系结构,构建一个面向高动态环境的弹性服务环境,实现服务创建、部署、发现和集成使用,实现数据访问和信息共享,支持应用系统的自主运行,能持续向用户提供完成预定任务所需的服务,提高系统的服务共享、协同支持、抗毁生存和服务保证能力。

4) 全域感知

能够快速获取战区内雷达、红外、可见光、ESM 等多源信息,准确分析各种态势信息,感知战场态势全维实时信息,形成了全向的战场态势。

5) 敏捷指控

按照通用化、系列化、组合化设计,构件化、服务化、分布化部署,实现面向任务演进的信息系统裁减定制和优化组合,支持信息系统的快速集成、联合运用和拓展提升,快速适应空军作战任务、规模、编成以及系统自身状态的变化。

6) 自主协同

利用数据链实现信息系统和武器系统的无缝连接,通过对武器系统的传感器、火控、发射/制导单元进行组网及铰链控制,形成联合火力规划及网络瞄准、复合跟踪、接力制导等多武器体系交战能力,实现基于规则自组织联合火力打击。

7) 体系防御

通过主动防御、应急响应、自愈恢复和适应进化来应对各种赛博威胁和攻击,支持网络资源、计算资源、信息资源的安全可信动态协同,保持体系的持续正常运行,从而保障作战任务完成。

8) 能力聚合

以网络为中心,将探测装备、指挥系统、信息化武器等各类作战资源联为一体,以信息为主导,进行相互融合、全网共享,实现实时态势感知、高效快速指挥、武器自动协同,支持从传感器到射手,侦察、决策、打击、评估的一体化,最终形成全军一体化联合作战体系能力。

2.1.2 作战应用能力

空军网络化指挥信息系统将以提升体系战斗力为标准,实现空军指挥信息系统体系结构由树状向网状转变;情报组织方式由小区域部分要素概略保障向大区域全要素精确保障转变;对武器系统铰链控制由话音、手动为主向数据、自动为主转变;指挥决策方式由人工脑力为主向人脑加计算机辅助,再向人工智能方式转变,建成空天地结合,指挥、控制、通信、情报、监视、侦察和主战武器综合集成,覆盖空军战略活动空间的一体化指挥信息系统[1]。因此,其作战应用能力包括多元情报融合共享、一体化指挥控制、智能化决策支撑、网络化通信支撑与综合化抗毁顽存等五大类,支撑遂行天基平台支援下的远程攻防作战任务,实现空天一体、攻防一体和信息火力一体化。具体说来,空军网络化指挥信息系统主要作战应用能力包括:

1) 全域战场监控能力

将配置在陆、海、空、天多维空间的多种探测系统组成栅格网,协同组织多机制、多模式、多频段探测手段对战场空间实施不间断、重叠式探测,提高目标发现及时性、位置精度、实时性、航迹连续性及隐身目标发现概率,为作战人员提供实时、精确、全天候、全时空战场空间态势感知图像,对战场态势进行威胁估计和预测,获取信息优势。

2) 目标协同探测能力

调度情报监视侦察平台探测目标,综合和融合处理从链路传来的多类传感器信息流,形成目标跟踪信息,更加有效、精确、快速地定位目标,尤其是探测、发现和锁定时敏目标。协同探测能力可使多平台间通过网络快速完成协同目标定位和识别,极大提高目标探测识别能力,大大压缩探测识别时间。

3) 网络化作战指挥能力

通过各级指挥机构或计算单元组成的分布式计算环境,给指挥员创造一个虚拟的指挥协作空间,在虚拟空间中"面对面"与分布在广阔战场的作战要力量进行指挥协同;同时,通过大数据分析支持作战态势的自主生成和预测,提供基于群体智能的推演决策和周密运筹能力,实现分析判断、辅助决策、计划制定、任务下达、组织协同的近实时化,使作战指挥发生革命性变化。

4) 远程的精确打击能力

综合分析、处理和分发各种传感器所获取的战场信息,分析确定时间敏感目标,依据时间、位置、性能等信息进行决策,形成作战指令实时传输给最佳作战平台,还可调度传感器实施监控和评估作战平台的打击效果。此过程中,每个作战平台能在超出自身探测和作战能力范围之外发现、获取目标信息,并跟踪监视。因此,信息化、智能化的精确制导武器不再仅仅通过自身的作战平台单独或独立的执行交战任务,还可作为交战网络中的一个连续、自适应的系统节点来实现远程、超视距火力投送,支持对全球任何地方的重要目标迅速实施力量不同、时间有限的动能和非动能精确打击。

5) 快速的体系反应能力

基于网络的整个战场态势信息的接收、处理、分发水平高,对整体作战资源的优化配置、调度、协调速度快,对每个作战行动的探测、监控、指挥、决策和打击能力强,并把提高部队决策水平和行动速度、准确性放在核心地位,联动增强态势感知、敏捷指挥控制、实时精确打击等能力,加快作战指挥节奏和部队反应速度,提高作战指挥控制质量和规模,从而增强体系的整体反应能力。

6) 全维的战场体系防御能力

将各种防御武器从自身防御转变为网络化的协同防御,使各个分散的平台作为分布式的探测装置和武器系统,利用联合的、整体的探测和交战能力对付来袭威胁,适应性更强,反应更快,能确保"适时"选择主动或被动措施实施防御行动。因此,网络为中心形成的系统是一个多节点、多路由的系统,即使在作战过程中有些节点遭受毁伤或摧毁,但整个作战系统可通过调整、重构,继续形成作战能力,显著地提高了对战场整体抗毁能力,使具有网络优势的部队行动更自如。

7) 高效的战略投送能力

在网络化指挥信息系统的支撑下,信息主导战略投送行动。依据投送需求、投送力量、投送环节,在最短的时间内选择最优的行动方案,综合集成多种投送手段,迅速展开投送行动,最大限度提升投送能力;对投送过程进行全维调控,优化投送方案和计划,随机聚合或分散使用投送力量,有效控制投送行动进程,灵活处置各种情况,实现投送行动全程控制,保障精确快速投送到位。

2.2 总体架构

网络中心战理论和信息技术的发展,推动了 C^4KISR 系统从以平台为中心向以网络为中心转变。空军网络化指挥信息系统在发展过程中呈现出"网络中心"和"信息主导"特征[2],并正在显现"知识驱动"的特征。其中,"网络中心"是指通过感知、指控、火力等资源的连接共享、面向任务的资源统筹调度、自主协同,将资源构成一个体系,涌现出基于任务和效果的体系作战能力,实现将信息优势转化为决策优势和行动优势,进而达成全谱优势。"信息主导"是指围绕作战需求,通过相关信息充分融合形成态势信息,以作战目标为中心进行全网相关信息的横向扁平化快速融合与关联,并可向全系统提供服务。"知识驱动"是指通过大数据深度学习与数据挖掘,提炼出支持作战的模型、规则、策略等知识,基于对知识的灵活运用,激发信息活动对作战活动的主导作用,实现智能决策、自主协同,驱动作战各环节自主运行,推动体系向智能化演进。

2.2.1 结构模型

C^4KISR 系统网络中心架构模型[1]是从体系层面对网络中心化系统组成、组成关系以及组成方式的一种抽象与表征,是对以网络为中心的扁平化组网架构的具体描述。C^4KISR 系统架构模型提出的基础是网络中心战 OODA 模型,它们为空军网络化指挥信息系统结构模型的构建提供了理论基础。

网络中心战强大的威力主要来自其结构,网络中心战结构模型按功能分为感知、指控、武器和信息栅格 4 个相互耦合的网络,如图 2-1(a)所示。

OODA 过程模型是 Boyd 上校提出的经典作战指挥模型,以指挥控制为核心描述了 OODA 作战环路。一般来讲,如果己方的 OODA 环比对手的操作时间更短、反应时间更快,则更加容易获得作战优势。网络中心化突破了资源与平台绑定的局限性,通过体系资源的共享优化聚合,形成了基于任务的 OODA 环,对比于以平台为中心的 OODA 作战环,其提供的整体效能有了较大幅度的提升。

第2章 空军网络化指挥信息系统总体架构

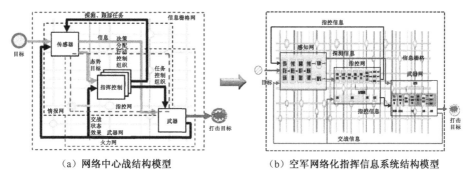

(a) 网络中心战结构模型　　(b) 空军网络化指挥信息系统结构模型

图 2-1　结构模型

空军网络化指挥信息系统是按照网络中心化作战理念及信息流程,依托信息栅格对空军各类传感器系统、指挥系统、武器系统等作战要素进行逻辑组网,整体上形成包含信息栅格及三个逻辑网(感知网、指控网和武器网)的总体架构。空军网络化指挥信息系统的总体架构模型如图 2-1(b)所示。

(1) 感知网:将空、天、赛博等各类传感器和情报处理系统作为网上节点,共享及综合运用各类空军感知探测和信息处理资源,进行统一栅格化多源处理,获取要素齐全的目标信息,形成全域一致的战场感知态势。

(2) 指控网:以空军各级各类指挥控制系统为网络节点的指挥网络,基于任务对作战体系的各种作战力量进行统一优化运用,实现作战态势一致理解、实时智能指挥决策、任务要素同步指挥以及作战效果实时评估。

(3) 武器网:通过空军武器协同数据链或其他通信网络对空军信息化武器单元进行火控要素级组网,支持空军指挥单元对武器单元铰链控制,实现前传交战、接力制导和饱和攻击等多平台火力协同打击。

(4) 信息栅格:将有效集成各种通信、计算、软件和信息资源,连接各种传感器、指挥机构、武器、人员及设备,提供一致的信息获取、处理及共享机制,形成空军全网共享的信息环境,是感知探测、指挥控制和火力打击 3 个应用网的基础。

依据空军网络化指挥信息系统的总体架构,空军网络化指挥信息系统并非具有四个网络实体,而是一个物理网(信息栅格)和三个应用网(感知网、指控网和武器网),三个应用网依托于信息栅格按照其运行机理完成各自的军事业务和作战功能(如态势感知、指挥决策和火力打击),基于任务实现感知、决策和打击等各类作战功能的深度有机融合,最终使得空军网络化指挥信息系统成为网络中心化的作战体系。

在空军网络化指挥信息系统结构模型中,感知网包含雷达、图形侦察、电子侦察、弹道导弹预警、空间监视等子网,由传感器、情报处理、管理控制、情报服务和情报用户5类节点组成,提供空中进攻、防空拦截、远程打击、战略投送、信息攻防等任务所需的情报保障功能。指控网包含合成作战、空中作战、防空防天、电子对抗、赛博作战等子网,主要由指挥节点与支援节点组成,提供联合作战所需的战场信息管理、作战计划制定、作战指挥控制、联合指挥作业等指挥控制功能。武器网包含空天武器、地面防空防天武器、电磁武器等子网,主要由目标瞄准节点、火控节点、发射节点及制导节点组成,提供目标协同探测、火力协同规划、火力协同打击、打击效果评估等功能。信息栅格包含通信网络、计算与存储、信息服务、运维管理、安全保障等平台,为空军系统和各级各类作战人员提供信息传输、信息服务、时空统一、安全保密和综合管理等功能。

系统结构模型根据"网—云—端"设计思想,包含无处不在的虚拟网、云服务和端系统,其中无处不在的虚拟化网络为随时获取、随时释放信息、资源、服务等提供基础,"云"可通过向"端"提供各类资源及服务,实现对应用端的赋能,"端"在从"云"中获取能力的同时可向云提供经验、知识等,以丰富云中的资源和服务,空军网络化指挥信息系统的"网—云—端"系统架构如图2-2所示。

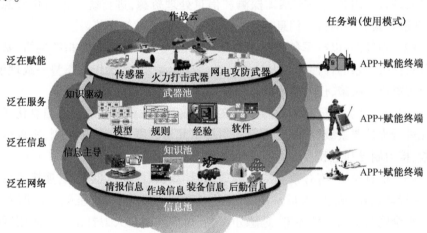

网络中心,信息主导,知识驱动,体系赋能
图2-2 "网—云—端"系统架构

"网"代表有序的网络空间,具有支持快速、灵活、智能调配任意功能及其载体的开放架构,网络资源池中包含通信、数据链、计算存储等资源,可提供计算存储及通信网络服务。

"云"是根据业务需求动态聚合各类作战资源形成的具有紧密耦合关系的能力集合,通过将服务分布在网上,依托传感器、武器、电子设备等硬件实体资源,构建可按需共享的资源池,为应用端提供通用泛在的信息服务、知识服务、功能服务,甚至武器(硬件)共享服务。

"端"是既从云中获取相应能力,又向云提供资源及信息的物理实体,根据任务需要从云中获取相应的探测感知、指挥决策和武器控制等能力。

2.2.2 组成结构

面向服务是实现网络中心能力的基础。随着面向服务技术的应用,一方面可使系统内资源通过网络共享,供其他系统使用,提高资源利用率;另一方面可通过动态组织调度网上各类资源,实现和拓展系统能力,为系统构建带来了更大的灵活性,满足多样化任务需求[2]。

依据网络中心化系统服务架构,构建空军网络化指挥信息系统结构(如图2-3所示),总体上自下而上分为资源层、服务层和应用层3层。

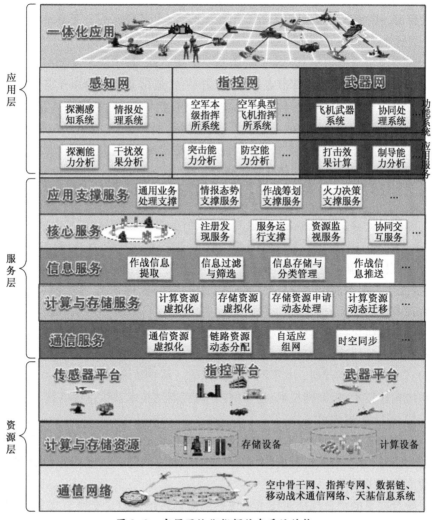

图2-3 空军网络化指挥信息系统结构

资源层包括支持信息传输、存储、处理和通信服务的基础平台,各类天基、空基和地基传感器,支持指挥控制、作战支援的指挥平台,以及支持火控、瞄准/制导、制导/发射的武器平台等。

服务层将资源和系统能力分离,包括核心服务以及通过核心服务对资源封装后形成的各类资源服务[2]。核心服务支持各类资源服务化和动态组织,是构建网络中心化系统的关键要素。核心服务按功能可分为服务基础支撑以及注册发现、信息传输、协同交互等服务。根据不同资源类型,服务层可进一步分为通信、计算存储、核心服务、信息和应用支撑 4 层服务,形成资源服务体系,在核心服务支撑下为构建网络化空军指挥信息系统按需提供各类资源服务。其中应用支撑服务通过核心服务对各类传感器、指控系统和武器平台等作战资源的情报保障、作战筹划、火力决策等专用功能服务化,形成作战资源共享以及关系动态重组的服务能力。

应用层包括感知网、指控网、武器网三个逻辑网,基于资源层和服务层中各类情报采集节点、作战指挥节点、火力打击平台、通信基础平台以及各种支撑服务,通过对三个逻辑网的一体化应用,支持情报组织管理、情报接入汇集、情报信息处理、情报信息服务、战场信息管理、作战计划制定、作战指挥控制、联合指挥作业、目标协同探测、火力协同规划等作战功能的实现,发挥以作战指挥为主导、基于任务相互联动的一体化作战效能。

2.2.3 技术架构

随着云计算、大数据、物联网、移动互联网、赛博物理系统(Cyber-Physical Systems,CPS)、人工智能为代表的新一代信息技术逐步应用,全球 WiFi、战斗云、无人自主等新理念被不断提出,空军网络化指挥信息系统朝网络化、体系化、智能化方向的演进步伐日益加快,推动信息栅格、感知网、指控网、武器网各领域技术快速发展。

空军网络化指挥信息系统技术架构涉及的关键技术直接服务于空军作战任务系统的具体功能实现,支撑战略预警、空天防御、对地攻击,以及空军各兵种的其他联合军事行动。空军网络化指挥信息系统技术架构如图 2-4 所示,包括系统构建技术、感知网技术、指挥网技术、武器网技术及信息栅格技术。

1)系统构建技术

系统构建技术用于实现体系的灵活构建和高效组织运用,主要包括融合共享的信息池构建、聚能智慧的知识池构建、自主协同的武器池构建和泛在赋能的智能终端等技术。

融合共享的信息池构建技术实现各类信息系统的信息交换与共享,增强信息的互补性和相容性,使多源、异构的信息被不断叠加、汇集、合成,形成面向不

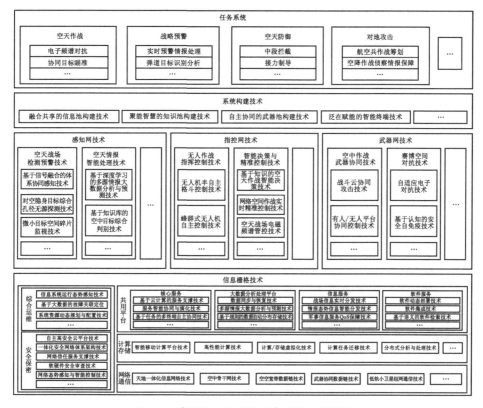

图 2-4 空军网络化指挥信息系统技术架构

同应用领域的信息池,实现多源异构信息的融合共享和按需获取,主要包括多源异构信息的汇聚技术、多源异构信息的融合技术、面向不同业务应用的信息共享技术、大数据挖掘引擎技术、大数据交互式分析技术、大数据集成整合技术。

聚能智慧的知识池构建技术通过本体建模、统计分析、机器学习等手段获得具有高附加值的领域知识,实现知识的表示、存取、推理、管理,支撑智能业务分析与理解,为优化空军业务流程、支持智能作战决策提供可靠依据,主要包括本体建模技术、知识规则生成技术、知识推理与融合技术。

自主协同的武器池构建技术结合可用武器资源分布情况,采用协同方式规划,形成面向任务的武器资源虚拟化组织、管控和共享能力,主要包括武器资源统一标识和共享技术、武器资源能力建模技术、武器资源全态感知技术、武器资源动态规划技术、武器资源协同调度技术。

泛在赋能的智能终端技术通过研究智能终端软件及硬件,支持在信息服务、业务服务、武器控制软件、作战知识等资源的支撑下快速集成构建面向任务的各类应用系统，实现在信息有序流动下主导兵力火力要素的集成运用，达到赋能效果，主要包括基于智能终端的应用系统动态集成技术、智能终端处理器技术、操作系统技术、基于增强现实的人机交互体验技术。

2) 感知网技术

感知网技术用于支撑雷达情报、侦察情报、电子对抗情报和综合情报等分系统的功能实现，主要包括基于信号融合的体系协同感知、对空隐身目标综合孔径无源探测、微小目标空间碎片监视等空天战场检测预警技术，以及基于深度学习的多源情报大数据分析与预测、基于知识库的空天目标属性综合判别等空天情报智能处理技术。

基于信号融合的体系协同感知技术面向作战任务，动态组合探测、情报资源，通过信号级联合处理和全源数据分析，提高战场态势的体系感知能力和情报质量，比如隐身目标的感知距离，主要包括面向任务的探测资源自适应管控技术、多源异类信号融合处理技术等。

对空隐身目标综合孔径无源探测技术对隐身飞机自身毫米波热辐射信号进行无源探测，主要包括毫米波综合孔径阵列校正、大规模宽带实时相关处理、微弱目标检测与跟踪等技术。

微小目标空间碎片监视技术针对近地轨道空间目标测量特点，分析新一代微小目标空间目标监视篱笆系统实现技术，主要包括系统测量信号体制、空间波束覆盖、批量目标实时成像等技术。

基于深度学习的多源情报大数据分析与预测技术采用深度学习方法，实现海量空天预警情报数据高效而准确的分析处理，主要包括海量多源情报结构性特征表示、深层非线性网络结构海量情报分析建模、基于多隐层深度学习的情报分析与征候预测等技术。

基于知识库的空天目标属性综合判别技术通过历史数据分析、知识图谱构建与属性综合判别，提高空天目标判别的准确性和实时性，主要包括基于历史事件学习和人工经验的空天目标属性知识库构建技术、规则演进和知识推理等技术。

3) 指控网技术

指控网技术用于支撑共用作战态势处理、指挥流程控制、多兵种一体化智能筹划、航空兵作战指挥、地面防空反导作战指挥、电子对抗作战指挥和航空管制等分系统的功能实现，主要包括基于知识的空天作战智能决策、网络空间作战实时精准控制、空天战场电磁频谱管控等智能决策与精准控制技术，以及无人机半自主格斗控制、蜂群式无人机自主控制等无人作战指挥控制技术。

基于知识的空天作战智能决策技术实现空天战场复杂信息条件下的战役

战术智能决策能力,提高指挥员对战场实施指挥的临机决策处理水平,提升多兵力协同指挥决策能力,主要包括智能决策支持技术、分布式临机决策支持技术等。

网络空间作战实时精准控制技术为指挥人员从作战全局上统一筹划网络空间作战行动,遂行网络攻击、网络防御、网络保障等任务,夺取和保持网络空间作战的主动权提供技术支撑,主要包括网络作战空间分析、网络作战任务自动构建、网络作战任务自动执行、网络作战可视化等技术。

空天战场电磁频谱管控技术用于实现空天电磁频谱感知、多源频谱信息融合、电磁频谱安全防御、智能自主频率实时管控、空间电磁环境监视预警,以及智能频谱管理能力,主要包括基于策略的动态频谱管控、空天立体频谱感知、电磁频谱动态监测、基于云的按需频谱信息服务、电磁频谱安全风险评估等技术。

无人机半自主格斗控制技术用于实现无人机格斗规则提炼、策略配置、知识更新和应用能力,以及在远程指控系统协助下的半自主格斗能力,主要包括无人机环境感知与碰撞规避、航路自主规划与自主飞行、数据链无缝铰链、可靠远程控制等技术。

蜂群式无人机自主控制技术用于实现一种能够在飞行中对目标进行感知、识别和协同打击的全自主多无人机系统,主要包括分布式协同推理和识别、自主决策评估验证等技术。

4) 武器网技术

武器网技术用于支撑航空武器、地面防空反导武器、电子对抗装备等分系统的功能实现,主要包括战斗云协同攻击、有人/无人平台协同控制等空中作战武器控制与组网协同技术,以及自适应电子对抗、基于知识安全自我免疫等赛博空间对抗技术。

战斗云协同攻击技术为实现基于网络的武器协同火力打击、自主智能火力打击、察打信息闭环应用等作战能力提供支撑,主要包括基于网络的武器协同任务规划、战术资源管理与动态调度、目标动态分配、多级决策协同、战斗云能力评估等技术。

有人/无人平台协同控制技术将大规模的机群间的对抗转化为多个作战小组之间的对抗,并提供一种基于规则的资源约束机制,检测可能的资源冲突,实现有人/无人平台的协同管理,主要包括有人/无人作战飞机的航线生成技术、多目标分配技术即整体航线规划、有人/无人集群的协同攻防等技术。

自适应电子对抗技术形成同时识别多部新型雷达、适应雷达波形捷变能力,实现从开环到闭环、从慢变到快变、从人工决策到机器决策的干扰,提升复杂电磁环境中对雷达波形波束捷变、智能化雷达干扰的能力,主要包括雷达工作状态的感知、智能化资源调度、干扰效果在线评估等技术。

基于知识安全自我免疫技术通过高效利用知识,指导安全系统主动观察、适应、响应安全事件,达到免疫攻击威胁的效果,主要包括威胁灵敏感知、环境自主认知、经验深度学习、策略模拟推演、高级持续性威胁(Advanced Persistent Threat,APT)威胁感知、网络空间监测预警等技术。

5) 信息栅格技术

信息栅格技术主要包括通信网络技术、计算存储技术、共用平台技术、综合运维技术和安全保密技术。

通信网络技术为空军网络化指挥信息系统提供信息传送能力,实现安全可靠的信息传输、动态的资源调度和端到端的通信服务保障,主要包括天基一体化信息网络、低轨小卫星组网通信等通用技术以及空中骨干网、空空宽带数据链、武器协同数据链等空军专用技术等。

计算存储技术将空军各级指挥所系统的服务器和存储设备以云计算的形式进行统一组织管理、调度分配,为空军网络化指挥信息系统提供计算服务和数据处理、存储服务,主要包括智能移动计算平台技术、高性能计算技术、计算存储虚拟化技术、计算任务迁移技术、分布式分析与处理技术等。

共用平台技术包括核心服务技术,大数据分析处理平台技术、信息服务技术、软件服务技术。其中,核心服务技术主要包括基于云计算的服务支撑技术、服务智能协同与演化技术、基于任务的多终端自主协同技术等;大数据分析处理平台技术主要包括数据同步与恢复技术、多源情报大数据分析与预测技术、基于规则的数据自动分布存储技术;信息服务技术主要包括战场信息实时分发技术、情报态势信息智能分发技术、军事信息服务质量(Quality of Service,QoS)保障技术等;软件服务技术主要包括软件动态部署技术、软件集成技术、基于语义的软件检索技术等。

综合运维技术主要包括信息系统运行态势感知技术、基于大数据的故障关联定位技术、系统资源动态规划与配置技术等。

安全保密技术主要包括自主高安全云平台技术、一体化安全网络体系架构技术、网络任务服务支撑技术、软硬件安全审查技术、网络态势感知与智能控制技术。

2.3 总体运作机理

空军网络化指挥信息系统是通过信息网络把传感器、指挥系统和武器平台连接成一个整体,通过信息融合、力量聚合、结构功能互补和信息火力一体,实现共享各类战场信息、共同感知战场态势、准确协调战场行动、同步遂行作战任务,形成一个网络中心化作战体系,从而把信息优势转化为行动优势。

空军网络化指挥信息系统按照"观测判断—决策指挥—火力打击"各环节同步运行的工作方式来组织信息流程,其基于"OODA"的作战应用运行机理如图2-5所示。其中,感知网的各类情报资源在各级情报中心组织下分别进行组网运用,形成各种专业情报和综合情报态势,并按需为指控网和武器网提供精确情报保障;指控网根据任务和情报生成作战态势,各级指挥系统基于态势共享与分析进行智能决策,按任务组对各作战力量进行一体化指挥控制;武器网根据指控网的计划/指令以及从感知网获取的目标指示信息进行多武器平台火力协同规划,组织同组武器平台进行复合跟踪,形成最佳目标瞄准信息,基于数据链系统实现对空中武器平台的铰链控制和多武器协同打击;武器网中的武器系统将自身任务状态、交战状态和平台状态实时报告指控网的作战指挥系统;指控网实时掌握作战进程,实现任务动态调整。

图2-5 基于"OODA"的作战应用运行机理

空军的体系整体对抗优势的取得,不再仅仅依赖于体系中单个体系要素(如某一武器平台)功能和能力的提升,而更多的是通过快速优化整合体系中各类要素和资源,使得它们在作战任务上进行快速有效的协作、协同。优化整合体系中各类要素和资源需要一套体系联动的流程和方法。

体系联动机理是以任务为驱动,迅速调整体系运行、服务流程并相应调配体系各方面资源。空军网络化指挥信息系统的3个应用网以信息栅格为承载平台,在作战任务驱动下,相互作用,整体联动,使体系内各种资源要素能够进行有效协同,最终聚合形成面向任务的体系能力,如图2-6所示。

体系联动机理的核心是指信息栅格和3个逻辑网中各种要素资源随着作

图 2-6 任务驱动的体系能力聚合

战任务和时间的变化而实现能力最大化的过程和方法,主要有两大核心:体系要素优化运用和任务系统生成与演化,如图 2-7 所示。

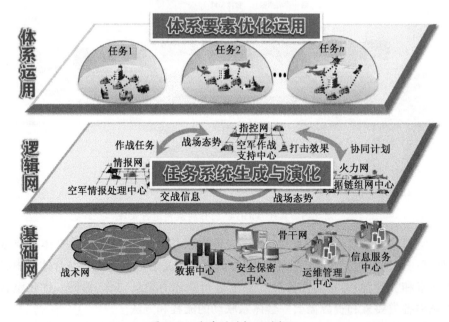

图 2-7 体系联动机理的核心

任务驱动的体系联动机理一方面在作战层面上,基于作战任务,构建与之相匹配的作战体系,即体系要素优化运用;另一方面在系统层面上,基于作战体系内各种作战业务(包括信息保障业务、指挥控制业务、协同业务等),完成体系内部资源(包括计算资源、存储资源、传输资源、软件、服务等)的统一调度配置和调整,即任务系统生成和演化,从而支持从作战任务到任务系统的优化生成,实现体系能力最大化。

针对体系联动机理的两大核心,提出体系联动"六步法",该方法采用逐步优化方法,支持从作战任务到任务系统的优化生成,从而实现体系能力最大化,如图2-8所示。

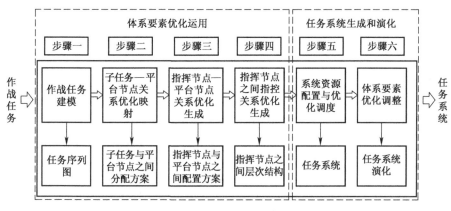

图2-8 体系联动"六步法"

步骤一:作战任务建模

作战任务建模是指将作战任务分解成粒度合理的子任务,并确定子任务之间并行、串行和混合关系。

作战任务分解到子任务过程的关键是分解依据和分解粒度。其中,分解依据是指作战任务到可执行的子任务所遵循的原则,主要的分解依据包括以作战目标为依据、以平台节点的能力为依据、以战场区域划分为依据、以混合方式为依据等;而分解粒度决定了作战任务建模问题的复杂性,也决定了平台节点与子任务之间映射结果的精确性,分解粒度越细则映射结果越精确,反之则越粗略。通常,分解粒度以平台节点的能力为依据,以子任务能够关联到具体平台节点为原则,也可以说是把作战任务分解到具备可操作性(被平台节点执行)的子任务为止,这也是步骤二子任务—平台节点优化映射的基础。

步骤二:子任务—平台节点优化映射

子任务—平台节点关系优化映射是通过子任务的能力需求和平台节点的能力提供的关系将子任务集合和平台节点集合进行关联,如图2-9所示,并在一定的目标函数和约束条件下进行平台节点到子任务的映射分配,使得合适的时间、合适的平台节点执行合适的子任务,形成优化的子任务执行方案,子任务执行方案一般使用甘特图(Gant Chart)的形式表示。

步骤三:指挥节点—平台节点关系优化生成

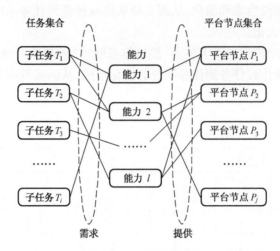

图 2-9 通过能力供给关系进行关联的示意图

指挥节点—平台节点关系优化生成是根据子任务—平台节点的优化映射方案,按照一定的优化目标,将平台节点优化聚合成不同的任务组,并为每个分组配置一个指挥节点,形成指挥节点之间的协作网,如图 2-10 所示。该步骤实质上是解决平台节点的优化聚类问题,在形成的指挥节点—平台节点关系的优化方案中,一个指挥节点可以控制一个或多个平台节点,而每个平台节点只能隶属于一个指挥节点,指挥节点通过其控制的平台节点来执行子任务,从而可以确定指挥节点—子任务之间的执行关系,而指挥节点间因执行相同的子任务会建立起相互之间的协作关系。

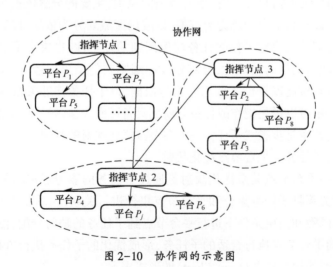

图 2-10 协作网的示意图

步骤四:指挥节点之间指控关系优化生成

指挥节点之间指控关系优化生成是将协作网通过优化破圈形成层次型的决策树,并优化确定决策树的根节点,从而形成完全意义上的作战体系。决策树由根结点(指挥节点的最高层)与其他指挥节点建立的有向链接关系构成,决策树中除了根节点外的其余任意指挥节点都有且只有一个父节点,决策树内不存在任何环路,决策树是空军层次型指挥结构的体现,它决定了指挥节点之间的指挥关系。决策树的示意图如图2-11所示。

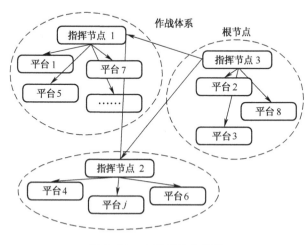

图2-11 决策树的示意图

步骤五:系统资源配置与优化调度

系统资源配置与优化调度是指根据指挥节点指挥的平台,配置指挥业务流程,并优化调度通信信息栅格中系统资源,生成任务系统。系统资源的配置和优化调度主要是根据指挥体系所形成的业务流程的功能需求,从通信信息栅格中选择最优的资源组合,从而形成能够支持体系中各种业务正常运行的任务系统。

步骤六:体系要素资源优化调整

体系要素资源优化调整是指根据作战任务的变化,作战任务、平台节点、指挥节点、系统资源之间的各种关系不断优化,从而实现任务系统演化。由于信息化战场环境中的作战任务具有高度不确定性与复杂性,空军作战体系要维持整体对抗优势就必须根据作战任务的变化,适时调整体系要素资源之间的各种关系,从而实现与作战任务相匹配的各种任务系统的适应性演化调整,这种优化调整是作战体系维持战场空间整体对抗优势的关键。体系要素资源适应性优化调整的示意图如图2-12所示。

下面以空中联合突击岛屿任务为案例说明体系联动机理的实现过程。作战想定为红方部队计划进行一次突击抢占岛屿的作战行动,摧毁蓝方岛上的机

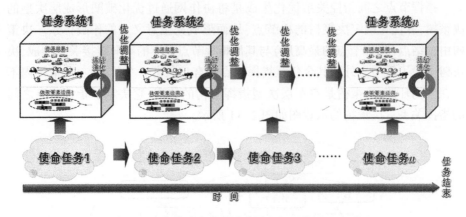

图 2-12 体系要素资源适应性优化调整的示意图

场和港口,为地面部队向纵深推进扫清威胁障碍。案例的作战态势图如图 2-13 所示。

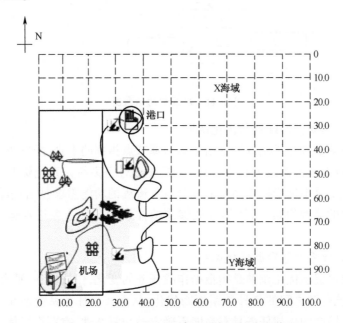

图 2-13 空中联合突击岛屿任务的作战态势图

可用的平台节点:(对空)歼击机 1 型、(对空)歼击机 2 型、(对地)歼击机、(对海)歼击机、电子侦察机、电子干扰机、轰炸机 1 型、轰炸机 2 型、预警机 1 型、预警机 2 型、侦察卫星等 10 类,共 16 个。

步骤一:作战任务建模

将空中联合突击岛屿作战任务分解为 X 海域空战 T_1、X 海域对海攻击 T_2、

Y 海域空战 T_3、Y 海域对海攻击 T_4 等 18 个子任务。子任务之间的序列关系如图 2-14 所示。

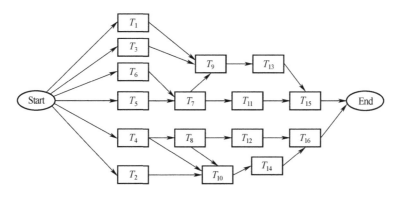

图 2-14 子任务的序列图

子任务的数学属性如图 2-15 所示。

任务	R1	R2	R3	R4	R5	R6	R7	R8	持续时间	坐标X	坐标Y
T1	3.0	3.0	7.0	0.0	0.0	0.0	0.0	6.0	15.0	70.0	15.0
T2	6.0	3.0	5.0	0.0	0.0	8.0	0.0	6.0	15.0	64.0	75.0
T3	0.0	4.0	0.0	7.0	0.0	0.0	0.0	0.0	10.0	16.0	40.0
T4	0.0	5.0	0.0	0.0	0.0	0.0	0.0	0.0	30.0	30.0	95.0
T5	0.0	3.0	0.0	0.0	0.0	0.0	12.0	0.0	20.0	28.0	73.0
T6	0.0	0.0	0.0	10.0	14.0	12.0	0.0	0.0	30.0	24.0	60.0
T7	0.0	0.0	0.0	0.0	10.0	14.0	0.0	0.0	15.0	28.0	73.0
T8	0.0	0.0	0.0	0.0	10.0	14.0	12.0	0.0	15.0	28.0	83.0
T9	5.0	0.0	0.0	0.0	0.0	5.0	0.0	0.0	15.0	28.0	73.0
T10	5.0	0.0	0.0	0.0	0.0	0.0	0.0	0.0	15.0	28.0	83.0
T11	0.0	0.0	0.0	0.0	0.0	10.0	5.0	0.0	20.0	25.0	45.0
T12	0.0	0.0	0.0	0.0	0.0	10.0	5.0	0.0	10.0	5.0	95.0
T13	0.0	0.0	0.0	0.0	0.0	0.0	0.0	0.0	10.0	25.0	45.0
T14	0.0	0.0	0.0	0.0	0.0	8.0	0.0	6.0	30.0	5.0	95.0

图 2-15 子任务的数学属性

步骤二:子任务—平台节点映射关系优化

根据 16 个子任务和 16 个平台节点的数学属性(平台节点的数学属性如图 2-16 所示),生成子任务执行的甘特图,如图 2-17 所示。

资源	r1	r2	r3	r4	r5	r6	r7	r8	速度
P1	0.0	3.0	0.0	0.0	0.0	0.0	10.0	0.0	2.0
P2	0.0	3.0	0.0	0.0	0.0	0.0	0.0	6.0	5.0
P3	10.0	0.0	2.0	0.0	0.0	0.0	0.0	6.0	7.0
P4	0.0	0.0	2.0	6.0	0.0	0.0	1.0	10.0	2.5
P5	0.0	0.0	1.0	0.0	9.0	0.0	0.0	0.0	2.0
P6	1.0	4.0	10.0	0.0	4.0	3.0	0.0	0.0	2.0
P7	10.0	10.0	1.0	0.0	9.0	0.0	0.0	0.0	2.0
P8	0.0	0.0	0.0	2.0	0.0	0.0	5.0	0.0	4.0
P9	1.0	0.0	0.0	10.0	2.0	2.0	1.0	0.0	1.35
P10	5.0	0.0	0.0	0.0	0.0	0.0	0.0	0.0	4.0
P11	3.0	4.0	0.0	0.0	6.0	10.0	0.0	0.0	4.0
P12	1.0	3.0	0.0	0.0	10.0	8.0	0.0	0.0	4.0
P13	6.0	1.0	0.0	0.0	0.0	1.0	0.0	0.0	4.5

图 2-16 平台节点的数学属性

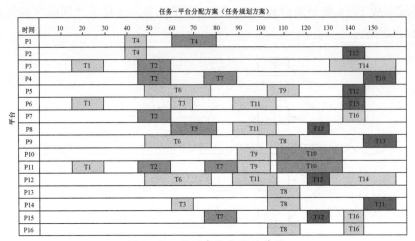

图 2-17 子任务执行的甘特图

步骤三:指挥节点—平台节点关系优化生成

假设在具有 5 个指挥节点(部分指挥节点可能是在平台节点之上,如预警机)的条件下,生成 16 个平台节点的隶属方案,形成协作网,并且指挥节点的工作负载均衡,如指挥节点 DM_3 下属的平台节点为 P_3(对空歼击机 1 型)、P_4(对空歼击机 2 型)、P_{10}(电子干扰机)、P_{11}(侦察卫星)。如图 2-18 所示。

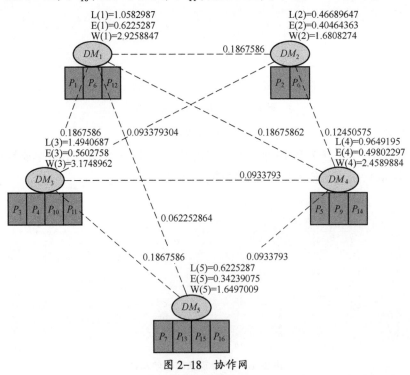

图 2-18 协作网

步骤四:指挥节点之间指控关系优化生成

将协作网形成决策树,生成以指挥节点 DM_3 为根节点的指挥体系。如图 2-19 所示。

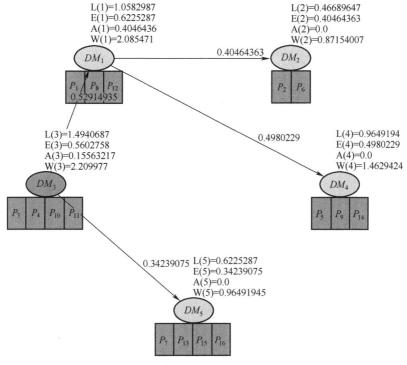

图 2-19 决策树

步骤五:生成系统资源配置与优化调度

配置每个指挥节点的业务流程,优化匹配相应的通信信息栅格的资源。如图 2-20 所示为指挥节点 DM_3 的业务流程。

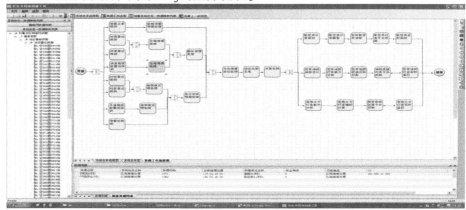

图 2-20 指挥节点的 DM_3 的业务流程

步骤六:体系要素优化调整

当第一阶段的海上空战任务转向第二阶段的摧毁岛上机场港口任务时,导致体系要素间关系的优化调整。如图 2-21 所示,在体系要素优化调整的过程中,整个体系的最高作战指挥中心(决策树的根节点)由以指挥空战平台节点为主的 DM_3 调整为以指挥轰炸任务平台节点为主的 DM_2,具有全局侦察能力的 P_{11}(侦察卫星)由隶属于 DM_3 调整为隶属于 DM_2。

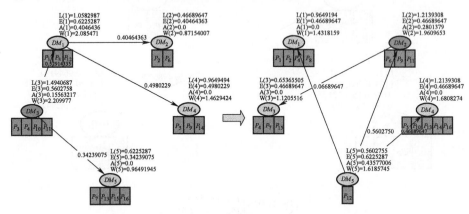

图 2-21 体系要素的优化调整

空军网络化指挥信息系统的体系联动机理实现了以指挥信息系统为核心支撑,以精确灵活协同为主要作战手段,运用网络化扁平式的指挥方式,将空军作战体系中不同类型、分散在陆、海、空、天和网络空间中的作战要素凝聚成一个完整可控的体系,实施统一管理,使各作战要素能够依据作战需求、作战性能和运用特点进行相互影响、相互关联,并进行科学组合、整体联动,最终保证体系作战能力的整体涌现。

参 考 文 献

[1] 蓝羽石,王珩,张刚宁,等. C^4ISR 系统网络中心体系架构[J]. 指挥信息系统与技术,2013,4(6):1-6.

[2] 张刚宁,易侃,蓝羽石,等. 网络中心化 C^4ISR 系统服务架构及运行机制[J]. 指挥信息系统与技术,2013,4(6):42-47.

第 3 章
信息栅格

信息栅格是空军网络化指挥信息系统的重要组成部分,是空军提升一体化情报保障、灵活高效作战指挥和精确武器打击等能力的基础支撑。通过信息栅格,探测与感知、指挥与控制、打击与毁伤等领域的信息系统能够集成为一个整体,并根据作战人员、决策人员和保障人员的要求来安全地收集、处理、存储、分发和管理信息,从而支撑战场态势实时透明、作战力量动态组合和武器装备精确打击,有效提高空军基于信息系统的体系作战能力。

3.1 概 述

空军未来作战是体系化作战。在要素上,由覆盖空天地网电全维空间的信息化作战力量及信息系统、传感器平台、武器平台等组成;在结构上,将各类武器装备、传感器和信息系统作为节点融入体系,聚合为一个整体,并根据作战任务、作战进程、态势变化及作战空间延展,实现实时信息交互共享。为了满足空军未来网络化体系作战的诸多要求,作为感知网、指控网、武器网基础支撑的信息栅格扮演着极其重要的角色,应具备以下几方面的能力。

1) 空天地一体的广域覆盖能力

广域覆盖能力是指空军部队的各类作战、情报、武器等单元具备在广域地理范围内接入信息栅格的能力。广域是一个相对的概念,它随着国家战略利益的不断拓展而变化。针对国际国内安全的新形势,空军的使命任务也在不断拓展,空军的作战活动范围也变得越来越大,未来对通信网络覆盖能力的要求在不断提高,广域的范围也在不断地拓宽。

未来空军应具备对一定范围内的海域和空域实施全天候、全天时监视,在全球广阔海域内具备战略预警侦察能力。空天地通信网络应通过提高短波、近地卫星、高轨卫星等多种超视距传输手段的可用性和使用规模,建设不依托地面基础设施的空中通信网络等方式,实现覆盖全球及适应用天、控天、防天需求的多手段远程通信保障能力;同时,提升与民航信息互通和资源共享能力,为空军执行跨境行动和战略投送提供有效航管保障。

2) 高速机动条件下的动态组网能力

空军的空中作战、防空反导、战略投送、对地攻击等多种作战样式，都具有机动灵活的特点。尤其是在空中作战中，各类飞机均处于高速飞行中，网络拓扑在短时间内可能产生剧烈变化，节点接入或退出网络频繁。此外，防空反导、预警探测等具有网络化机动作战的需求，未来作战编成也呈现模块化临时编组的发展趋势。这就要求信息栅格具备高机动条件下作战的动态组网能力，能够为各类机动用户提供动态、便捷的接入服务，实现机动用户能够在不同地域快速接入信息栅格。

3) 及时准确的信息传送能力

实时准确的信息传送能力是指信息栅格需具备在一定时限范围内为各作战单元提供准确信息传送的能力。现代战争要求在作战中能够先于敌方发现目标、锁定目标、打击目标；越来越多的精确制导武器被应用于现代作战中，要求各类信息在传送过程中必须做到准确无误。空军不仅需要使用宽带链传输各种探测信息、气象云图、红外、电子侦察图像等大容量信息，还需要使用武器协同数据链传输武器指令等时敏信息，以支持预警探测、指挥控制、协同打击等作战任务。因而，情报信息、指挥信息与武器控制信息等的实时准确传送便成为空战成败的关键。

4) 按需信息服务能力

战场信息优势的获取不仅仅是信息获取的多少、传输速度以及分发范围，更重要的是能否有效满足用户实时需求。往往指挥员面对一堆杂乱无章、相互矛盾、混淆不清的信息，即使信息量再多，也无法做出有效、合理、科学的决策。这就需要以信息栅格为平台，汇聚各类传感器获取的大量诸如雷达、空中管制、武器制导和作战指挥等信息，进行统一的组织处理，形成信息池，为各级各类指挥人员、作战人员和保障人员按需提供针对任务特点的信息，实现在恰当的时间、将恰当的信息、以恰当的方式传递给恰当的使用者。

5) 安全防护能力

信息栅格分布地域广、使用人员多，必然会产生安全漏洞和隐患。信息栅格需要具备全方位的安全防护能力，主要包括以下几个方面：能提供网络安全防护、计算资源的安全防护及基础设施整体安全防护能力，具备入侵预警、安全扫描与评估、安全管理、安全态势感知、态势估计预测、应急响应与恢复、安全审计与取证等各级联动的安全防护；能为所有用户、设备或系统提供数字证书，并对所有数字证书进行管理，其中主要包括证书注册、证书分发、证书认证、证书更新等；具备分布式、一体化的密码管理服务能力，以保障网络化指挥信息系统的机密性，并能够提供密码策略管理、密码资源管理、密码设备运行管理、密钥保障和密码监察评估等。

安全防护不仅仅针对信息栅格,对信息栅格支撑之上的感知网、指控网、武器网所涉及的各类信息、资源、系统均要提供对应的安全防护能力。总之,要在栅格化传输网络、多业务承载网络、网络化服务体系以及各类应用信息系统等各个层面提供安全防护与信息保密能力,构建覆盖人员、设备、软件、数据等实体网络行为的信任保障机制,真正实现全维覆盖的"大安全"思想。

6) 综合管理能力

综合管理已经不仅仅局限于传统的信息栅格的管理维护,而是要在此基础上按照"精确化监控管理、标准化流程控制、实时化信息共享、智能化辅助决策"的体系化管理总要求,面向空军通信网系,以资源管理为核心、以网系监控为基础、以运维流程为保证,集资源数据管理、网络运行监控、系统状态监视、业务质量保证、辅助决策支持为一体,具备横向到边、纵向到底的全要素、全业务、全过程管理能力。综合管理将为各级信息化部门实施组织管理、建设管理、业务管理和任务保障提供科学的决策依据;为各级作战指挥机构提供所需的资源数据和运行态势信息;为各级技术管理机构和通信部队日常战备和值勤管理提供智能、精确的监控手段。

综合管理同安全防护一样也是不仅仅针对于信息栅格,对信息栅格支撑之上的感知网、指控网、武器网所涉及的各类信息、资源、系统均要提供对应的管理能力。总之,空军网络化指挥信息系统所涉及的通信、导航、频管、安防、信息资源等需要统一管理,建立统一规范的管理框架,真正实现"大运维"的建设思想。

7) 应用支撑能力

信息栅格基于各类通信网络设施、信息服务设施、安全防护设施、运维管理设施以及时空基准设施,提供网络化的通信服务、信息保障服务、安全防护服务、运维管理服务和时空基准服务等,为感知网、指控网、武器网提供共用的信息传输与服务支撑环境。网络化指挥信息系统要求充分发挥信息栅格的应用支撑能力,按照情报、指挥、控制信息流程及逻辑关系,组织感知、指控、武器三个逻辑网,把各类情报源、各级各类指挥机构、主战飞机、地面防空反导武器、对抗武器等作战和保障实体作为节点聚为一体,从而达到全维战场态势感知、战场信息分发、一体化作战指挥控制、平台柔性重组、多武器协同打击、作战要素即插即用等目的。

3.2 核心功能

信息栅格按网络中心化运作机制对各逻辑网提供基础支撑,形成统一的大数据处理、分布式计算、大容量传输、多资源协同和安全可控的网络运行支撑环境。信息栅格是实现各种信息系统互联、互通、互操作及武器网络化组织的基础，为将各种资源和作战力量形成一个有机整体提供支撑，从而发挥巨大的威力，具有以下功能：

1) 空地/空空/空天通信服务

通过各类作战网络和数据链自动适配以及数据链统一规划与管理，为空、天、地网络任意节点之间作战指挥、情报态势、武器铰链控制等各类信息提供透明的通信传输服务，保障网络中任意两点端到端通信。

2) 计算与存储服务

为各军兵种应用系统的建设和运行提供信息处理和存储的软、硬件基础支撑环境，提供虚拟化、大数据的计算与存储服务，以支持大量的军兵种、业务部门的功能和数据集中部署和远程使用。

3) 信息与知识服务

提供异构信息存储与管理、信息搜索与推荐等信息服务能力，汇聚各类信息资源，从中发现、过滤、挖掘出与作战任务相关的有用信息，将这些有用信息快速整合成完整、一致、准确的高质量信息，并能够根据用户的需要，快速、高效地将信息传送到用户手中，为情报保障、指挥控制、火力打击等作战应用提供智能化服务。

4) 作战资源虚拟化服务

将各类作战平台（包括武器、传感器、飞机等）和系统资源（包括计算、存储、通信等）虚拟化形成资源池，以支持网络中心条件下感知网、指控网和武器网依据任务需求按需组织作战资源，发挥最大体系效能。

5) 综合化运行管理

提供对系统中设备、软件、服务等系统资源的运行策略规划、运行态势感知、运行态势分析以及运行管理控制等功能，支持基于任务的各类资源运行策略的动态规划，运行状态实时感知及态势生成，协同有关部位、人员迅速定位故障，启动故障处置方案，从而维持系统的正常运行。

6) 体系化安全防护

结合一体化安全防护体系，实时探测系统的安全漏洞、网络入侵，实时监视系统和网络的异常状态，掌握全网的安全态势；按需制定安全防护策略，对全网用户和资源进行统一认证和授权，实现安全威胁的审计追踪。

3.3 体系结构

信息栅格涉及通信网络、安全可信、运行管理、信息服务等诸多方面，包含各种通用、专用的软硬件以及相关组织和人员,信息栅格的各组成部分必须形成一个有机的整体才能对外提供各种应用支撑服务。因此,有必要理清信息栅格组成结构,以及它们是如何紧密协作形成合力,实现信息栅格的整体支撑能力。

从设施组成上来看,空军信息栅格主要包括三层平台与两组体系,在此基础上支撑情报保障、作战指挥和武器控制等应用功能。具体如图3-1所示。

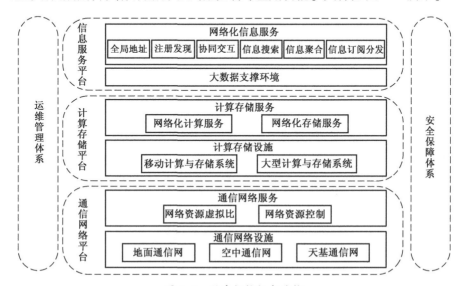

图3-1 信息栅格组成结构

通信网络平台是运用网络互联技术构建的空天地一体的信息传输网络,包括通信网络设施和通信网络服务。通信网络设施主要包括地面、空中和天基的通信网络设备。通信网络服务是采用软件定义的方式实现对通信网络设备的虚拟化管理和按需服务,通过将网络的数据平面和控制平面的解耦,实现网络服务支撑、智能通信业务与通信业务控制。

计算存储平台主要包括各个数据中心与分布式存储服务,以及分布于全网上的基于各类计算资源所形成的分布式计算服务,以满足空军指挥信息系统对于作战数据存储和计算等资源的需求。用户可以将分布在网络上的各类资源集合成一个全局的资源池,针对不同需求可以从池中获取合适的资源,而不必关心容量限制、获取流程与操作等细节问题。

信息服务平台由各类数据及大数据支撑环境、网络化信息服务与软件服务构成。依托资源池化的计算与存储平台,将各类数据通过大数据支撑环境进行数据采集、数据预处理、数据挖掘与可视化等,面向上层应用提供网络化信息服务与软件服务。

安全防护体系和运行管理体系纵向贯穿各层,为信息栅格提供体系化的安全保障和综合化的管理保障,并为上层感知网、指控网和武器网提供安全和管理方面的保障。其中,安全防护体系包括网络化安全防护服务系统、统一安全管理与监视、统一安全认证与授权和网络安全防护系统等,能够从网络、平台、数据和系统等各个层面为信息栅格提供安全保障功能,并提供安全管理功能。运行管理体系是覆盖电磁频谱管理、网络管理、服务管理、系统管理、用户管理,为信息栅格和各应用网的资源提供综合运维管理服务。

3.4 基本原理

信息栅格通过"资源管理──→需求生成──→资源调度"实现信息栅格资源的按需共享和透明使用。"资源管理"实现计算、存储、信息等基础资源的自动注册、可信认证、状态监视、搜索定位等自动化管理;"需求生成"基于用户任务动态生成对基础资源的需求;"资源调度"根据需求匹配最优基础资源,提供透明的资源服务,并在资源执行过程中实现负载均衡、抗毁容错等能力。信息栅格运行机理如图3-2所示。

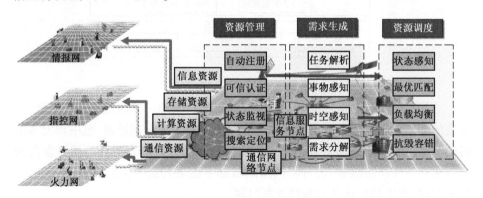

图3-2 信息栅格运行机理

1)资源管理

实现计算、存储、信息等基础资源的自动注册、可信认证、状态监视、搜索定位等自动化管理。信息栅格将对体系中所有的计算资源、存储资源、通信资源进行统一的管理,相应的,信息栅格对计算资源、存储资源和通信资源所承载和运维的一系列设备进行统一的管理,这些设备包括:信息栅格中的计算与存储设施、网络化信息服务设施、体系化安全可信设施。

2)需求生成

基于各种军事业务,通过任务解析、实物感知、时空感知和需求分解,实时动态产生各类军事业务的计算资源、存储资源、通信资源的需求,资源需求包括资源对象、资源数量、资源特征等资源的属性。

3) 资源调度

根据各网产生的资源需求,结合信息栅格中各类资源部署、各类资源数量等,为各类军事业务的正常运转提供最佳匹配的基础资源,实现整个体系在运作过程中的资源状态实时感知、需求最优匹配、资源负载均衡和关键业务抗毁容错等功能。

4) 运维管理

通过资源状态采集,生成综合运维态势,直观展现信息栅格的运行状态和趋势;根据任务和态势,在线生成对可能发生事件的处置方案,组织各专业管理系统进行联动处置,维持信息栅格正常运行,是集基础数据与资源管理、网络运行管理、指挥信息系统运维管理、通信业务管理于一体的综合化运维管理体系。

信息栅格对通信网络、信息服务中心进行动态组织,进行公共基础数据和信息的处理,提供安全可信的信息按需汇聚和共享、云计算、大数据处理的体系运行支撑环境,对感知网产生的大数据挖掘处理、情报数据同步共享及体系抗毁能力等提供支撑,为指控网提供方案解算、协同制作以及目标数据同步与共享等活动的支撑能力,为武器网提供协同交互、时空统一等活动的支撑能力,如图3-3所示。

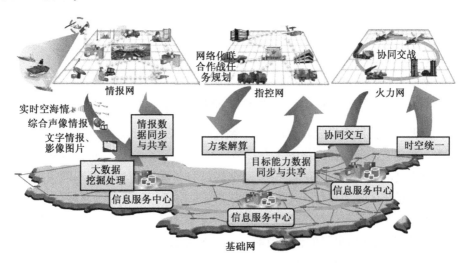

图 3-3 信息栅格对三个逻辑网的支撑作用

信息栅格通过栅格网络、计算与存储平台以及信息服务体系,为感知网、指控网和武器网提供空天一体化的信息传输、灵活高效的数据处理与存储以及网络化的信息订阅分发等服务。通过数据链、通信网络等,信息栅格传输空天地的各类情报、指控信息、火控信息,为感知网、指控网、武器网提供信息传输基础平台和通信网络服务。信息栅格将传感器情报、综合态势、作战指令、火控指令等各类数据信息在云计算平台上进行灵活、高效的处理和存储,形成透明、统一的虚拟化资源池,为各军兵种应用系统提供分布式的存储和计算服务。信息栅格将感知网的各类传感器信息、情报融合信息,指控网的作战计划、辅助决策信息,武器网的平台状态、武器控制指令等以服务的形式提供各类用户,能够为情报保障、指挥控制、武器控制等功能系统提供注册发现、协同交互、全局地址、信息订阅分发、信息搜索、信息聚合等核心服务以及通用和专用的应用支撑服务,并且基于大数据支撑环境,提供海量数据处理、挖掘、分析等服务。

同时,信息栅格通过综合运维管控和一体化安全管控体系,确保了三个应用网的通信资源准确掌握和数据的安全可靠。信息栅格为情报感知、指挥控制和火力打击形成了集基础数据与资源管理、网络运行管理、指挥信息系统运维管理、通信业务管理、电磁频谱管理、辅助决策支持于一体的综合化运维管理体系。依托统一安全管理与监察平台和统一安全认证与授权平台,信息栅格的安全管控体系为情报、指控和火控信息提供全方位纵深入侵防护,最大限度实现全局安全感知和主动防御功能。

3.5 通信网络平台

空军通信网络平台的基础是空天地通信网络设施,它是平台的物质基础,在其上采用软件定义的方式,将各种通信资源虚拟化后,为空军各类应用系统提供按需、透明的通信网络服务。

3.5.1 空天地通信网络设施

空天地通信网络设施具有以下主要特征:一是多网的互联互通。多网间的互联互通是空天地通信网络的核心。多网间达成互联互通后,可以为用户提供一个使用灵活方便、接续快速、可靠安全的信息传输环境。二是不同系统的集成。不同系统的集成是空天地通信网络实现的途径。不同技术领域的系统,综合集成为一个功能更强的空天地通信网络,实现范围更大、种类更多、层次更高的资源共享,发挥出更强的整体效能。三是多种通信技术的综合。多种通信技术综合是空天地通信网络的技术基础。通过综合采用各种有线、无线通信手段,优化的高效信源、信道编码技术,从而保证了在各个平台之间迅速、高效和可靠的信息传输。

空天地通信网络的主要作用:一是可以为战场空间连续实时/准实时侦察监视提供支撑,将图像和数据信息快速传递到网内各作战单元。二是可以为实施战区空地一体化作战的连续指挥控制提供跨网系、跨平台、立体接入网络支撑,协同空中力量和地面力量同步作战。三是可以为指挥控制火力单元对小型、移动的时间敏感目标实施精确捕获和打击提供支撑,通过空天地通信网络,各种传感器可直接或间接为空中和地面火力打击装置提供目标指示和其他数据。四是可以为强化的侦察/监视/决策/杀伤/评估链提供空天地一体化的信息传输支撑,提高各种作战行动的时效性。五是可以为不同作战平台之间进行武器协同提供支撑,提高对高威胁等级目标的打击效果。

1. 组成结构

空天地通信网络主要由地面通信网、空中通信网和天基通信网三层网络组成,以及实现这三层网络间多手段、多路由互联互通的各类通信链路组成,如图3-4所示。地面通信网、空中通信网和天基通信网均包含有相应的接入节点,这些接入节点作为其他域节点访问该层网络的入口节点,实现与其他域的节点的直接通信,从而完成不同层网络之间信息的转发。

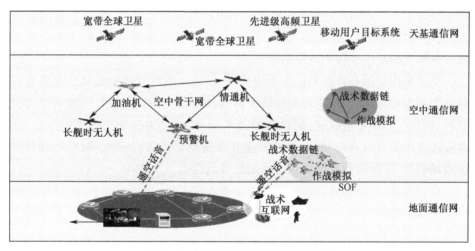

图3-4 空天地通信网络组成示意图

(1)地面通信网。地面通信网由地面骨干网、微波通信网、散射通信网、战术互联网、移动通信网和短波综合广域网组成。其参与平台包括卫星地面站、地面各级指挥所、情报中心、数据中心等平台,各平台依托光纤传送网在地面实现互联互通。

(2)空中通信网。空中通信网由空中骨干网、战术数据链等组成。其参与平台主要包括预警机、无人机、各型作战飞机等。其中空中骨干网基于类IP协议,提供空中骨干网节点之间的高速通信能力。空中骨干节点可作为独立的通信节点,承担中继转发的功能。根据其功能,空中骨干节点可分为三类:第一类是空中骨干网路由节点,只在空中骨干节点之间完成路由功能,这类节点需具备空空宽带链路和卫星链路(或仅具备两者中的一种)等空中骨干网链路设备；第二类是空中骨干网网关节点，除具备路由功能外，还应加装网关设备，用于完成空中骨干网与各种空中平台(子网)之间的信息格式及传输协议转换，以及对天基通信网和地面通信网的接入；第三类是空中网络管理中心节点，除具备路由和网关功能外，还承担对整个空中网络的链路及网络监视与管理，通常设置于有人值守的节点上。

(3) 天基通信网。天基通信网由天基骨干网、战略卫星通信网和战术卫星通信网组成，其参与平台包括通信卫星、情报卫星等，卫星之间通过高速的星间链路连接，组成高速的天基通信网络。

三层网络之间通过地空通信链路、星空通信链路、星地通信链路，以及利用卫星转发器建立的地星地、空星空、地星空通信链路连为一个整体，形成空天地通信网络。不同通信手段或链路构成各种专用或通用的应用网络，满足感知网、指控网、武器网对作战单元的快捷接入、信息可靠传输和按需分发、服务质量保证等需求。地面固定用户、地面机动用户可通过局域网、专线等有线手段入网，也可通过短波、超短波、微波、散射、卫星等无线手段入网；空中平台主要通过各种无线通信手段实现网络接入。

快速响应空间是常规卫星体系的补充，以满足战役战术应用对空间能力的紧急需求为目标，由快速响应空间航天器、快速响应空间运载器、快速响应发射系统、指控与应用系统组成，面向战役战术任务，直接为战场指挥提供服务，强调指挥应用的灵活方便，能够快速产生和维持空间优势，使得空间系统具有根据战场需要、按照指挥官要求执行作战任务的能力。

全球 WiFi 计划打算向太空发射 150 颗近地卫星，覆盖世界各地，使用任何电子终端都能够连接上无线网，获取持续不断的网络内容更新，使得无法联网的地区也可以获得互联网服务。

2. 地面通信网

地面通信网用于实现位于地球表面节点间的通信，用于保障各级各类指挥机构实施指挥和参战部队遂行各种作战任务的通信联络，以及指挥信息系统信息的传输。

1) 地面骨干网

地面骨干网是完成战略、战役及战术通信使命的主体，使用既设光缆、野战光缆、卫星地面站等多种具有较大容量通信手段连接指挥所、基地、作战部队的共用信息传输网络。地面骨干网主要以光缆骨干网为主，在光缆无法到达地区可使用卫星地面站通过卫星通信网链接到光缆骨干网[1]。

地面骨干网以光传送网为基础，为不同节点间的信息传输提供大容量、高可靠、强抗毁的信息传输通道,同时为空天地通信网络基础设施的其他网系提供光传输通道。如图3-5所示,光传送网具有三层网络结构,分别是一级干线网、二级干线网和本地网。光传送网的一级干线网一般采用网孔式结构,这样每个一级汇接局之间均设有直达路由,而且每个一级汇接局之间具有一条以上的迂回路由,可采用分布式控制方式、预置式或动态式的路由重组。光传送网的二级干线网采用树形结构,发展目标是构成大容量自愈环,使网络等级减少,实用性增强,网络组织简化。光传送网的本地网一般采用环形结构,本地网的同步数字系列(Synchronous Digital Hierarchy,SDH)自愈环设备比较成熟,通常有两纤环和四纤环等集中组成形式,可以根据地域覆盖范围和容量需要采取组合环网等多种形式,以达到安全可靠和投资效益的平衡。

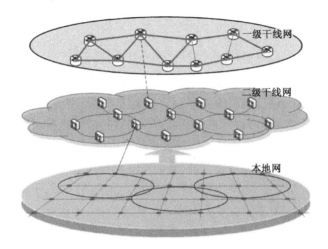

图3-5 地面骨干网分层结构

为保障时间敏感作战任务的信息需求,应建立地面高性能网络。根据任务特点和信息交互需求设计合适的网络拓扑,减少数据转发的跳数;采用高速路由交换设备和并行处理模型,缩短排队队列,提高数据处理速度,减少转发处理的延迟;改进端到端传输策略,减少拥塞,提高数据传输能力。

2) 战术互联网

战术互联网是以无线通信和互联网技术为基础,将战术电台、野战传输设备、交换路由设备和信息终端等互联而成,由多个自主系统组成的多路由、多跳、自组织、自恢复、自适应的通信网络。

战术互联网主要以战术电台互联网、综合业务数字网为基础,通过机动卫星和升空平台等通信系统扩大和延伸网络覆盖范围,其灵活的网络结构和统一的互联协议支持各种战术通信网系的综合互联、融为一体。图3-6描述了战术互联网组成的层次概念。

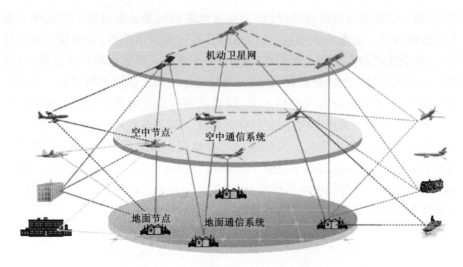

图 3-6 战术互联网组成的层次概念图

在网络功能结构组成上,战术互联网由传输、路由交换、网络保障和用户服务四个功能分系统组成,如图 3-7 所示。传输分系统包括了空、天、地的传输手段,为战术互联网各类节点、终端提供综合、可靠的传输通道;路由交换分系统包括野战异步传输模式(Asynchronous Transfer Mode,ATM)交换机、互联网控制器、多信道电台等路由交换设备,为网络业务提供交换和路由支持,为用户提供端到端的信息传送服务;网络保障分系统部分包括战术互联网的网络管理和安全保密两个分系统,为战术互联网的安全、高效、可靠运行提供保障;用户服务部分为战术互联网用户提供接入网络服务的功能,包括各种终端系列和用户末端网络。

图 3-7 战术互联网功能结构组成

3) 移动通信网

移动通信是指移动用户之间,以及移动用户和固定用户之间建立信息传输的通信系统。移动通信网可满足部队日常战备、训练的移动通信需求,依托专用移动通信系统和机动接入站点,可提供个人通信、话音调度和宽带数据传输服务;也可将移动通信设备集成到机动通信平台,在一定区域提供移动宽带通信服务。

空军常用的移动通信网主要有军用码分多址(Code Division Multiple Access,CDMA)移动通信网和集群移动通信网。

军用 CDMA 移动通信网是依托电信 CDMA 公众网技术建设起来的,通过特殊功能控制和保密措施,实现在电信网络覆盖范围内提供数字加密、集群调度、安全控制等特殊功能;通过建设机动式系统,实现在特殊条件、特殊地域提供应急移动通信保障;通过补建部分基站,可保障空军在国土范围内的不间断通信,满足日常战备、军事训练和未来作战的基本移动通信需求,提高作战单元移动通信保障能力,为多样化军事任务提供精确、高效、不间断的通信和指挥控制保障。

集群移动通信网是共享资源、共用信道设备及服务的多用途、高效能的无线调度通信系统,具有共享频率、共用设施、共享覆盖区等特点,从而实现信息共享和高效指挥,主要用于野战条件下一定区域内的机动通信。

4) 微波通信网

微波通信是直线视距传播,两个微波站点间的通信距离随频段、地形和天线高度不同而异,一般小于 50km,有效通信距离通常为 30km,远距离通信可以采取接力通信方式组成微波接力通信网。依据微波通信装备的性能不同,能提供数百到数千个话路。接力通信线路可用作不同通信系统间的引接手段、无线电收发信台之间的遥控线路、野战地域通信网中的多路传输信道,以及岛岸间、岛屿间、河两岸间的通信线路,还可代替被破坏或无法架设的有线电通信线路,作为干线网络的补充,能够发挥良好的作用。

由于卫星通信技术的发展,现在地面微波接力通信网已较少使用。但是,在不便于铺设有线通信线路的地域,经常借助于微波接力通信设备构成两端有线通信网络的连接。微波通信设备对外提供多种业务接口和群路通信接口,用于话音、数据、图像和视频等信息的传递。

5) 散射通信网

散射通信可用于战略通信网和战术网。散射通信包括对流层散射通信和电离层散射通信。对流层散射通信利用对流层媒介中的不均匀体对超短波、微波的散射作用实现超视距无线电通信,常用的频段为 0.2~5GHz,通信容量较大,单跳距离为 100~500km,可传输电话、电报、图像、数据等信息。

电离层散射通信是利用离地面高度 75~90km 的电离层(D 层)介质中的不均匀体对超短波的散射或反射作用进行的超视距通信。电离层散射通信与对流层散射通信有许多共同之处,如前向散射、信号衰落等。由于电离层的高度比对流层高,因此,其单跳通信距离比对流层散射通信远,通常为 1000~

2000km。为防止电波穿过电离层而产生能量损失或通信不稳定，电离层散射通信只能在较低超短波频段工作，工作频率一般为 30~60MHz。由于工作频率低，因此其通信容量比对流层散射通信小，传输频带很窄，只有 2~3kHz，只能传输电报和低速数据，应用受到限制。

目前使用较多的是对流层散射通信系统，作为通信干线连接节点使用，通常采用点对点、点对多点组网通信方式，也可采用中继通信方式，构成散射中继通信网，或作为基站构成一定地域范围内的散射通信网使用。作为宽频段超视距通信手段，散射通信多用于负担群路信息，以及话音、数据、图像（或视频）等综合信息传输。

散射通信主要使用方式有：与视距微波接力、短波等其他通信手段综合使用构成长链路，提供大容量主干线；用作跨越海峡、湖泊、高山、沙漠等特殊地形的通信；用于远程预警网；用于在恶劣的电磁环境下的应急通信。

6）短波综合广域网

短波综合广域网是利用光缆网广域连接战略战役纵深以及战区机动作战方向部分师以上单位短波台站，组成的多层次配置、全域有效覆盖、资源统管共用、地面分组交换、用户多址接入、数据业务传输、系统综合防护的短波通信网。短波综合广域网是军事通信网的重要组成部分。

短波综合广域网突破了传统短波通信网的原有内涵，改变了"专台专车、专频专用、自建自管"的传统组织模式，较好地解决了短波通信网络结构单一、资源利用率低、机动通信能力差、军兵种协同组织难、抗毁扰能力发挥受限等问题，为实现指挥链与通信链分离以及指挥人员直接使用通信终端实施作战指挥创造了条件，提升了短波通信网的整体保障能力。

短波综合广域网主要由地面支撑系统和机动用户两大部分组成，地面支撑系统由 IP 承载网络、网络综合管理系统和接入节点三部分组成。整个网络是以现有的有线宽带网络连接各级接入节点，通过构建短波网络管理系统形成网络控制中心，结合频率管理系统和安全管理系统，对网络资源进行有效的分配、管理和监控，实现全网正常、高效和协调地工作，确保短波机动用户的可靠接入。机动用户是短波综合业务网的通信保障对象，是短波综合接入网的末端用户，它通过接入短波综合业务网，完成和接入节点间或其他短波通信车之间的保密语音通信、文本短信、电子邮件、寻呼等业务，它还可以通过专网直达的方式和其他入网的短波电台通信车进行点对点的直接通信。

3. 空中通信网

空中通信网是面向空中作战单元提供信息传输和服务的通信网络。空中通信网采用分布式、开放式的网络体系结构，将多平台、多类型的独立的信息传输系统,例如各种地空通信系统、空天通信系统和空中通信系统等,通过特定的链路、设备和路由协议,融合成一个信息高度共享、高度协同、机动和抗毁性强的服务于军事航空通信的信息传输网络,为构建空天地通信网络奠定基础。空中通信网主要包括空中骨干网、战术数据链等。

1) 空中骨干网

空中骨干网是指具有宽带信息传输功能,能够将各种空中战术子网接入,实现航空通信与地面通信、天基通信相互联接的空中通信网络。空中骨干网以预警机、ISR 飞机、电子战飞机、长航时无人机、加油机等大型平台为核心节点,提供空空/空地大容量信息传输分发以及基于网络的预警侦察、指挥控制能力。空中骨干网是空军航空兵大规模作战和远程作战的空中通信基础。

作为空中通信网体系化运用的重要组成部分,空中骨干网可以提供以下能力:可通过空中骨干网接入天基卫星系统,实现与天基网络的互联,可实施战区空地一体化作战的连续指挥控制,协同空中力量和地面力量同步作战;对战场空间具有连续的实时或准实时侦察监视能力,图像和数据信息可快速传递到网内各作战单元;可通过各种传感器直接或间接地为空中和地面射击装置提供目标指示和其他数据,并指挥控制火力单元对小型、移动的时间敏感目标实施精确捕获和打击;使用空中骨干网,能够在联合作战行动中增强各种作战行动的时效性。

空中骨干网提供了节点之间的高速通信能力,还包含接入节点作为其他域节点访问该网络的入口节点,能够与其他域的节点直接通信,完成不同网络之间信息的转发。

2) 战术数据链

战术数据链是战术信息交换的主要手段,采用无线网络通信技术和应用协议,实现陆基、机载和舰载战术数据系统间的信息交换。战术数据链目前已发展成为可传送数据、数字语音、图形、图像、文本等多种格式信息的"战术数字信息链"。未来战术数据链通过多种体制的数据链联合组网运用,将为构建全方位立体化战场提供信息顺利流转的战术通信系统,在情报信息系统、作战指挥系统和武器平台系统间发挥连接纽带作用。战术数据链连接各类空中作战平台,共同构成战术子网,是空中通信网的重要组成部分;依托战术子网,空中作战平台之间可以进行低时延的信息交互。

4. 天基通信网

天基通信网也称为天基信息传输系统,是指以卫星为主的航天器作为中继、交换站,将信息由信源传递到信宿的系统。天基通信网与地面通信网、空中通信网,通过地空通信链路、星空通信链路、星地通信链路,以及利用卫星转发器建立的地星地、空星空、地星空通信链路连为一个整体,形成空军空天地一体化的通信网络,为指挥机构和作战人员提供空天地 C^4KISR 体系作战的支撑能力,满足空军在航空空间、太空空间和赛博空间中任务需要,是今后着力建设发展的网络。

天基通信是信息栅格实现远程大容量接入与传输的重要手段,可直接用于对大型平台的任务协同、情报传输、态势分发,也可用于连通地基与空基通信网。天基通信手段包括天基侦察平台的专用 ISR(情报、监视与侦察)宽带数据链、天基中继平台的星间数据链、天基广播平台的信息服务广播链路,以及实现话音、数据转发的通用卫星通信系统等。

天基通信网主要由大容量、受保护、基于先进技术的卫星通信设施组成,如图 3-8 所示。

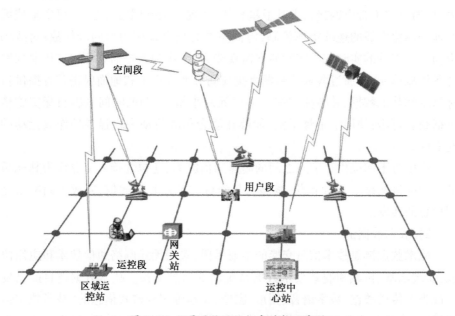

图 3-8 卫星通信网络组成结构示意图

天基通信网主要功能是能够无缝连接信息栅格的各主要节点,实现各种战术子网的互联互通和互操作。天基通信网中有大容量的各型通信卫星,通过采用卫星光通信技术、IPv6、星载路由技术、大孔径天线等新技术,构成模块化、开放式的信息传输核心网络,实现各个级别的指挥控制节点和情报、侦察、监视节点的横向和纵向联通,以及各种信息的自由流动。

快速响应空间是空间技术发展的新思路,通过低轨小卫星组网有效弥补了现有空间系统的脆弱性。在快速空间响应体系中,快速响应空间航天器是快速响应空间体系中直接为战场指挥员提供空间服务的部分,主要由卫星平台和有效载荷组成,它应具备的功能与任务需求密切相关。由于快速响应空间是为突发紧急事件提供服务的,其任务需求具有很强的不确定性。因此,快速响应空间航天器应具有较强的灵活性与适应性,能快速组装、测试发射、完成在轨检测、实现应用。快速响应空间运载器是快速响应空间体系中将航天器运输到目标轨道的空间运输工具,主要是小型运载火箭,具有快速响应、低发射成本等特点。

3.5.2　通信网络服务

空军传统的各类通信系统都存在着网络资源固化和组织方式固化等诸多限制,严重影响了空军在实战中的快速反应能力和任务保障能力。此外,随着云计算、大数据等先进技术在军用信息系统的广泛运用,通信网络服务能力逐步成为了制约空军信息系统发展的瓶颈。因此,空军通信网络一方面向动态组网和提升网络带宽发展,另一方面向网络资源虚拟化和网络资源统一控制的方向发展,通过将网络的转发与控制分离,如图 3-9 所示,以实现网络资源的按需服务。

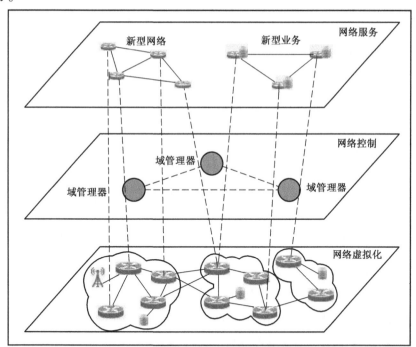

图 3-9　转发与控制分离的网络模型

1. 网络资源虚拟化

网络资源虚拟化是通过将空、天、地各类网络资源按照统一的控制标准进行整合,在一个公共的物理网络设施上,为上层各类应用提供异构、共存却相互隔离的虚拟网络。网络虚拟化的核心是通过共享物理链路和路由器等物理资源,构建健壮、可信、易于管理的虚拟网络环境,为各类虚拟网络请求分配合适的虚拟资源,实现网络资源共享,提高网络资源利用率。

网络资源的虚拟化可以采用网络功能虚拟化(Network Functions Virtualisation,NFV)技术实现。网络虚拟化系统由硬件资源层、虚拟资源层、虚拟网元层和管理模块组成。硬件资源层包括空、天、地各类物理的网络资源;在硬件资源层之上构建虚拟资源层,由虚拟机和虚拟机监控器组成,虚拟机主要向上层应用提供虚拟主机,虚拟机监控器负责虚拟机的创建、监控、销毁等;虚拟网元层由软件功能模块组成,实现对各种网络部件的虚拟化;管理模块主要提供统一的网络资源管理与调度、虚拟化资源的管理和虚拟网元的管理。

2. 网络资源控制

网络虚拟化实现的核心是网络资源的控制。网络资源控制是对底层网络资源进行集成、控制与管理,通过对网络资源上下文环境感知和资源的优化配置,实现网络资源的组织与运用。网络控制模型如图3-10所示。

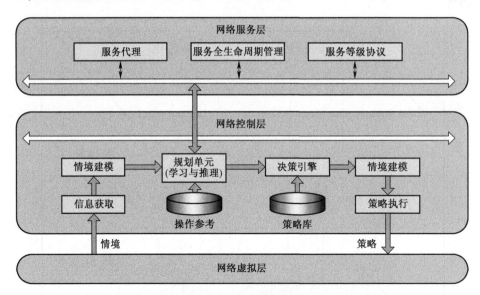

图3-10 网络控制模型

图3-10中,网络虚拟层由众多的基础设施提供者(Infrastructure Provider,InP)组成,每个InP包括大量可编程的支持虚拟化的节点,例如路由器及终端服务器等。InP通过虚拟化资源统一描述方式将底层资源的细节屏蔽,为上层提供统一的虚拟资源抽象。

网络控制层采用软件定义网络(Software Defined Network,SDN)技术,通过可编程的方式对网络资源进行灵活的控制与管理,不仅可以实现网络隔离与资源共享,同时可以与业务层面进行交互,并对底层网络基础设施进行集成与管理,实现通信网络的上下文感知和资源的优化配置。其利用网络感知技术感知当前内外环境和网络状态的变化,并依据网络整体目标及端到端需求,通过执行适当的学习推理机制,利用感知到的网络环境和状态信息进行自主决策,实时动态地调整网络配置,从而使网络可以通过自管理和自学习能力来完成管理任务的自动化,最终实现根据任务对网络的自配置、自优化、自恢复和自保护等功能。

网络服务层由众多相互隔离的虚拟网组成。这些虚拟网由用户或者用户代理发起的请求进行驱动,由域管理器进行调度、分配、创建,完成特定的功能。这些特定的功能主要包括两大方面:新型网络协议、架构的测试验证(如新型的路由协议)和针对特定的服务需求,实现特定的虚拟专网(如满足一定 QoS 要求的视频服务的虚拟网)。

3.6 计算与存储平台

3.6.1 组成结构

计算与存储平台是用于信息处理和存储的软、硬件基础支撑环境,支持空军各应用系统的建设和运行,为指挥员、作战人员、支援人员提供灵活、高效地处理和存储各种信息的能力。首先,计算与存储平台具有基础性,它提供了支撑构建和运行上层各类应用系统所需要的计算设备、存储设备、操作系统以及数据库等基础的软硬件,是军事信息栅格中的"支撑件";其次,计算与存储设施具有共用性,它可以为空军各类作战应用提供共享的信息处理和存储能力,是空军信息栅格中的"公共件"。

随着指挥信息系统从平台化、针对具体任务或特定用户的封闭式系统向网络化、面向多样化任务的开放式系统发展,计算与存储平台作为空军网络指挥信息系统的基础支撑环境,逐步向云计算方向发展,具体表现在通过虚拟化技术将计算、存储资源形成透明、统一的虚拟化资源池,在上层提供分布式计算与分布式存储核心服务,形成计算存储设施的全局服务化。基于云计算[2]的计算与存储平台包括计算存储设施和计算存储服务两部分,计算存储设施由基础设施软硬件、虚拟化软件、虚拟资源管理组成,其架构如图 3-11 所示。

(1) 基础设施:包括数据中心的软硬件,如服务器、存储、数据中心网络、电源、空调等硬件设施以及服务器节点的操作系统等软件。基础设施通常是分布部署的,并且可以通过网络连接。网络相当于总线,作为资源、数据、信息的承载体,是实现资源、任务调度和数据存储与传送的基础。

(2) 资源虚拟化:通过虚拟化技术将计算、存储、数据资源进行虚拟化,构

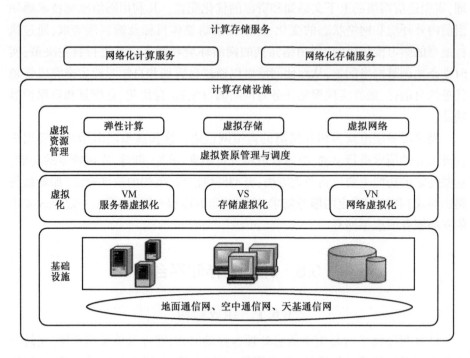

图 3-11　计算存储平台组成示意图

建虚拟化计算存储资源池,为上层计算存储资源的监控、调度和使用提供支撑。

(3) 虚拟资源管理:基于构建的逻辑计算与存储资源池,并根据应用软件服务对计算资源的需求,提供计算与存储监视、分配、调度等通用支撑服务,支持计算与存储能力的灵活扩展与使用,为信息服务平台其他部分提供计算存储支撑。

(4) 计算存储服务:包括网络化计算服务和网络化存储服务,将虚拟的服务器和存储资源通过网络化的方式提供给外部用户使用,用户能够按照自己的需求自主配置、申请相应的计算存储资源。

3.6.2　计算存储设施

1. 资源虚拟化

1) 服务器虚拟化

近年来,以资源的高效组织、透明使用为目的的虚拟计算技术快速发展,是实现云计算平台的关键技术。虚拟计算技术能够为软件(包括操作系统)营造它所需要的执行环境。在采用了虚拟计算技术以后,程序运行不一定独享底层的物理计算资源,它只是运行在一个与"真实计算"完全相同的执行环境中。虚拟计算架构如图 3-12 所示,通过在底层硬件的基础上构建虚拟软件层,为应用

系统动态创建虚拟的硬件环境和操作系统环境。该架构打破了传统计算架构中软件与硬件之间的紧密耦合关系,具有如下特点:

- 保真性:应用程序在虚拟机上执行,除了会比在物理硬件上执行慢一些,将表现为与物理硬件上相同的执行行为;
- 高性能:在虚拟执行环境中,应用程序的绝大多数指令能够在虚拟机管理器不干预的情况下,直接在物理硬件上执行;
- 安全性:物理硬件应该由虚拟机管理器全权管理,被虚拟出来的执行环境中的程序不能直接访问硬件。

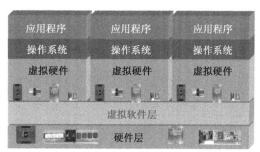

图 3-12 虚拟计算架构

虚拟计算技术是一种采用软硬件分区、聚合、部分或完全模拟、分时复用等方法来管理计算资源,构造一个或多个计算环境的技术。虚拟计算技术涉及计算机系统结构、系统软件、并行与分布式处理、人机接口等,它能够动态组织多种计算资源,隔离具体的硬件体系结构和软件系统之间的紧密依赖关系,实现透明化的可伸缩计算系统架构,从而灵活构建满足多种应用需求的计算环境,提高计算资源的使用效率,发挥计算资源的聚合效能,并为用户提供个性化和普适化的计算资源使用环境。在计算资源的性能不断提高、种类和数量不断增加、应用需求丰富多样的情况下,虚拟计算系统可以更加充分合理地利用计算资源,满足日益多样的计算需求,使人们能透明、高效、可定制地使用计算资源,从而真正实现灵活构建、按需计算的理念。

目前主流的计算资源虚拟化有硬件仿真虚拟化、完全虚拟化、超级虚拟化、操作系统虚拟化四种方法,如图 3-13 所示。

硬件仿真虚拟化是最复杂的虚拟化实现技术,这种方法在宿主系统上创建多个硬件虚拟机来仿真所想要的硬件,主要问题是速度非常慢。完全虚拟化使用一个虚拟机在客户操作系统和原始硬件之间进行协调,其优点是操作系统无需任何修改就可以直接运行,但是性能要低于硬件虚拟化,而且操作系统必须

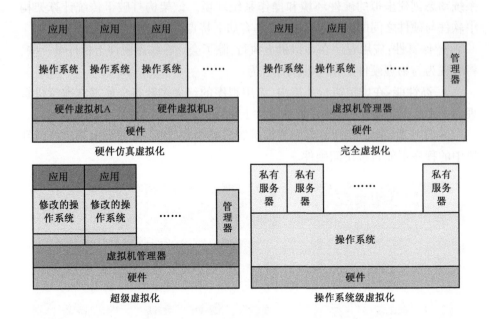

图 3-13 目前主流的计算资源虚拟化方法

要支持底层硬件。超级虚拟化使用一个虚拟机管理器来实现对底层硬件的共享访问,还将与虚拟化有关的代码集成到了操作系统中,它能够提供与未经虚拟化的系统相接近的性能,而且可以同时支持多个不同的操作系统,其缺点是要修改客户操作系统。操作系统虚拟化是在操作系统之上实现服务器的虚拟化,需要对操作系统的内核进行一些修改,但是其优点是可以获得原始性能。

大型计算中心系统采用虚拟计算技术,提供对底层硬件和系统软件的虚拟化能力,将全局或区域的计算节点内多个计算资源硬件虚拟化,在虚拟的硬件平台之上可以按需部署各类操作系统和应用系统,为军兵种、各业务部门的应用系统提供可伸缩的、可靠、稳定的虚拟化的底层硬件和操作系统的支持。根据全局或区域计算节点所采用的硬件设备和提供的应用系统的不同,计算资源的虚拟化可以采用不同的计算资源虚拟化方法。

由此可知,虚拟计算为应用系统提供了一种新的使用模式。对于实时性要求不高的用户,本地可以只是一台没有任何软件的硬件终端,该终端启动接入网络后,根据用户的权限和使命任务,可以从网上(大型计算中心系统)获取所需的系统软件、应用软件和用户数据,例如:无盘工作站就是采用了类似的使用模式,在本地不安装应用软件,登陆服务中心后,使用网络上的能力。对于空军时效性要求较高的系统,可采用新一代智能终端技术,从网上获得推送过来的实时交互界面,使用虚拟计算中心的作战软件。虚拟计算支持用户终端的所有

软件和数据都从大型计算中心系统获取和联网使用,这种新的应用模式为用户带来了以下优点:

一是用户可以方便的在任何时间、任何地点,利用不同的硬件终端获取不同用户的空军业务及空军作战指挥等软件来完成相应的作战任务。

二是应用系统由大型计算中心系统中的专业人员进行统一的管理和升级维护,用户不再需要关心日常的应用系统的管理和维护工作。

2) 存储虚拟化

通常情况下,虚拟化是通过虚拟抽象层来实现的。它将存储系统的物理存储体逻辑上组织起来构成一个逻辑存储体(又称为存储池),然后将存储池根据不同的需求划分成虚拟磁盘或虚拟卷。采用虚拟卷,使得呈现给应用程序和用户的是一种物理磁盘的抽象。这样每个服务器系统或工作站在本地所看到的逻辑存储单元和本地的硬盘没有什么差别。

图 3-14 为一种标准的虚拟存储的架构。存储管理软件把所有的存储资源都映射成一个虚拟的存储空间,提供给用户透明访问。客户端应用程序并不直接访问本地和远端物理存储设备,它看到的只是由存储管理软件所构建的虚拟存储空间。

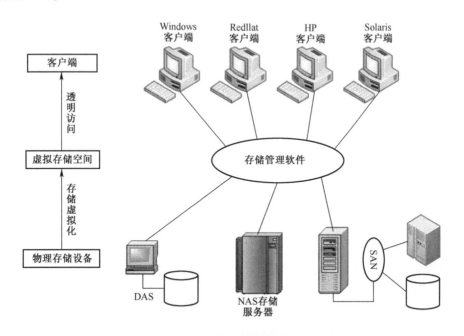

图 3-14　虚拟存储的架构

在虚拟存储环境下,单个存储设备的容量、速度等物理特性都被屏蔽掉了,无论后台的物理存储是什么设备,服务器及其应用系统看到的都是客户非常熟悉的存储设备的逻辑映像。因此,系统管理员不必关心自己的后台存储,只须专注于管理存储空间本身。所有的存储管理操作,如系统升级、改变磁盘阵列(Redundant Arrays of Independent Drives,RAID)级别、初始化逻辑卷、建立和分配虚拟磁盘、存储空间扩容等比以前的任何存储技术都更容易实现。

虚拟存储是一个提高存储系统的可扩展性、存储空间利用率、存储可用性和系统性能的很好的解决方案,通过使用虚拟存储技术,大规模数据存储系统可以提供一个集中式管理的数据存储平台,大大提高存储管理的效率,为军事信息系统中的数据镜像、数据复制、磁带备份增强、实时数据恢复和存储设备整合等众多方面提供强有力的支撑。

2. 虚拟资源管理

虚拟化技术实现了对底层物理资源的抽象,使其成为一个个可以被灵活生成、调度、管理的基础资源单位。而要将这些资源进行有效整合,形成一个可统一管理、灵活分配调度、动态迁移的基础服务设施资源池,并能够支撑按需向用户提供自动化生成的基础设施服务,还需要通过虚拟资源管理平台实现,如图 3-15 所示。

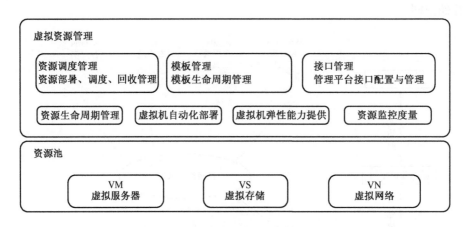

图 3-15 虚拟资源管理平台

虚拟资源管理平台负责对物理设备和虚拟化资源进行统一的管理和调度,形成统一的资源池,实现计算存储资源的可管、可控,其核心是实现对每个基础资源单位(可以是物理资源,也可以是虚拟化资源)的生命周期管理能力和对资源的管理调度能力。对资源的生命周期管理,就是对资源的生成、分配、扩展、迁移、回收的全流程管理,其主要功能包括虚拟机自动化部署、虚拟机弹性能力提供、资源状态监控、度量和资源的回收等。资源的管理调度能力则指对资源的全局性管理和调度,包括模板管理、接口管理、调度策略管理等。

3.6.3 计算存储服务

1. 网络化计算服务

支持未来各类信息系统开发、部署的一种云计算服务,即将计算设备以服务的方式对用户提供。

以网络为中心的信息系统开发,不同于传统的构件化、紧耦合结构系统研制,目前的云计算技术已经支持信息系统开发所需要的硬件环境直接从网络上获取,研发团队在本地不需要采购、安装硬件设备。信息栅格的全局、区域计算节点作为可共享的计算设施,集中托管多个应用系统中共用的计算设备,通过网络向用户提供硬件环境申请服务。服务模式如图3-16所示。

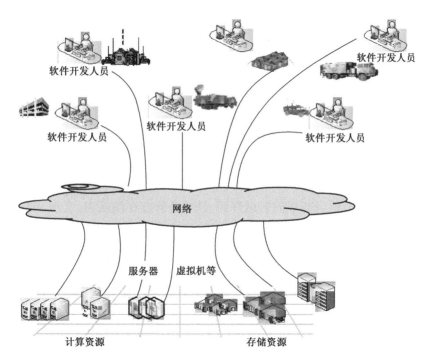

图3-16 服务模式

(1)设备申请服务。用户通过网络向信息栅格申请系统研发所需要的硬件资源。

(2)部署服务。信息栅格的计算服务节点,可按用户的需求申请提供可靠的服务器以及网络接入能力。

(3)自助配置服务。当用户需要更大的能力时,可以通过网络实现自助配置,只要简单地通过交互界面设置,就能形成或放弃相关能力,改变原来需经过传统的采购、交付、配置阶段。

2. 网络化存储服务

随着信息和数据飞速增长，传统信息系统将信息储存在本地的模式已经不能满足网络中心化信息共享的需求，因此，未来信息栅格的数据中心将提供分布式、海量信息存储服务，如图3-17所示。

作战人员可以将传感器、战术移动节点、单兵等信息源产生的信息存储在网络上的计算存储节点中，这些节点可以是军兵种的"私有云"，也可以是全局数据存储中心，以供各类用户通过网络以各种方式访问。

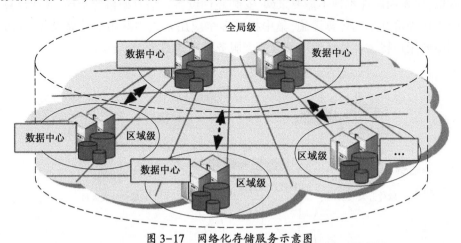

图 3-17 网络化存储服务示意图

（1）支撑 PB 级、EB 级的数据存储，且具备弹性存储能力，支持文本信息、多媒体信息、数据信息等。

（2）支持用户以 Web 方式存储、读取数据，可以对存储空间、用户数、吞吐量进行配置。

（3）高可用及抗毁，采用分布式存储的方式来存储数据，配置相应的远程备份数据中心，并具有数据自动恢复能力。

（4）多用户并发访问能力，信息存储系统同时满足大量用户的存储或访问需求，并行地为大量用户提供服务。

（5）安全性，采用更高的安全级别与防护措施，防止存储系统被敌方入侵或破坏。

3.7 信息服务平台

3.7.1 组成结构

信息服务平台对各类传感器、系统、武器平台提供的信息进行处理、转换、存储和管理,并提供发布/订阅功能。信息用户并不一定是作战人员,也可以是各类信息系统、武器系统,甚至是信息提供者,可以结合实际需要从信息服务平台中按需获取所需信息。这是一种面向服务的全新信息服务使用模式。信息服务平台接收空军各类应用系统以及各类作战人员的信息服务请求,通过大数据平台存储、管理、分析、挖掘数据,通过高效地调度分布在各业务部门中的信息资源,实现各类信息的高效共享,对外提供高性能、高可用、高可靠的按需信息服务[3],其总体架构如图3-18所示。

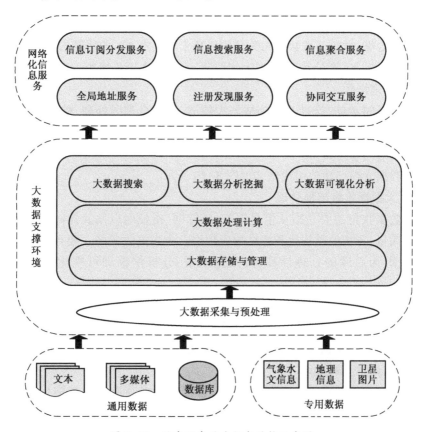

图3-18 信息服务平台组成结构示意图

信息服务平台主要包括大数据支撑环境和网络化信息平台两部分。

(1) 大数据支撑环境:面向大数据的采集、存储和处理,为网络化信息服务提供支撑,主要包括大数据收集与预处理、大数据存储与管理、大数据计算处理、大数据搜索、大数据分析挖掘、大数据可视化分析几个部分。

(2) 网络化信息服务:提供信息按需共享的能力,支撑网络化军事信息系统的构建,主要包括全局地址服务、注册发现服务、协同交互服务、信息订阅分发服务、信息搜索服务、信息聚合服务几个部分。

3.7.2 大数据支撑环境

大数据是对体量巨大、格式多样数据资源进行采集、存储、计算及关联分析,从中发现新知识、创造新价值、提升新能力的新一代信息技术与服务业态。随着空军网络化信息系统的发展以及网络电磁空间对抗的兴起,遍布战场空间的侦察监视设备从地面、空中、太空获取海量情报数据。这些数据的数量大、种类繁多、结构与非结构化并存,并不断递增,大数据特征明显,处理需求迫切。

空军的雷达、侦察等情报以及互联网公开情报等多种来源,其中感知网每天的探测数据、电抗分选数据每天分别以数十GB、数GB的速度增长,信号级情报的数据量更大,数分钟就能够达到数百GB,各种开源情报的数据则每天以TB级的速度增加。

需要及时存储、管理及处理战场大数据,通过合理的处理、挖掘、理解和利用数据,为空军各级各类用户提供全面、有用、精炼的信息,满足其进行情况判断和决策等信息需要。

大数据支撑环境的组成结构如图3-19所示。

1. 大数据收集与预处理

大数据收集主要是指从信息栅格、感知网、指控网以及武器网上采集和获取各类海量、异构的结构化和非结构化数据。大数据收集的主要目的是获取海量的数据,为后续的处理计算、大数据搜索、分析挖掘和可视化分析提供数据源。

数据预处理为提高数据分析和挖掘的质量,对采集数据中的噪声、空缺和不一致性等干扰进行处理的过程。通过数据预处理,可以对数据进行噪声消除、一致性纠正、空缺值填充、转换、规约、集成,从而将数据处理成便于进行数据处理和分析挖掘的形式。

大数据预处理需要将庞大而复杂的数据转换成高质量的结构化或易于处理的非结构化数据并进行有效管理,主要包括数据清洗、数据变换、数据规约和数据集成。通过对多个异构数据集进一步集成和整合,将来自不同数据集的数据收集、整理、清洗、转换和质量控制,生成一个新的更干净、更有效的数据集,为后续查询和分析处理提供统一的数据视图。

2. 大数据存储与管理

为了充分挖掘数据的价值,必须对空军网络化指挥信息系统中的数据进行安全、可靠的存储和高性能的访问,这就要求大数据存储系统不仅需要以极低的成本存储海量数据,还要适应网络化指挥信息系统多样化的非结构化数据管理需求,具备数据格式上的可扩展性。大数据存储与管理平台根据数据的类

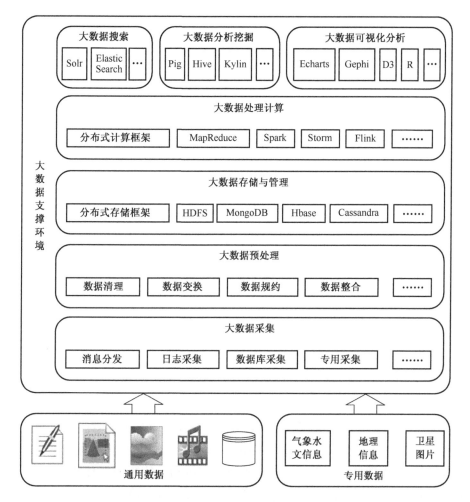

图 3-19 大数据支撑环境组成结构

型、存储要求和后续处理的需求，选择最有效的存储类型进行数据的存储，如将海量的日志信息，存储在 Hadoop 数据库（HBase）或 Hadoop 分布式文件系统（Hadoop Distributed File System，HDFS）中，将海量的卫星图片、多媒体数据等存放在 HDFS 中；同时，大数据存储还将依据关联存储模型，将数据之间的关联关系存储下来，便于后续数据的搜索及分析处理。

大数据存储与管理，具有近乎线性的横向扩展能力、天然的冗余备份能力、高效的分布式数据访问能力，使其非常适合于存储空军网络化指挥信息系统所产生的海量数据，解决了只能存储一个较小区域的一小段时间数据的问题，为进行大时间跨度、大空间跨度的数据分析处理、挖掘海量历史点迹、航迹数据以及各类情报数据中蕴含的高价值信息提供了可能。

3. 大数据计算处理

数据的计算处理能力,是大数据支撑环境的核心能力。强大的数据计算能力能够为应用层的数据分析挖掘、大数据搜索、大数据可视化分析提供有力的计算支撑。为了适应未来战争的需要,空军网络化指挥信息系统经常需要进行大数据量、大时间跨度、大空间跨度的计算处理,传统的计算模式已经越来越难以满足对计算性能、计算结果准确性的要求,而大数据的计算模式,是根据大数据的数据特征和计算特征,从多样性的大数据计算问题和需求中提炼并建立的各种高层抽象(Abstraction)或模型(Model),恰好能够在速度、可扩展性和成本方面满足这种计算处理需求。

大数据支撑环境为空军网络化指挥信息系统提供了统一的分布式计算框架,支持 MapReduce、Spark、Storm、Flink 等多种计算模式;使用 MapReduce 可以进行海量点迹、航迹数据的离线批处理,以从中分析出敌方目标的飞行训练模式;对于低延迟、具有复杂数据关系和复杂计算任务的大数据问题,则可以选择 Spark、Storm、Flink 等内存计算和/或流计算模式;还可以将多种计算模式进行组合、与传统计算模式混合等,以发挥各种计算模式的优势,为空军网络化指挥信息系统提供可靠、高效的计算保障。

4. 大数据搜索

面对空军网络化指挥信息系统中海量的数据,指挥员往往无所适从:不知道所需要的信息有没有,也不知道到哪里去找所需要的信息,找到的信息可能又太多、太滥,准确率低,无法找到真正有用的信息。大数据搜索就是为解决这一问题而产生的,它是指通过对大数据收集、建模和索引,在正确理解用户意图的基础上,给出满足用户需求的智慧解答。它区别于传统的信息搜索,具体体现在其具有更广的信息收集能力、更强的用户意图理解能力、更大的数据处理能力和更智能的问题解决能力。

大数据搜索主要分为数据源端、服务端和客户端三部分。数据源端,即为空军网络化指挥信息系统的各个节点,部署有数据访问代理;服务端,即为空军网络化指挥信息系统的中心节点,部署了大数据搜索的后台服务程序,它通过数据源端的数据访问代理,根据数据访问的权限,建立数据源数据的索引,并将索引保存在支撑环境中的大数据存储里;客户端,可以是浏览器、也可以是符合接口规范的应用程序。用户在使用大数据搜索服务时,通过浏览器提交一个简单的关键词或者应用程序中的某一项操作,均可以触发大数据搜索,大数据搜索通过分析用户的角色信息、当前所执行的任务/所做的操作等用户的上下文环境信息,准确理解用户的搜索意图,在后台通过运用领域知识库进行查询扩展、推理、关联等处理,再经过分类、提取主题、排序等操作,对搜索结果进行聚焦,返回给用户的是满足其需求的少量的精准的信息。

5. 大数据分析挖掘

要重复利用空军网络化指挥信息系统中的海量数据,必须要进行大数据分析挖掘,这是从数据中发现知识、实现价值挖掘的最核心的步骤。大数据分析挖掘具体来说,是指从大量数据中通过计算发现隐藏于其中的有效的、潜在的、可解释的、可用的模式知识的过程。

在大数据支撑环境中,将提供一系列开发好的、经过验证的大数据分析挖掘工具包。通过这些工具包,用户可以分析计算提取数据集的主要特征,进而构建挖掘对象的特征或行为模式;也可以在获得数据特征及模式的基础上,对目标对象的行为等发展趋势进行预测。另外,对于高级用户,大数据支撑环境还提供了可视化的、探索式的大数据分析挖掘工具,相关业务人员可以快速的验证其业务认识思路。

6. 大数据可视化分析

大数据分析挖掘的结果,如果仅仅是一系列的数字或表格,用户很难从中发现什么有价值的归类或模式,但是如果能够将分析结果以人机交互的、可视化的方式进行展现,可以帮助用户更加快速、准确、全面地理解和把握分析的结果。大数据可视化分析旨在利用计算机自动化分析能力的同时,充分挖掘人对于可视化信息的认知能力优势,将人、机的各自强项进行有机融合,借助人机交互式分析方法和交互技术,辅助人们更为直观和高效地洞悉大数据背后的信息、知识与智慧。例如,使用可视化方法,展现出敌方飞机的常规训练航迹,可以使指挥员非常直观形象地了解和掌握敌方飞机的飞行轨迹,方便其快速做出决策。

数据可视化除单纯呈现数据状态之外,还有一个非常实用的功能,就是通过对若干存在关联性的可视化数据进行比较,能够挖掘出数据之间的重要关联或者是呈现一个有理有据的数据发展趋势。

3.7.3 网络化信息服务

从信息按需共享角度看,以往各类信息系统主要针对特定的用户提供固定的信息保障服务,不具备按需和灵活的信息服务能力。网络化信息服务能汇聚各类信息资源,从纷繁复杂的信息海洋中发现、过滤出与作战任务相关的有用信息,将这些有用信息快速整合成完整、一致、准确的高质量信息,并能够根据用户的需要,快速、高效地将信息传送到用户手中,实现信息的按需共享。

从系统开发、集成和运行的角度看,以往的信息服务主要支持针对具体任务要求的军事信息系统构建,网络化信息服务设施支持基于能力的系统构建,使系统的构建不再局限在系统内部,可以跨越系统的边界,依据任务要求快速、动态地组织网络上的系统资源和能力,通过柔性重组、协同运作的方式来实现系统资源共享、灵活配置和要素协同,支持作战行动的自同步。

1. 全局地址服务

全局地址服务为空军网络化信息系统提供分布式的地址信息服务,支持信息系统的即插即用。全局地址服务按照多级服务的管理方式,多级服务之间采用分布式的组织和调度机制,协同完成网络节点的地址查询、注册、更新、同步请求。全局地址服务的部署方式灵活,支持按照区域和层级等多种方式使用,支持地址信息服务的任意扩展,是实现端到端能力的关键支撑服务之一。

全局地址服务的系统结构如图3-20所示,主要由全局地址管理服务、区域地址信息服务和系统地址信息服务三部分组成。

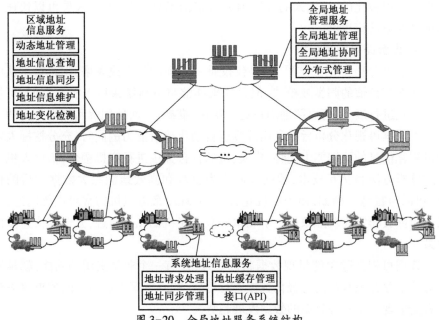

图3-20　全局地址服务系统结构

其中,全局地址管理服务实现对整个全局地址服务的地址规划管理,提供各区域服务之间的地址请求协同,远程管理各区域地址信息服务和系统地址信息服务的地址信息;实时监控所有的区域地址信息服务,提供对全局地址信息具体条目的增、删、改、查等操作。

区域地址信息服务采用分布式的部署方式,负责接受系统地址信息服务的地址信息查询、注册、更新、同步等请求;各服务之间相互协同,交换地址信息请求;当检测到网络节点地址发生变化时,向全局地址管理服务发送泛洪地址同步消息,全局地址管理服务收到泛洪消息并逐渐向下泛洪,直至每个系统地址信息服务都收到泛洪消息,保证地址变化得到及时的同步。

系统地址信息服务根据需要交互的目标系统,按需获取系统的地址信息,维护所有与本系统交互的其他系统的地址信息,并保持与地址信息的及时同步;同时,系统地址信息服务提供了应用程序编程接口(Application Programming Interface,API),本地网络传输服务由此获取地址信息,支持主备系统上报、修改系统地址信息的能力。

2. 注册发现服务

注册发现服务为各类资源的有效集成与共享提供最底层的技术支撑。注册发现服务中的"注册"涵盖了两层含义。第一层是对网上的各类用户的登记与管理,这些用户可以是各级武器系统、指控系统、作战单元、传感器系统以及各类作战人员,注册发现服务负责对这些用户分配、授予各类权限,便于权限认证与管理;第二层是对网上各类资源的注册,主要用于记录、管理各类信息系统所能提供的信息资源、服务资源等的元数据信息。注册发现服务中的"发现"指依据各类用户的使用需求,为其查找、挖掘、汇聚网络中已经注册的、可供共享的资源,并提供相应的访问及利用手段。发现的方式可以是基于关键词的发现、基于主题的发现、基于内容的发现、基于语义的发现,或者是基于作战任务的发现。

网上可被共享集成的信息资源和服务资源分布范围广泛,类型各式各样,通过实现资源的注册与发现,使各类用户在不考虑资源物理位置的情况下,动态、透明、方便地获取、组合和利用这些资源。因此,注册发现服务通常采用分层分布式体系架构,即以全局级和区域级两级分层部署架构,按照区域自治管理的方式,实现分布式的资源注册与发现。

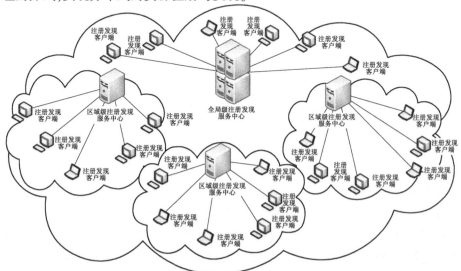

图 3-21 分层分布式注册发现总体架构示意图

全局级的注册发现直接对各类指挥控制中心、情报中心等系统进行分布式的注册管理，包括系统的注册登记、授权管理、权限分配与下发等，并对所管辖的各类中心所能提供的各类信息资源和计算服务资源进行注册管理，通过资源元数据的注册、编目、分类、发布，形成全局级的作战系统及其资源的总体描述。与此同时，全局级的注册发现还将收集来自各个区域级注册发现上报的，其管辖域内的系统注册信息和资源注册信息，形成全局的系统与资源的整体目录，为跨区域的资源集成、组合、利用提供协同手段。

区域级注册发现将对本区域所管辖的各类武器系统、传感器系统、指控系统等可共享的资源进行注册管理，并向全局级注册发现上报区域级所掌握的所有系统和资源注册信息，同时接收全局级按照授权策略下发的系统及资源的注册信息，以支撑区域内系统的资源发现需求。另外，在区域级内部还可以部署多个分布式的、机动灵活的注册发现接入点，用于对区域环境内各类机动的信息资源、服务资源进行注册发现管理，这样可以分担区域级注册发现服务的压力，以分而治之的原则对小区域的作战任务进行本地的自治处理，加强系统的反应速度和稳定性。

注册发现服务按功能可分为注册服务和发现服务：

1) 注册服务

注册服务主要为空军各级各类系统资源和用户提供注册管理的能力，以及可共享资源的注册发布的能力，主要功能包括：

- 元数据规范管理

元数据规范管理主要用于对各类资源结构元数据的描述规范进行管理，为元数据规范的制定提供有效管理。网络化信息系统的资源种类繁多，每一个资源类型都对应了一个元数据描述规范，在注册该类资源时，必须依照对应的元数据规范进行资源的描述与注册。资源元数据描述规范的有效管理不仅有利于增强全网资源的可理解性与可发现性，还将为资源注册门户界面和注册服务接口的自动化生成和动态扩展能力提供技术支撑。

- 资源编目管理

资源编目管理主要用于管理系统资源、信息资源及功能计算服务资源的元数据库，将各类资源统一组织起来，提供一个多方位的逻辑视图分类体系，以此作为资源统一组织和管理的基础，实现各类资源的分类与关联管理，方便资源的注册与发现。资源的编目管理可以依据资源的元数据描述，对资源进行基于关键词的分类编目，或者基于主题思想的分类编目，也可以依照资源的类型及覆盖范围对全网资源进行编目，还可以根据资源本体集，对领域内资源进行基于语义的编目，在关键词或主题思想中增加相关联的本体的信息，为快速形成基于语义的模糊查询提供支撑。每一种分类体系的编目对应一个专用的后台编目管理服务,各类编目管理服务并行运作,不断地对资源进行编目管理,建立有效的编目索引机制,为资源发现的高效运作奠定基础。

- 资源注册管理

资源注册管理提供注册的后台管理功能,由注册请求解析、目录映射、目录操作等部分组成。注册请求解析负责接收用户的系统注册请求及资源注册请求,并对请求进行解析;目录映射根据用户注册的系统级别或者资源类型,将目录注册的操作定位在目录的相应的目录体系中;目录操作将建立与目录库的连接,并将注册信息写入目录服务中,同时调用编目管理,对新增的系统和资源进行编目,为快速查找与定位建立预先的索引。

- 资源注册门户

资源注册门户是注册的人机交互界面,提供系统的注册管理能力以及各类战场信息资源和服务资源的注册管理能力。为了适应军事信息栅格的可扩展性及对异构、未知类型资源的容纳能力,资源注册人机交互界面应具备根据资源元数据描述规范动态生成注册界面的能力,以此来适应新增资源的注册与管理。

- 资源同步服务

资源同步服务是各级区域注册服务之间协同运作的桥梁,为各个注册服务的分布式部署提供数据资源同步的手段。资源同步服务有两种主要的同步方式:对等同步方式和分级同步方式。对等同步方式使用多路多主的同步复制机制来维护节点间的一致性,当任意节点目录发生更新时,对等同步方式将迫使该节点将更新信息推送给所有对等节点。同时,为了避免个别节点开关机等非正常情况,对等同步方式将在一定的时间间隔内,根据时间戳,将每个节点的最新信息重新推送给其他各个节点,进行反复地更新确认,以保证各节点目录的一致性。分级同步方式能够让上级节点和下级节点之间按照一定的策略进行同步。较低级的节点只控制更新它自身管辖域的注册信息,并将区域内的注册更新信息同步推送给上级节点。而上一级节点,它将收集所有域的注册信息更新情况,并根据下一级的权限分配,将下一级节点有权限获取的注册更新信息同步推送给下一级。资源同步服务为分布式注册管理节点间的协同交互和高可扩展性提供了技术支撑。

2) 发现服务

发现服务主要是对分层分布式接入信息栅格的各类信息、服务资源的元数据目录和信息内容进行分析并快速建立索引,实现资源的快速搜索和定位功能。资源发现服务能够根据资源关键词、主题、类型、范围等元数据信息实施精

准的发现与定位,也能根据资源的内容、语义进行模糊搜索,还能根据任务的需要进行按需的资源搜索与汇聚。主要功能包括:

- 本地资源发现服务

本地资源发现服务负责本资源发现服务节点责任区域范围内的资源发现,主要完成对发现请求的处理、资源目录的查询以及进行结果的整理返回等功能。发现请求处理主要进行发现请求的接收、发现请求的解析并生成目录服务可以识别的发现语句;资源目录的查询主要完成目录连接的建立、目录查询的执行等;结果的整理与返回主要将查询结果按照用户可以理解利用的方式整理打包并返回给用户。依照区域自治的原则,本地资源发现服务将处理来自本区域的各类查询请求,并提供区域内各资源根据关键词、主题、分类、资源覆盖范围、语义本体等的精确查找。

- 分布式资源发现服务

分布式资源发现服务将各区域内的本地资源发现服务整合起来,形成全网的发现能力,实现单点登录,全网发现。主要实施步骤由请求解析、任务分析、语义分析、查询交互、结果聚合五部分组成。请求解析将调用者的请求按照协议进行解析;任务分析将分解发现请求的覆盖范围,分解各个区域的查询要求,形成一组基于语义的区域级查询请求;语义分析将分析发现请求的语义,按照语义关系将发现请求映射到相对应的本体集合中,实施基于区域本体的资源的发现;查询交互将协同其他各区域的资源发现服务,综合搜索满足条件的资源,并进行跨域的语义转换匹配;结果聚合将接收各个资源发现服务返回的发现结果,按照一定的顺序排列,将结果返回给调用者。

- 资源发现门户

资源发现门户提供了发现网络上各类信息资源、计算服务资源的人机交互模式,它负责将用户输入的请求转换为发现请求提交给资源发现服务。资源发现门户将根据用户权限展现给用户全方位的资源目录分类结构,并提供基于关键词、基于主题、基于内容等的精确查找,或者基于语义的模糊查找能力。

- 发现服务化接口

发现服务化接口主要是应用程序在开发运行时使用。资源发现服务接口提供了发现各类资源的程序接口,用于完成发现请求的协议封装,以及与发现服务端之间的交互。它可以以代理的方式存在,也可以以服务封装的方式存在,用以满足服务化系统运作的流程重组与柔性组合中对服务自动发现的需求等。

3. 协同交互服务

空军作战范围跨度大、涉及人员众多,信息处理、指挥决策、行动执行需要分布在不同地理位置的、不同层次的业务人员,通过多种形式的交互手段以协同方式来完成使命任务,这就使得在他们之间提供面对面和你见即我见的协同方式显得尤为重要。

随着计算机支持的协同工作(Computer Supported Cooperative Work,CSCW)技术、人机交互技术以及互联网技术的飞速发展,各种内容多样、形式丰富的即时通信、视频会议、电子邮件、电子白板等协同交互手段为广域分布的作战人员之间的交流和沟通带来了新的方式。为了有效实现更广泛的、高效的协作交流,网络化信息服务需要提供协同交互服务为作战人员提供信息共享和协同的工作环境,保障他们能够按照业务处理的流程灵活、高效地进行信息交互和协同。协同交互服务的总体架构如图 3-22 所示。

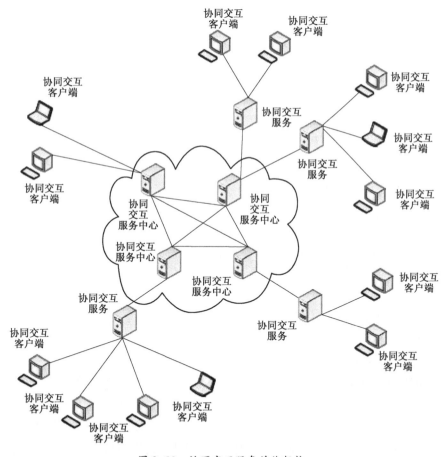

图 3-22　协同交互服务总体架构

其中,协同交互服务中心是一个逻辑上的中心,可以部署在区域服务中心为整个区域的用户提供协同交互支持,也可以部署在全局服务中心为跨区域的协作提供支持。协同交互服务也可以部署在大型指挥所中,以托管的方式为多用户的协同提供支撑。作为逻辑中心,各个中心可以形成一种互为备份的关系,当某个服务节点被毁后,由其他节点接替,提供抗毁能力。协同交互客户端部署在有交互需求的用户节点上,就近接入协同交互服务中心,通过协同交互服务中心之间的联通机制,能够和在其他中心注册的用户进行交互。

4. 信息订阅分发服务

信息订阅分发根据要求建立信息推送关系,将信息分发给指定用户,并能根据用户的订阅请求,按照相应格式按需分发信息。管理者根据作战任务要求制定分发策略,系统基于策略进行信息按需分发。

信息订阅分发的主要功能如下:

(1) 订阅需求分解。基于分布式跨节点的透明化处理机制,支持用户单点订阅,信息全网获取,接收信息门户提交的区域、属性、目标和任务等定制条件,分解用户发出的订阅请求。

(2) 信息发送。为信息源提供信息提交的接口和软件;支持建立信息源和用户之间的信息分发关系;支持通过分发服务器的信息转发;支持多种格式类型信息的分发(如报文、文字、视频、文电、话音、流媒体等);支持基于组播和广播的信息分发机制;基于信息传输服务,提供卫星广播、地面光纤网、数据链、战术无线网的信息分发方式和手段。

(3) 策略管理。提供制定和修改分发策略的软件工具;在授权和安全的基础上,能够对用户的定制请求予以确认和拒绝;在信息发送的过程中,可以随时控制指定信息的暂停发送、停止发送,或在未来某个时间发送;在运行管理软件的基础上,根据当前网络带宽和资源状态以及信息优先级动态调整分发策略,进行信息分发;提供根据用户权限、任务类型、信息类型等设置信息优先级的能力。

(4) 分发监控。提供以树和图表的形式监视信息分发管理状态的能力,监控实时变化的信息分发关系和信息流状态的能力。

5. 信息搜索服务

信息搜索主要有基于主题、基于内容和用户自定义条件的搜索。基于主题是指将用户的搜索请求限定到特定主题上,以此减少信息检索的范围,加快检索的精度和速度;基于内容是指通过解析信息资源的内容,按照军事语义对内容分词,建立全文索引,实现对信息内容的深度搜索;用户自定义条件的搜索是指为用户提供设置信息搜索的条件,由用户决定搜索的信息范围。

与互联网不同,军事信息资源不是分布在网站上,而是存储在各兵种和业务部门的文件系统、数据库及邮件系统中,信息格式有可能是格式化报文、数据库数据、文本、图片及音视频文件等。而且,这些信息可能有不同的安全访问级别、对不同的用户需控制其访问的信息内容,因此,信息搜索需要覆盖不同类型的信息格式,向用户返回基于访问权限的搜索结果。

信息搜索服务主要包括文件解析、语义分词、反向索引、检索引擎、结果排序和内容提供等。

6. 信息聚合服务

不同于传统的以人工定制为主的信息服务模式,信息聚合服务一方面将支持动态的、灵活的、多样化的信息服务模式,可根据指挥员的需求并融合任务的相关性、上下文感知等内容全网搜索相关信息;另一方面根据用户作战任务需求和作战情况变化,能够智能化的推送与用户当前任务相关度高的信息。信息聚合的过程如图 3-23 所示。

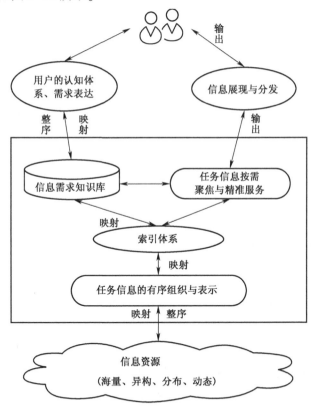

图 3-23 任务信息自汇聚的过程模型

(1) 用户需求表达。从用户角色、作战任务、业务阶段、战场态势等多个剖面对用户的需求进行描述。

(2) 信息资源描述。对信息资源来源、内容组成、服务对象、作用领域、表现形式等进行描述。

（3）用户需求与信息资源映射。采用信息需求模板的形式,确定什么样的用户需求对应什么信息,模板中的信息类型、范畴及粒度等可作为常量,而对具体时间、地点、对象等各种变化的上下文要素则留作变量,等到使用时再根据实际情况填写。

（4）信息资源组织。通过对异构信息获取、语义提取与封装,建立信息资源索引,形成信息资源全局统一视图,并进行同步管理与维护等。

（5）任务相关信息服务。在全局一致信息视图的基础上,提供基于用户需求与信息资源的映射关系,提供信息空间导航、任务相关信息定位服务、信息检索、信息推荐等服务。

3.8 运维管理体系

3.8.1 组成结构

信息栅格运维[4],能够提供综合运维态势,直观展现信息栅格运行状态和趋势;能够根据任务和态势,在线产生对可能发生事件的处置方案,组织各专业管理系统进行联动处置,从而维持信息栅格正常运行,是集基础数据与资源管理、网络运行管理、指挥信息系统运维管理、通信业务管理、值勤维护管理、辅助决策支持于一体的综合化运维管理体系。

信息栅格运维包括从资源状态采集到态势分析,再到生成资源调配方案,最后对资源进行联动控制的整个流程,形成类似"OODA"环的处理架构,如图3-24所示。

运维数据采集。首先,各个专业系统管理生成本专业系统的综合态势。在通信网络系统中,通信网络设备中嵌入的网元管理软件采集设备的实时运行状态,在联合战术、区域宽带、数据链等专业网管内进行汇集,再由通信综合网管进行综合处理形成通信网络的综合态势,要素包括网络拓扑、链路可用带宽、链路当前流量、链路时延、设备状态(开、关、异常)。在安全保密系统中,安全和保密设备中的管理构件采集设备的实时运行状态,在安全和保密管理中心内汇集,产生安全和保密系统的综合态势,要素包括攻击类型、强度、威胁分布、防护设备部署、防护能力等级、潜在风险、病毒感染主机分布、传播趋势、危害评估等。信息服务中心通过相关资源代理,生成信息、服务、计算、存储、软件等资源的态势,要素包括服务运行状态、计算资源池负载、剩余存储容量、软件仓库、信息访问量。其次,部署于综合管理中心的一体化运维管理引接各专业运维管理

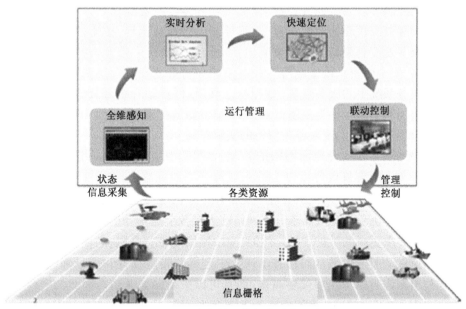

图 3-24 信息栅格运维组成结构示意图

上报的专业态势,在对数据进行有效性检查,以及去重、去噪、变换等预处理后进行存储,并提供数据的高效查询服务。

运维态势分析。运维软件中的数据特征分析模块对采集到的资源状态进行分析,包括资源分类分析、资源关联分析、统计特征分析等多种分析方法;特征分析的结果与特征库进行比对,判别资源是否存在异常。对于存在异常的情况,一方面及时发出异常告警,一方面在故障知识库的支撑下,通过贝叶斯法、故障树法、统计模型法等方法对故障源进行定位,形成故障诊断结果。对于正常状态的资源,可对资源状态的发展趋势进行预测,包括资源故障发生的概率、时间以及对任务的影响。

资源调配方案生成。运维态势分析的结果将可能触发资源调配的执行。以故障诊断结果为输入,根据故障原因从故障处置预案库匹配处置预案。如果能够匹配则直接形成处置方案;如果不能匹配,则在故障处置知识库的支撑下,临机制定处置方案。对于目前虽仍处于正常状态但有异常趋势的资源,可采用类似故障处置的方法,制定资源调配方案,在故障发生前进行提前处置。资源调配模块的另一类触发条件是用户提交的资源规划申请,以作战方案需求为输入,一体化运维解析生成总的资源需求,然后将总需求按照通信网络、安全保密、信息服务等专业进行分解,并生成资源需求间的约束关系,然后一并下发给专业运维管理系统进行专业范围内的资源规划。专业管理系统将规划方案结果反馈给运维,运维对专业系统的规划方案进行冲突检测和消解,形成最终的资源规划方案。

联动控制。以故障处置方案、临机调配方案以及资源规划方案为输入,生成相应的多资源联动的控制流程,流程控制引擎加载流程,按流程向各个专业管理系统下发控制策略。这些策略包括通信网络系统中带宽调整和优先级调整等策略、安全保密系统中的接入控制策略和防火墙安全等级调整等策略,以及信息服务系统中的服务迁移、虚拟机迁移、软件自动升级等策略。各专业管理系统将控制策略转换为控制命令,下发给资源的代理,如网元管理软件、安全和保密管理构件等,实现对各类资源的实际控制。

空中网络可以接受地面网络的管理,也可以独立对空中网络进行运维管理。由于空中网络节点可以自由进入或离开当前网络,导致拓扑结构动态变化,信息栅格中的空中网络的管理不能依赖节点间静态管理关系。空中网络面临的另外一个挑战是高效需求。在网络的大多数节点移动的条件下,保障网络的鲁棒性要求更高的维护开销。然而,空中网络的带宽受限,通信质量不稳定,而且高速移动的空中平台的动态本质会引起链路带宽损耗和质量降级。这些问题使得网络管理功能不仅要高效,而且可以平衡各类开销。因此,在空中网络中采用分簇管控架构,将管理任务逐级下放,从而减少了管理者的网络开销,提高了网络管控的效率。空中网络管控架构包含网络管理节点、簇管理节点和智能代理三级,其中每个智能代理管理所在节点及周边链路,而多个代理形成一个簇并由簇首管理,簇首则由网络管理节点管理,其组成如图 3-25 所示。

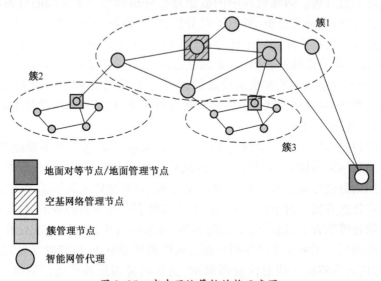

图 3-25 空中网络管控结构示意图

3.8.2 数据采集

运维体系首先要收集和管理信息栅格中各资源的基本信息和状态数据,负责大量的异构资源信息的收集、处理和存储,同时提供对这些资源信息的访问。

基本功能包括:

1) 资源监控信息服务

系统面向用户提供统一的接口访问监控服务,允许访问所需要的全局或局部资源监控信息。监控服务既可以为用户提供在线实时的监控数据,还可以提供历史的监控数据。

2) 资源信息的实时监测

监控资源信息的最终目的是向管理用户实时提供各种资源的基本信息和状态信息。系统需要灵活地、可扩展地对资源信息进行监测和更新。任何资源的加入、修改和退出都需要及时地反映到资源监控系统中。监控系统收集的数据包括网络资源状态、计算资源状态、信息资源状态等资源管理所需要的数据,针对每类资源状态信息的监控要求如下:

(1) 网络资源监控。网络资源监控主要包括链路的流量信息、各个网络节点的上行和下行的速率、链路的通信总容量以及链路的当前流量占用率。此外还包括网络中信息流量的走向和路径等。

(2) 计算资源监控。计算资源监控主要包括对服务器集群的物理服务器这类物理资源的中央处理器(Central Processing Unit, CPU)、内存、硬盘等硬件使用情况进行监视,对虚拟服务器这类虚拟计算的 CPU、内存、硬盘等硬件使用情况进行监视。

(3) 信息资源监控。信息资源监控主要包括能够获取信息用户和信息服务中心的地理位置信息;能够获取当前活跃的信息订阅用户,以及正在提供各类情报信息的信息服务中心;能够对当前信息订阅用户和信息服务中心之间的保障关系进行监视。

此外,能够监控到按需搜索信息的信源位置和目标用户位置。能够监控到用户与信源(文字报、格式报、数据库、图片、音视频等提供者)间的保障关系。

(4) 服务资源监控。服务资源监控主要包括广域分布在网络中的各类服务的运行状态(如当前服务的开启和关闭状态)、服务的告警信息、服务的当前访问量、服务当前处理时延等。

3) 资源信息的组织和管理

对于监控信息根据资源的地理分布特性分为几个层次组织管理。整个监控系统可以抽象为一棵树形结构,根就是全局监控。这个结构自上而下分为虚拟组织级,局部区域和主机三个级别。

4) 监控信息分发

采取层次式分发策略,每个区域监控负责将本监控区域内的监控信息进行分发,这样可以分流用户的监控请求;由各个资源所属的责任区监控节点负责相应的分发。

5) 监控失效处理

为了解决单点失效问题,提高对资源信息的访问效率,有必要将本区域内的监控信息向上一级的信息收集代理发送信息的副本。这样一旦有单点失效,区域监控就可以自动将原来的监控信息恢复。

6) 安全性要求

采用身份认证机制实现对资源监控信息的授权访问控制,这种方式借助已有的认证授权技术可以基本解决监控系统的安全问题。

对于空中网络,由于其管理结构的特殊性,其数据采集也有所不同。智能代理收集本地数据,分析事件,评估运行状态。簇首汇集并过滤从各被管理节点发往网络管理节点的信息,评估节点机动、带宽受限和报告生成最后期限的影响。网络管理节点是最高层,权限最高,负责对网络运行状态进行监控,对关键事件进行分析、处理和调度,是网络管理的核心。

3.8.3 运维态势分析

为了实现对各类态势信息进行综合组织和展现,运维系统采用一种在资源描述模型约束和规范下的两层聚合资源综合态势生成方法,以实现资源态势的综合描述。

资源综合态势是指各类资源的统一状态特征及发展趋势,反映资源实际运行中的能力。为资源运行控制、调配提供基础条件和调整依据;同时,态势数据可以用资源态势图的形式展现给信息栅格运维管理人员,便于其及时了解任务资源利用及损耗情况。

资源综合态势要素包括了两大类,一类是资源状态要素,主要反映了参与任务保障的各类资源运行状态特性,包含静态特性、动态特性和统计特性三种特性;另一类是任务相关要素,包括资源正在保障的任务、任务使用资源状况、资源支持当前任务的能力。

针对综合态势生成的需求,可以采用两层的综合态势生成方法,第一层资源态势聚合主要是对采集的资源原始状态数据进行整编和综合计算,从而得到各类资源的态势属性,第二层资源态势聚合主要是针对任务的资源保障能力,反映任务的资源保障情况。

资源综合态势用于直观展现信息栅格运行状态和趋势。资源综合态势提供对通信网络、信息服务、安全保密等专业系统以及应用系统运行态势的引接功能,支持对历史数据的高效存储与查询,能够对专业系统以及应用系统的运行态势进行关联分析和趋势预测,并提供信息栅格资源综合态势的生成和展现功能。资源综合态势运行原理如图3-26所示。

资源综合态势首先引接通信网络、安全保密以及信息服务等各专业领域的运维态势,其中通信网络态势主要包括网络拓扑、链路可用带宽、链路当前流量、链路时延、设备状态(开、关、异常)信息,安全保密主要包括攻击类型、强度、威胁分布、防护设备部署、防护能力等级、潜在风险、病毒感染主机分布、病毒类型、传播趋势、危害评估信息,信息服务主要包括服务运行状态、计算资源池负载、剩余存储容量、软件仓库、信息访问量等。

然后对态势数据进行分析,包括数据整理和态势关联分析。其中,数据整理包括对各分系统引接信息的格式化处理、对冗余数据的去重处理和对矛盾数据的消解处理,态势关联分析包括对各系统事件之间的因果关联分析、对任务之间的相互影响关联分析以及资源业务功能之间的关联分析。

另外资源综合态势还可以对态势进行预测,主要包括三种方式:①历史数据分析预测,就是结合资源功能特点对资源的历史状态数据进行统计分析预测;②任务完成情况预测,就是结合任务涉及的资源状态以及任务之间的相互影响对任务的完成时间以及完成质量进行预测;③故障预测,就是对资源可能产生的故障进行预测,包括故障可能发生的时间段、故障发生的位置、故障造成的影响等。

资源综合态势的功能还包括综合态势生成、综合态势展现以及综合态势订阅分发。其中,综合态势生成包括各类综合态势产品的生成以及发布,综合态势展现包括各分系统态势的分层展现、基于任务的综合态势展现、故障告警事件展现和态势预测事件的展现,综合态势订阅分发即向用户提供综合态势订阅服务,向用户推送综合态势数据。

3.8.4 资源调配方案生成

运维系统制定先验规则,作为资源联动调度的前提约束条件生成联动调度方案。该规则机制包含针对网络资源、计算资源等具体资源的单点故障处置所需的原子规则。

针对特定故障的处置模板,为了实现联动调度,通常需要根据不同资源的数条原子规则经过组合形成一个整合联动资源需求的联动规则。

该方法通过执行下面的选择和匹配步骤来实现:

(1) 模式匹配:评估联动规则的LHS(Left Hand Side,一个规则的WHEN部分)决定当前原子规则库中哪一个规则(AR)满足目标联动规则LHS中的条件。

(2) 有效性判定:选择一个满足LHS的规则并做二次检查,如果是首次执行且没有一个规则有满足的LHS,则停止匹配并报警;如果非首次执行且没有一个规则有满足的LHS,则跳出并生成最终规则集合,跳转到(5)。

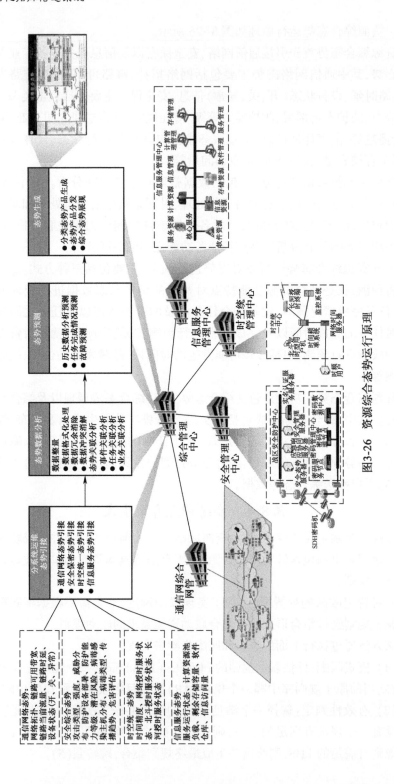

图3-26 资源综合态势运行原理

(3) 目标规则集合添加:将所选中规则的 RHS(Right Hand Side,一个规则的 THEN 部分)中的动作添加到待选集合中。

(4) 跳转到(1)继续执行。

(5) 生成最终的规则列表并形成符合故障处置模板的数条联动规则供管理员进行处置方案选择,如果超时未完成选择,系统执行默认的最佳联动规则。

这一方法的核心部分是模式匹配,具体包括了两个重要步骤:

1) 建立规则网络

通过将测试元素特征的节点链接起来构造一个网络。当一个模式匹配处理一个 AR 时,它测试了很多该元素的特征。这些特征可以被分为两类,一类被称为内在元素的特征,它们仅仅包含在一个 AR 中;另一类称为交互元素特征,它是由出现在多个模式中的变量产生。

当这个模式匹配处理 LHS 时,从内在元素特征开始处理,决定每一个模式都需要的内在元素并为模式构造一个节点的线性序列,每一个节点测试一个现有的特征。在内在元素特征编译完后,编译器又构造用于测试交互元素特征的节点。每一个这样的节点都有两个输入,称为双输入节点,以至于它可以将网络的两条路径合并成为一条路径。第一个双输入节点将前两个模式的线性序列链接起来,第二个双输入节点将第一个双输入节点的输出与第三个模式的序列链接起来,依次类推下去。双输入节点测试每一个交互元素特征。最后,在双输入节点之后,编译器构造一个特殊的终端节点来描述这一规则。终端节点被链接在两输入节点的末尾。

2) 基于规则网络的匹配

规则网络的处理过程主要是一个事实数据和规则条件进行匹配的过程。可以把其类比到关系型数据库操作。把事实集合看作一个关系,每条规则看作一个查询,将每个事实绑定到每个模式上的操作看作一个 Select 操作,记一条规则为 P,规则中的模式为 $C_1, C_2, \cdots, C_i$,Select 操作的结果记为 $r(C_i)$,则规则 P 的匹配即为 $r(C_1) \diamond r(C_2) \diamond \cdots \diamond r(C_i)$。其中 $\diamond$ 表示关系的连接(Join)操作。具体过程包括:

对于每个事实,通过 Select 操作进行过滤,使事实沿着规则网达到合适的 alpha 节点;

对于收到的每个事实 alpha 节点,用 Project(投影操作)将适当的变量绑定分离出来。使各个新变量绑定集沿 rete 网到达适当 beta 节点;对于收到新的变量绑定的 beta 节点,使用 Project 操作产生新的绑定集,使这些新的变量绑定沿规则网络至下一个 beta 节点以至最后的 Project;对每条规则,用 Project 操作将结论实例化所需绑定分离出来。

上述联动方案的生成过程可以归结为图 3-27 所示的流程。

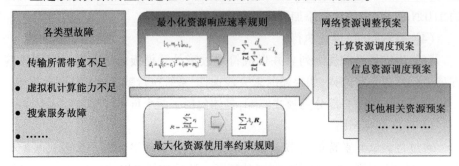

图 3-27 基于规则的联动方案生成流程

3.8.5 资源联动控制

资源联动控制,即根据处置方案,组织各专业管理系统进行联动处置,从而维持信息栅格正常运行。

资源联动控制能够根据综合资源保障/调配方案生成控制策略以及控制流程,驱动各专业系统按流程顺序执行,实现对资源的联动控制。

资源联动控制的架构如图 3-28 所示。

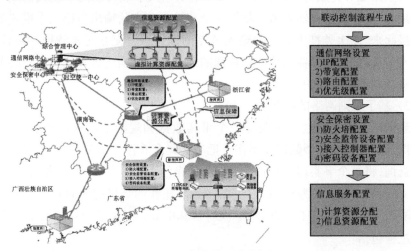

图 3-28 资源联动控制架构

资源联动控制首先分析资源规划方案,然后根据资源联动控制流程模板生成资源联动控制流程;然后按照联动控制流程向分系统下发资源配置命令,并实时接收分系统上报的资源配置结果,或者配置异常信息,同时对分系统的配置时间进行管理,记录长时间无响应等异常。

对于联动控制中出现的异常情况,资源联动控制首先根据规划执行异常处理库生成异常情况分析报告,并根据异常情况分析报告决定修改配置、更换资源或重新规划,如果是配置修改,则根据资源规划策略库对资源配置进行修改,将修改后的配置命令下发给相应的系统并继续执行配置流程;如果是更换资源,则向相应的系统下发资源替换命令,重新选择合适的资源并生成新的资源配置流程,联动控制根据新的流程进行修改,经过评估后下发配置命令使相应的系统重新配置资源;如果是重新规划,则各系统配置复位,对资源需求进行修改,并将新的需求下发给各系统进行重新规划;最后对资源联动流程执行结果进行测试,并根据测试报告决定结束联动流程或者进入故障处置流程。

综合化运行管理设施可按照全局、区域和战术等多级运行管理中心部署,形成分级管理、逐级汇总、协同一体、整体联动的管理结构,全局运行管理中心部署实现全局范围的网络管理、系统管理、信息资源管理、电磁频谱管理和协同控制管理,对各类资源进行集成管控,向下级中心分发管理策略信息和管理指令,并接收汇总下级中心上报的运行态势报告和管理信息报告。区域级运行管理中心在全局运行管理中心的管理和指导下,根据统一的管理策略实现本区域范围内的网络管理、系统管理、信息资源管理、电磁频谱管理和协同控制管理等,形成区域综合运行态势和管理信息报告,并向全局运行管理中心上报。战术级运行管理中心接受区域级运行管理中心的管理和指导,根据下发的管理策略对本战术范围内的网络、系统、信息、电磁频谱等各种资源进行综合管理,形成战术级综合运行态势和管理信息报告,上报区域级运行管理中心。

在空中网络中,资源控制采用基于策略的方法实现。网络管理节点制定、存储并分发资源管理策略,同时可以根据网络运行状况动态调整策略。网络管理节点管理各个簇首,向其分发管控的策略和指导方法,使得每个簇在与网络管理者连接断开时也能实施管控。簇首的管理任务主要包括监视和控制群内的节点,以保障网络的服务质量。基于策略的资源控制框架如图3-29所示。

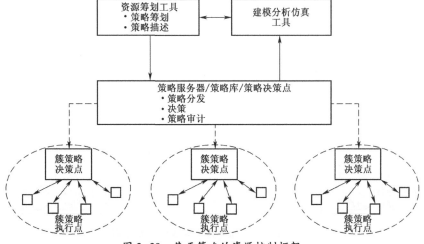

图3-29 基于策略的资源控制框架

3.9 安全保障体系

3.9.1 组成结构

安全保障体系[5]使用基于服务的方式,通过服务集成、协同工作方式实现系统资源和用户的统一标识、认证和授权,统一管控各类安全构件,实现安全态势全局感知、系统可信管控和全维防护,提供体系防护能力,建立全局可信环境,支持跨域的信息、服务、武器、传感器等软硬件资源的安全共享,保障空军网络化指挥信息系统可信、可控、可管。安全保障体系主要包括密码服务系统、认证授权系统、安全管理系统和安全防护系统。

具体而言,安全保障体系通过全时全程加密、数字证书管理、身份认证授权、平台监控、接入控制、入侵检测、安全管理与应急响应等手段,提供认证授权、安全态势感知、安全策略分发、数据加解密、完整性证明、可用性保障等公共服务,实现服务全局的深度防御与广度防御。

同时,安全保障体系根据安全可信作战需求以及可能面临的攻击,生成相应的安全可信策略,提供安全可信方案、相关算法与软件下载等支撑服务,辅助通信网络、计算存储平台和应用系统,构建与之适应的防御系统,有效保障信息系统的安全运行和信息的机密性、完整性、可用性、鉴别性、实时性、可控性和不可抵赖性等安全特性。

安全保障体系总体架构如图 3-30 所示。

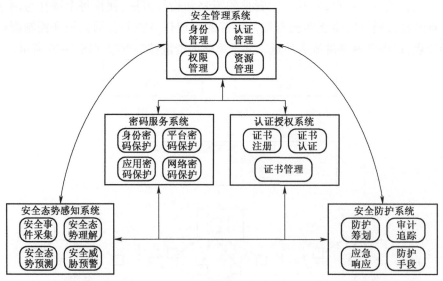

图 3-30 安全保障体系组成结构示意图

作为空军网络的重要组成部分,空中网络安全保障主要针对各种无线网络安全威胁和无线网络攻击。根据空中通信网络对安全的需求,以及与其他通信网络之间的互联互通要求,同时考虑空中网络的可部署性、动态性、移动性、抗毁性和分布式处理等特点,建立了空中网络的安全框架,如图 3-31 所示。

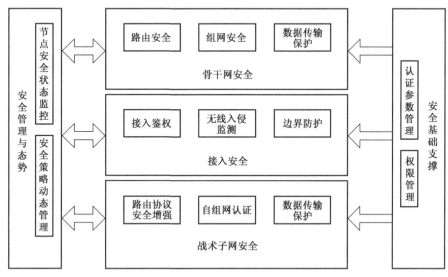

图 3-31 空中网络安全框架

安全框架包括骨干网安全、接入安全、战术子网安全、安全管理与态势、安全基础支撑五个功能组成部分,具体安全措施包括射频隐匿、信令安全、组网安全、数据传输保护、入侵检测、路由协议安全增强、自组网鉴权、无线接入鉴权、边界防护、安全管理、安全态势和身份认证管理等安全功能及服务。

3.9.2 密码服务系统

密码服务系统是集密码算法、密钥管理机理、加解密系统,以及相关策略、协议、服务为一体,利用密码概念和技术来实施和提供信息机密性保障的安全信息系统。

密码服务系统包括身份密码保护、平台密码保护、应用密码保护、网络密码保护等针对四个不同服务对象构建的服务系统,以及一个提供密码算法和支撑密钥管理的密码服务保障设施。其中,密码服务保障设施采用分布式、弹性的部署方式,保障范围将覆盖从全局到单兵,从信息系统到武器平台的各级各类信息系统和电子技术,保障方式从单一管理中心向多管理中心过渡,具有动态重组和抗毁生存能力,以满足空军作战保障需求。

3.9.3 认证授权系统

认证授权系统根据数据保密等级和用户授权等级,通过颁发与管理公钥证书的方式,提供访问控制规则约束的资源安全服务,实现空军用户接入网络的统一安全认证与授权,防止非法用户接入或合法非授权用户误操作,越权访问各类空军资源。

1) 主要功能

安全认证,从微观的角度上讲,是经第三方(组织、个人或物件)根据标准程序对信息系统、传输过程、服务项目等符合规定的要求给予书面的保证;用户在接入信息栅格设施、访问相关服务,尤其是跨域的服务过程中,需要将真实的身份确认与信任关系建立在虚拟的信息世界里,因此安全认证设施提供一种权威性的电子文档,作为信息交换双方互相信任的凭证,用于证明某个信任域中的某一主体(人、平台或系统)身份的合法性,以及与该身份相适应的权限,为通信网络无缝互通、平台随遇接入和全局访问中的授权功能、构建全局可信环境奠定坚实基础。

标准是认证的基础,依据标准对组织体系进行审核与评定。安全认证的证明方式,是以认证证书为认证标志的;安全认证活动中,可提供某种信任与保证,具体来说,其认证的功能是:

(1) 通过数字签名与认证技术验证用户的真伪性,验证信息发送者的真实身份,以便确认其是合法用户,而不是冒充的黑客与不法分子。

(2) 通过网络与实体(包括信源、信宿)识别与认证,验证信息的完整性,即数据在传输、存储过程中是否被篡改、重放或延迟等。

(3) 通过生物测定与身份识别等机制的认证,验证访问者的身份真实性

(4) 验证来访者的真实身份,防止攻击者入侵信息栅格的安全防护区。

总之,通过各种校验机制对信息系统的物理实体安全、信息数据安全、网络传输安全的验证,以响应危及信息安全的各种突发事件,做好清除病毒、拦截黑客与狙击间谍的各种准备工作。

2) 组成结构

信息栅格认证授权系统由证书注册服务和证书认证服务组成,二者相对独立,融为一体。证书认证服务采用分级管理体制,呈树状分层结构,证书认证服务机构证书由上一级证书认证系统签发,证书密码管理系统为同级证书服务系统提供证书密钥管理服务,并对证书认证系统中的密码设备进行管理,证书服务系统在同级证书密码管理系统的支持下,为用户提供证书签发管理服务。

信息栅格认证授权系统主要包括以下部分:

(1) 证书注册中心(Registration Authority, RA)。RA 是数字证书的申请注册、证书签发和管理机构。

(2) 证书认证中心(Certification Authority, CA)。CA 是认证授权系统的核

心执行机构和重要组成部分。CA是保证空军电子军务、指挥命令、态势上报等业务可信任性和公正性的权威机构。

(3) 证书和证书库。证书是数字证书或电子证书的简称,是网上实体身份的证明,是由CA签发的电子文档。证书库是CA颁发证书和撤销证书的集中存放地,是网上的公共信息库,可供查询。

(4) 密钥备份及恢复系统。当用户证书生成时,加密密钥即被CA备份存储;当需要恢复时,用户只需向CA提出申请,CA就会为用户自动进行恢复。

(5) 证书作废处理系统。一个数字证书的有效期是有限的,为了保证安全,证书和密钥必须有一定的更换频度,当此数字证书已经作废时,每个CA还必须维护一个证书撤销列表,将已经作废的证书记录在证书撤销列表(Certificate Revocation List,CRL)里。

3) 部署应用

证书颁发与认证机构CA和证书注册机构RA既可以单独部署也可以同时部署。CA作为共同信任的第三方,利用自己的私钥为所有用户或设备签发数字证书,并对数字证书进行管理和维护,包括证书撤销列表的维护。RA作为CA的辅助设施,负责收集用户或设备的信息,包括名称、属性等信息,并根据这些信息为用户或设备生成待签的数字证书(有时由CA生成),并将证书转发给CA进行签署。

信息栅格认证授权系统可分为三级部署:全局级、区域级和部队级。全局级数字证书设施为高层信息系统的所有用户或设备注册和签发证书,同时为区域级数字证书管理设施签发根证书,从而将整个证书管理设施形成树状结构,便于证书的查询和验证。区域级数字证书设施为区域级信息系统用户或设备注册和签发数字证书,并为部队级CA签发根证书,同时给未部署CA的部队级信息系统用户或设备签发数字证书。部队级数字证书设施可能包括CA和RA,也可能只有RA,为地区级信息系统用户或设备提供数字证书注册,在部署CA的情况下签发数字证书,如果未部署CA则通过上级CA进行证书签发。

对于空中网络,它的鉴权认证体系是为空中战术通信网络提供用户或设备的身份认证、数据完整性、真实性鉴别等服务,为战术环境下的接入控制、通信安全,建立可靠的认证保障体系提供支撑。空中网络的鉴权认证体系综合采用统一鉴权认证技术和高效的跨域鉴权认证技术,以实现高效、可靠、统一的鉴权认证。采用基于标识的公钥认证技术,可以实现统一鉴权认证。优点在于它的公钥可见,也就是说,用户的公钥和身份合二为一,因而不存在公钥管理的问题,成本低、形式灵活,效率也较高。系统由认证设施、骨干网自组认证模块、战术子网自组认证模块组成,在各作战编队初始化时进行认证参数的分发,机载节点通信时进行骨干网对等双向认证或自组动态认证,战术子网接入骨干网时涉及接入认证,不同编队的节点协同作战时涉及到跨域认证。机载自组网认证原理如图3-32所示。在接入网关部署有认证设施的私钥铽器(Private Key Generator,PKG),为每个编队接入提供安全参数的分发管理。机载节点利用其上的认证模块进行基于IBE算法的双向认证。

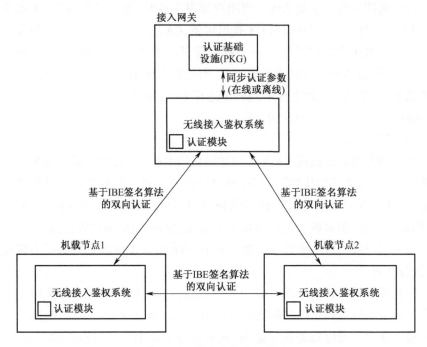

图3-32 空中网络认证原理

3.9.4 安全态势感知系统

由于空军网络化指挥信息系统结构复杂、资源多样、规模庞大、状态多变,而传统的检测系统只能感知本地网络或平台的局部安全态势,因此需要信息栅格提供安全态势的全局感知能力,以探测整个空军网络化指挥信息系统安全状态,实现资源监控与系统安全评估等功能,并将安全态势信息递交给安全管理系统,实现网络安全态势分析展示。

安全态势感知系统通过集成防病毒软件、入侵检测系统、资源监控系统等提供的数据,对指挥信息系统的安全漏洞、网络入侵和资源使用状态进行全局感知和实时监测,并进行入侵分析、定位跟踪和操作审计,评估系统或服务的可用性,以及用户和系统的可信度,基于地设信息系统(Geographical Information System,GIS)、网络拓扑结构、组织结构展示网络安全基本态势、安全分析结果和安全评估结论,生成应用系统及其运行环境的当前安全状态信息,并通过学习和统计分析预测安全状态的发展变化趋势,建立相关的安全态势动态模型。安全态势感知分为三个主要阶段:安全态势获取、安全态势理解和安全态势预测。

安全态势感知系统一般部署在空军网络化指挥信息系统中骨干节点和地区节点的安全防护中心,用于建立广域安全态势体系,实现对安全态势的监测,形成多级告警、预警体系,进行有效的安全策略管理,构建分级的安全评估体系和应急处置预案库,感知安全态势并对网络的安全策略和安全态势进行统一管理,构成大规模信息系统安全态势的评估平台。安全态势感知系统在构建同级及以下各信息系统的完整安全态势的同时,除了要向上级系统上传安全态势以外,还得向所在级别的安全管理系统提供安全态势。安全态势感知系统可以分为三级结构:

①全局安全态势感知系统为空军战略级军事信息系统及全局指挥信息系统环境提供安全态势的感知服务;

②各区域分别部署相应的安全态势感知系统,为所在战役的空军信息系统环境及所在战役的军事信息系统提供安全态势感知服务;

③战术部队分别建立起相应的战术或战场安全态势感知系统,为所在的战场指挥所及其传输网络提供安全态势感知服务。

当下一级安全态势感知系统获悉所在信息系统环境或传输网络有异常情况时,除了自身做出相应的响应及向同级安全管理系统汇报以外,还得向上一级安全态势感知系统上报,从而形成纵向联动的动态安全态势感知体系;同时,安全态势感知系统向同级的安全管理系统传送安全感知数据,并受该安全管理系统的控制。

3.9.5 安全管理系统

安全管理系统负责接收整个系统的安全(包括安全态势数据、安全事件等)数据,并根据其专家系统进行融合、分析,根据分析结果做出行动决策与计划。

安全管理包括身份管理、认证管理、授权管理、资源管理等功能,主要把整个应用系统支撑中的相关认证体系、权限管理、账号等内容统一整合为一个完备的安全管理体系,一方面可以保护合法用户权限,另一方面可以保障应用系统的可靠与安全执行。另外,安全管理要遵从全局统一安全管理框架,以在联合作战时,能够与空军外的其他部分进行安全管理对接。

1) 身份管理

身份管理指为全部空军用户建立和维护唯一、可信的身份档案,支撑用户身份识别和权限控制等安全管理,能够支撑动态任务系统的快速组建和安全跨域访问能力。因此,需要建立可信的全局网络实体标识体系,以准确反映网络实体的身份信息，解决多种实体身份标识管理之间的兼容问题，支持跨域实体身份授权管理，适应用户、设备、角色、权限的动态变化。

对身份的管理需要系统提供完整的与身份对应的账号生命周期，即实现从现有系统中的账号数据中导入数据，形成业务运营支撑系统现存账号的映射；实现维护和同步更新现有外部账号库中账号，使账号在使用过程中具有有效的、唯一的和可跟踪的特性。

2) 认证管理

认证管理利用动态密码、公钥基础设施（Public Key Infrastructure，PKI）证书、生物认证等技术实现对登录空军指挥信息系统的用户的认证。对于主登录，实现安全管理平台对全部主账号的登录进行认证授权；对于二次登录，实现对资源中所有从账号的登录认证。同时，通过安全管理平台的强制认证服务机制或认证枢纽转发到身份认证组件，实现强制认证，以满足系统应用资源、系统资源的要求，确保应用系统的身份安全。

3) 授权管理

授权是资源所有者或控制者、服务提供者按照安全策略准许某主体访问、使用某服务或资源、对其数据进行读、写、修改、删除等的操作。授权功能用于指定被认证用户在接入网络后能使用的服务和拥有的权限。由于信息栅格提供的资源多样复杂，支撑的空军信息系统及其运行环境动态多变，需要安全保障体系通过资源标识和用户身份标识以及数字证书管理、身份认证等手段，实现对业务系统和网络系统进行授权策略、用户、安全域和资源等信息的统一管理，提供安全域、用户组、对象空间、访问控制列表、保护对象策略、授权规则、委托管理等功能，基于身份、角色等对用户或系统主体进行授权服务，阻止非法用户进入系统、规范合法用户按其权限进行各种信息活动。

授权的目的是在认证的基础上，通过访问控制机制限制对网络资源和数据资源的访问，阻止未授权使用资源或未授权泄露或修改数据。访问控制是指主体对客体访问的控制，用于确定合法用户对哪些系统资源享有何种权限，可以进行什么类型的访问操作，并防止非法用户进入信息系统和合法用户对系统资源的非法使用。访问控制可以在保护被访问的客体、确定和实施访问权限、保证系统安全的前提下，最大限度地共享资源。

4) 资源管理

资源管理主要包括网络安全资源信息维护、统计和查询等。通过用户系统中的资源管理系统，实现自动或人工方式对全局网络安全防护设备/系统的详细信息采集，包括数量、型号、软件版本、网络连接、安全策略配置、部署时间、维护人员等，以服务方式提供统计查询服务。

安全管理系统管理信息栅格所有的安全防护设备,并为他们制定相应的安全防护策略。安全管理系统根据使用范围同样也分为三级:全局级、区域级和战术级。全局安全管理系统负责管理和维护所有安全防护设备,并为区域安全管理系统制定安全管理策略。区域安全管理系统负责管理和维护区域的所有安全防护设备,并为战术安全管理系统制定安全管理策略,同时根据全局安全管理系统的策略上报相应的执行状态。战术安全管理系统负责管理和维护部队的所有安全防护设备,并根据区域级安全管理系统的策略上报相应的执行状态。

空中网络的安全管理包括安全事件收集、安全参数分发、安全状态监控、安全态势展现等功能。通过无线安全管理协议实现安全数据的收发,基于各安全控制点上报的安全事件,经过安全态势指标体系格式化处理、融合关联分析,形成安全态势。为适应空中网络低带宽和动态移动的通信环境,其安全管理协议在底层采用用户数据报协议(User Datagram Protocol,UDP)协议,在应用层增加重传、确认、流量控制和安全等可靠传输机制,形成一个基于UDP的可靠传输协议。

3.9.6　安全防护系统

安全防护系统实现安全保障体系的安全防护服务功能。通过收集、调用安全保障系统数据库中的安全数据信息,开展关联、融合、挖掘等关键处理,实现集安全防护筹划、主动安全防御、协同应急响应、行为审计追踪等功能于一体的空军指挥信息系统安全防护服务。

安全防护系统由安全防护筹划、协同应急响应、行为审计追踪和安全防护机制等组成。依托各功能构件配置的代理软件,安全防护系统接受安全管理系统下达的安全计划命令,保障信息栅格具有高强度、全局的安全服务性能。

1) 安全防护筹划构件

安全防护筹划构件接受网络化安全防护服务系统的统一监控和管理,并及时上报网络安全防护筹划信息,处理网络化安全防护服务系统下达的安全计划命令。

依托安防中心各级代理软件获取的各种安全数据信息,安全防护筹划构件实现以下功能:进行攻击行为关联融合处理、多步攻击行为识别、攻击意图估计与行为预测、攻击行为影响分析,快速预测未来攻击行动计划与意图;根据空军信息系统作战任务、敌方意图及现有的安全防护资源、安全策略和安全威胁知识库信息,辅助生成安全防护方案;针对不同安全防护设备的部署模式,提供安全策略模板;记录、分析信息系统各类设备和系统存在的安全漏洞,并匹配解决方案。

(1) 安全防护策略库。根据各类安全防护设备/系统在信息系统中不同的应用场景,按照相关标准规范,提供全面的安全策略模板;安全策略模板可直接下发到安全防护设备/系统中,并经过人工或自动的策略翻译,将部分参数具体化后,可被设备/系统有效执行。

(2) 安全威胁知识库。详细记录信息系统各类网络设备、操作系统、数据库系统和业务软件存在的安全漏洞以及解决方案;提供编辑、查询功能;能兼容漏洞扫描、入侵检测等系统的事件库;能从漏洞扫描、入侵检测等系统中自动获取安全漏洞信息,同时支持通过漏洞挖掘、安全性测试工具获得的漏洞信息的输入。

(3) 安全防护筹划。根据安全防护资源管理、安全防护策略库管理和安全威胁知识库管理等构件提供的数据信息,按照信息系统任务调整要求,生成安全防护作战完整计划,包括安全防护设备或防护措施的增减、部署位置以及安全策略的调整和安全防护人员的增减、授权关系的调整等内容。

2) 协同应急响应构件

协同应急响应构件接受网络化安全防护服务系统的统一监控和管理,并及时上报协同应急响应威胁信息,处理网络化安全防护服务系统下达的安全计划命令。

协同应急响应构件实现以下功能:基于安全威胁知识库,生成安全事件应急响应预案;根据预案实时规划应急处理流程,动态分配应急处理任务、生成协同应急处理计划,组织区域及信息系统重要节点按流程进行安全设备防护策略调整;对安全事件处置过程进行记录,对处置效果进行评估。

(1) 应急响应预案管理模块。该模块依据安全预警或安全告警事件,结合安全威胁知识库,生成应急响应预案,包括安全策略、设备和人员的调整等内容,辅助安全防护人员应对安全威胁;提供对预案的编辑修改和查询等功能。

(2) 协同应急响应模块。该模块能根据应急响应预案,实时规划应急处理流程,动态分配应急处理任务、生成协同应急处理计划,组织区域及各信息系统关键节点按流程进行安全设备防护策略调整,并对处置过程进行记录与分析评估。

(3) 应急响应效果评估模块。该模块根据安全事件威胁等级、影响范围、响应时间、处理时间、处置行为(根除、抑制等)和预案的可行性等条件,以及处置行为给信息系统带来的影响,建立应急响应效果评估指标体系;根据指标要求采集相关信息,评估应急响应行动效果,并为后续应急响应行动和预案提出改进意见。

3) 行为审计追踪构件

行为审计追踪构件接受网络化安全防护服务系统的统一监控和管理,并及时上报行为威胁审计信息,处理网络化安全防护服务系统下达的安全计划命令。

依托安防中心各级代理软件获取的各种安全数据信息,行为审计追踪构件实现以下功能:实现业务应用系统对用户行为的全程审计;主动获取用户系统中安全防护设备的审计记录;通过对审计记录的分析,实现覆盖全网的异常行为全过程、实名审计追踪,精准定位异常事件。

(1) 业务服务安全审计模块。该模块在信息系统各关键节点部署业务服务安全审计代理软件,各类业务应用系统在运行过程调用代理软件提供的服务接口,将用户登录过程、操作行为的审计记录发送给网络化安全防护服务中心的业务服务安全审计构件,以统一格式存储。

(2) 设备安全审计模块。该模块能通过简单网络管理协议(Simple Network Management Protocol,SNMP)、系统日志(Syslog)协议或调用第三方服务接口的方式,主动获取信息系统各关键节点中安全防护设备/系统、主机操作系统、网络设备的审计记录,上报至网络化安全防护服务中心的设备安全审计构件,以统一格式存储。

(3) 行为审计追踪模块。该模块基于统一身份认证与授权管理平台,以用户和业务系统的唯一标识将审计记录进行关联,实现全过程的实名审计;根据给定条件,对审计记录进行综合分析,实现对异常事件的精准定位和分析,为安全事件的处置和追查以及安全防护措施的改进提供支撑。

4) 安全防护机制

(1) 访问控制。访问控制依据授权管理为用户设定的权限,阻止非法行为并予以告警,也可以通知网络访问控制模块来阻断后续攻击数据包。因此,访问控制主要是确保服务资源的安全,根据预定义的访问控制列表对访问进行鉴别,区分合法访问和非法入侵。通过访问控制列表,不仅要验证用户的账号和密码信息,而且还能够针对访问时间、访问地点和访问手段等因素进行全面控制,从根本上保证访问的合理性,从而避免大多数攻击行为可能造成的严重后果。

(2) 服务容灾。服务容灾指采用分布式冗余与异构多样性的方法统筹安排服务资源,根据损毁服务的特点,结合服务协同的思想,通过服务恢复决策制定恢复方案,采用动态漂移、重构或降级等服务恢复技术,实现对用户请求的应急响应和对毁损服务的透明恢复,可靠高效地保证信息系统的应急响应与灾难恢复能力。服务恢复决策包含一系列子恢复计划,通过有序组织、统筹安排、合理选择网络信息资源,因地制宜地采用动态漂移、重构和降级等灾难恢复技术,快捷高效地实现系统临灾情况下的自恢复。服务动态漂移技术,将用户的服务请求从失效节点转移到正常的备份节点上,相当于单一服务单元的组合与重建;服务重构技术根据服务的内部组成及其关联关系,通过重新组合和分配幸存下来的关键服务单元及网络资源，实现多节点协同条件下服务的高效组合和快速重建；服务降级实质上是对原有服务的关键部分进行重构。

（3）网络容灾。网络容灾是通过部署相应的网络抗毁容灾设备，实现不同网络之间的互备以及网络内部不同设施的冗余备份，主要包括网间容灾和网内容灾。网间容灾是通过部署专用设施实行两个不同网系的互备，保障一个网系能够利用另一个网系进行数据传输。网内容灾是在一个网络内部通过冗余路由、设备备份等方式实行网络内部的容灾，提高其抗毁性。

（4）入侵检测。入侵检测是通过在网络中部署入侵检测系统，对网络传输进行即时监视，基于攻击者的攻击行为与合法用户的正常行为有着明显的不同，通过对行为、安全日志或审计数据或其他网络上可以获得的信息进行操作，检测到对系统的闯入或闯入的企图等可疑行为时，对入侵行为进行检测和告警，并采取主动响应措施，对攻击者进行跟踪定位和行为取证。入侵检测的作用包括威慑、检测、响应、损失情况评估、攻击预测和起诉支持，并为边界防护等提供支撑。

（5）综合安全防护。传统的防病毒软件只能用于防范计算机病毒，防火墙只能对非法访问通信进行过滤，而入侵检测系统只能被用来识别特定的恶意攻击行为。而很多恶意软件能够自动判断防御设施的状态，在一个通路受阻之后会自动的尝试绕过该道防御从其他位置突破，并逐个对系统漏洞进行尝试。对于此类攻击行为，需要安全设施从更多的渠道获取信息并更好的使用这些信息，以更好的协同能力面对日益复杂的攻击方法，综合安全防护基于此而产生。综合安全防护是由硬件、软件和网络技术组成的具有专门用途的设备，主要提供一项或多项安全功能，将多种安全特性集成，构成一个标准的统一管理平台，通过部署安全网关，提供全面的防火墙、病毒防护、入侵检测、入侵防护、恶意攻击防护，同时提供VPN和流量整形功能，并在综合安全防护基础上，提供附加网络增值功能。

综上，利用安全可信设施的安全防护机制，对网络中的各种实体身份进行认证、对各类安全事件进行检测，对网络的各种设备的运行状态进行监控和管理，对检测出的安全事件进行分析，根据安全策略及时做出响应，并恢复系统的服务功能，是确保空军信息栅格可信、可用、可靠的重要内容。

参 考 文 献

[1] 章坚武. 移动通信[M]. 西安：西安电子科技大学出版社, 2007.
[2] 王庆波, 金涬, 何乐, 等. 虚拟化与云计算[M]. 北京：电子工业出版社, 2009.
[3] 胡志强. 大数据时代的海上指挥与控制[M]. 北京：电子工业出版社. 2016.
[4] 李刚. 网络信息管理系统[M]. 北京：中国人民大学出版社, 2011.
[5] 徐国爱, 陈秀波, 郭燕慧. 信息安全管理[M]. 北京：北京邮电大学出版社, 2011.

第 4 章

感知网

现代空军作战具有以下特点:一是作战任务多样,除空中防御作战外,作战任务还向远程精确打击、反导作战、空天作战、信息对抗领域延伸;二是作战空间广泛,地理空间上由国家领空范围,扩展到深海远洋和太空范围,从物理空间扩展到网络空间;三是作战对象高科技化,作战飞机向高空高速、无人化、隐身化、智能化方向发展,低空突击、远距打击、电子干扰、隐身突防、饱和攻击成为常态;四是快速反应,作战飞机从出航、交战到返航通常最多耗时几个小时,特别是交战阶段,从目标发现、导弹发射到战斗退出往往在几分钟内可完成,持续时间较短;五是手段更加复合化,对抗性更强,现代空军作战,涉及雷达探测、无源侦察、超声速飞行、导弹制导等多种高科技手段,同时,采用火力打击、电子对抗、网络攻击等多种措施,平台生存能力受到严重威胁。针对以上特点,发展"网络中心化"的空军情报信息系统,利用"网络中心化"系统体系结构优点,提高系统抗毁生存能力,提供优质情报服务,是达成现代空军作战对情报保障能力要求的有效途径。

4.1 概　　述

"感知"是感觉和知觉的统称,是利用感知器官获得对物体的有意义的印象,是客观事物在人脑中的直接反应。物与环境的存在关系的表达是为感,感是关系里的客观存在,感是获取的过程。存在的对象关系是为知,知是一对一的对象关系的表达,知是理解的过程。战场感知就是通过各种侦察探测装备获取态势和理解态势,广义的"感知"还包括所有的情报活动。

感知网的定义最早用于通信网络,弗吉利亚理工大学提出:感知网络就是指通信网络能够感知现存的网络环境,通过对所处环境的理解,实时调查通信网络的配置,智能地适应专业环境的变化。本书提出感知网局限在军事领域,是指利用计算机、网络设备、通信、信息服务软件等网络环境,将各种侦察探测装备、情报处理系统、用户系统连接在一起,完成战场侦察探测、情报处理、态势研判、情报和态势服务保障的系统体系。空军感知网是聚合空军空天地各种情报、侦察、监视手段,进行情报网络化组织运用和综合/融合处理,为空军作战提供敌情动向、作战目标、战场态势等各种情报保障的系统体系。

按照逻辑功能,感知网由传感器、情报处理、管理控制、情报服务和情报用户5类节点组成,在物理部署上,情报处理、管理控制和情报服务节点可同地部署,也可异地部署。系统组成见图4-1所示。

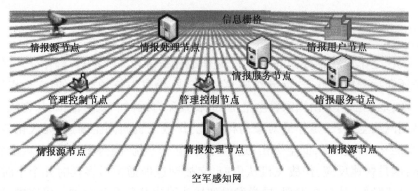

图 4-1 空军感知网节点组成

传感器节点是信息获取节点,包括各类地面雷达、地面侦察站、侦察飞机、侦察卫星、网络嗅探器等侦察探测装备/设备以及这些装备/设备的引接系统。传感器采取身份注册、情报数据网络分发调度的方式入网使用。

情报处理节点是进行情报信息的处理、情报综合、数据融合的节点。各类情报处理节点分布部署,既有明确任务分工,也相互协同,生成作战所需的各种情报产品。根据情报产品的时效性、应用级别和信息内容,按照"功能网络化、软件服务化、信息融合处理"的原则,合理规划各情报处理节点的情报处理任务和分布协同关系,建立关系扁平、分布协同、专业处理与多元综合一体的网络化情报处理架构。

管理控制节点完成情报探测、情报处理、情报服务资源的统一调度和管理控制。管理控制节点根据情报保障质量要求,调度全网传感器进行协同探测,及时发现和准确识别目标;根据情报处理节点状态和情报处理人员能力情况,对情报处理任务进行调整,保证任务高效完成。监视情报服务节点的工作情况,必要情况下,控制情报服务任务迁移,实现情报服务负载均衡和接替抗毁。

情报服务节点是对情报用户进行情报精细化保障的节点。情报服务节点根据作战任务、保障对象的要求和情报的时效性、粒度、用途,基于"任务驱动、动态响应、精细保障"的原则,采取主动推送、按需定制、浏览下载等多种方式为用户提供情报服务。网络化情报服务的特点主要是统一保障、负载均衡、动态迁移,实现体系化统一保障。

情报用户节点是情报组网系统的保障对象,包括各级各类指挥机构、作战部队和武器平台。情报用户节点根据作战任务和保障关系,通过适当的方式,从相关情报服务节点获取所需的情报产品。

4.2 核 心 功 能

空军感知网通过形成网络化情报保障体系,充分发挥多领域、多要素情报的整体效应,满足防空拦截、远程打击、战略投送、信息攻防相关情报保障要求。感知网总体功能是根据作战任务对各类感知资源进行优化组织、共享运用和栅格处理,形成全域一致的陆海空天战场和赛博空间联合情报。感知网为空军的各类作战行动、行为提供及时、准确的信息以及进行决策的基本依据。主要任务是获取战场空间内敌情、我情和友邻各方兵力部署,以及武器装备、战场环境(如地形、气象、水文、电磁频谱等)、社会环境以及作战结果等联合情报信息。感知网可以克服单一情报系统覆盖区域有限、情报共享的困难,通过网络的聚合作用实现大区域情报信息共享。正是这种"网聚"的力量使感知网具备了比单个情报系统更加强大的功能,具体体现在以下几个方面:

1) 情报网络化收集共享

网络化收集地面雷达、预警机、信号侦察、电子对抗侦察、航空侦察、卫星侦察监视、网络侦察等各种传感器的情报信息;对收集的情报信息进行服务化管理,按来源、情报类型、区域范围、密级等进行资源注册,按照各个情报处理节点的处理任务和资源状态灵活调度使用,信息一点接入,全网共享;预警探测、情报侦察各种手段获取的情报信息一体化运用,为目标情报综合提供手段,实现各种情报手段的优势互补。

2) 任务组织和指挥控制

根据指控网确定的作战任务制定情报保障方案,分析在不同条件下对各种目标的情报保障能力,提出侦察预警资源优化部署和合理运用方案,在全面分析敌情、我情和战场环境的情况下,明确不同作战阶段情报保障任务、目标、力量运用、生成作战预案。分析各类用户提出的情报保障任务或专题情报需求,形成情报需求清单,生成情报保障计划和情报生产任务分配方案,组织调度情报资源,分配任务到情报处理节点和服务节点。对各种侦察探测资源进行网络化组织管理,根据作战进程实时变化,给出情况处置方案,根据作战态势动态组织综合运用多种手段对目标进行协同探测、跟踪识别,组织反侦察、反干扰、抗反辐射打击和机动作战行动,最大程度发挥情报保障效能。监视情报处理和保障过程,根据任务职责和处理能力均衡状况实时动态调度和协调情报生产。分析用户反馈的情报保障意见,进行实时在线或定期综合评估,依据评估结果,调整情报资源运用和情报服务保障关系。

3）多雷达分布式融合处理和产品生成

综合/融合处理雷达信号、点迹，进行分布式协同处理，生成空中目标、弹道导弹、空间目标态势；对侦察机、无人机、侦察卫星等侦察图像进行去雾、拼接、滤波、增强、几何精校正、地理镶嵌等处理，对高光谱的波谱进行分离，识别可见光无法判断的伪装信息，分析出伪装的目标信息，形成符合作战需求的图像情报；对侦察文字情报、科技情报、开源情报等各类文本、多媒体情报进行整编、编目、存储管理，形成情报素材库；分析研判与空军作战相关的敌兵力变化、部署变化、作战行动、作战计划等动向意图，预测评估空天来袭征候，识别重大突发情况；综合利用图像、电磁、文字、测绘等各种情报信息，整编形成设施目标、高价值移动目标、网络目标、电磁目标等作战目标成果，从目标图像、视频、电磁等情报中提取目标毁伤信息，评估目标毁伤程度。

4）战场综合态势生成

对各种侦察装备上报的电磁情报、网络情报进行关联分析、定位跟踪，分析挖掘处理，生成网电空间态势。收集空基、地基、海基各种传感器对空雷达情报、信号侦察情报、电子侦察情报，进行分布式协同处理，对空中目标进行精确定位、连续跟踪，利用多元情报综合研判目标属性、类型型号，识别目标任务企图，目标编批和属性一致处理，生成空情预警态势。按隶属关系、任务关系、搭载关系关联陆海空天电多维目标，提取编队目标和目标群，按目标、事件、地理区域、时间等聚合敌情动向、目标图像影像、目标作战能力等各种信息，根据战场环境、敌我对抗形势评估敌目标威胁，按战略、战役、战术不同层级指挥决策需要聚合组合目标实体、关联关系、战场事件、战场环境等各类信息，生成不同层级的战场综合态势图。

5）武器平台情报支援能力

从作战目标整编成果中提取包括目标位置、属性、要害部位、目标引导区影像图、目标三维模型、防御设施、避让设施等在内的目标情报信息，为巡航导弹、地面电子对抗干扰装备、无人机、作战飞机任务规划系统提供目标支援信息。通过武器控制网为作战飞机、舰艇编队提供准确实时空海目标，保障实施远程精确打击。为地面防空反导武器提供目标指示，引导地面防空反导武器制导雷达开机捕获目标。

6）情报按需服务保障

建立情报定制、主动推送、浏览检索、数据同步等不同服务模式，可以根据不同用户的作战情报保障要求，通过分布式情报服务体系为用户提供个性化情报保障，按需提供情报产品服务。不同的情报产品形式，采取不同的服务模式，对于空情态势等实时性要求高的情报，以主动推送情报为主；对于作战目标、地理环境等非实时情报,以浏览检索服务模式为主;对于需要高度一致的基本敌情等基础数据,采取数据同步服务模式;情报用户在任意情况下对于任何情报都可以提出情报定制请求,情报服务体系响应用户定制请求,根据用户提出定制情报类型、地理区域、时间等要求,为用户提供情报保障。情报服务体系实时监视用户登录情况、定制情况和情报服务情况,一个节点情报服务异常,可将服务切换到另外一个节点继续保障,保证服务不间断。

4.3 体系结构

空军感知网按栅格化结构设计,划分为防空雷达、图像侦察、电子侦察、信号侦察、网络侦察、弹道导弹预警、空间监视、航管情报8个专业子网和1个综合感知子网,构成多元情报融合处理,目标联合跟踪,联合识别,传感器协同探测的矩阵式情报网络体系,系统体系结构见图4-2所示。各个专业子网的传感器、各级情报处理系统基于信息栅格网络连成一个整体,按照规划的任务进行组网探测、协同处理和情报分发;综合感知子网统一管理全网资源,为各个专业子网分配任务,汇集各个子网的情报产品,融合处理后形成综合情报产品提供给各级指挥机构和作战部队。

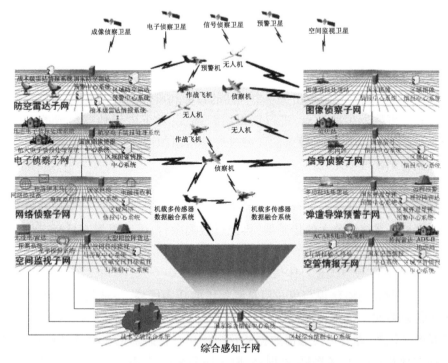

图4-2 空军感知网网络化体系结构

适应现代空军作战特点，感知网采用云计算、信息融合、知识推理等技术，对传感器、情报处理、管理控制、情报服务和情报用户 5 类节点进行"网络化、服务化"组织，形成情报信息网络栅格。具有以下技术特征：

1) 广域多维情报网络化收集

空军感知网需要满足空军防空作战、进攻作战、信息对抗等各种作战任务要求，作战对象分布广泛，需要实现广域多维多源多平台情报的汇集和组织利用。系统接入的情报源，包括电子侦察、信号侦察、成像侦察等各种侦察卫星，空中情报源包括预警机、电子侦察机、电子对抗侦察飞机和无人机，地面情报源包括地面各种体制的对空雷达、地面电子对抗侦察站和信号侦察站；系统掌握的情报地理范围全球化，不仅包括领土、领空、领海范围，还扩展到公海区域和全球；在情报数据种类方面包括信号情报、航迹情报、电子情报、文字情报、图像情报和音视频情报。系统基于信息栅格提供的信息服务能力，根据任务和情报处理资源，按照一定分发调度策略进行多源多平台情报数据的组织，将不同来源不同种类的情报数据调度到相应的情报处理节点进行处理，确保情报效益最大化。

2) 及时快速扁平化情报分布处理

建立扁平化、分布式处理体系结构，地理上分布部署的各个情报处理单元按照负责的地理区域分配处理任务，传感器资源和情报数据资源不再隶属于某个系统，而是按处理任务在网络上共享。对于点迹/航迹类情报，利用点迹/航迹位置可方便地按地理位置进行情报组织调度；对于标签图像文件格式(Tiff)图像，可提取图像的中心位置坐标，按照图像所属的地理区域进行情报组织调度；对于文字情报，可提取出文字中描述的目标和事件的地理坐标，根据目标运动位置和事件发生的地点，进行情报组织调度；对于电子侦察形成的方位线(LOB)，可按照方位线所覆盖的区域进行情报组织调度；预警机情报按责任区调度到各个处理单元处理。

一个地理区域和方向的所有传感器所有类型的情报都被调度到负责这个区域和方向的处理单元进行融合，因为实现了情报数据共享，可利用精度高的传感器校正系统误差大的传感器，再经过数据融合，可明显提高目标定位精度和识别准确率。

3) 精确高效空天地一体信息融合

信息融合能够获得与单一信息源相比的众多优势，一是范围扩展优势，扩大了传感器时空覆盖范围，信息融合全天候覆盖到陆、海、空、天、电磁诸维度；二是统计优势，融合多传感器数据能获得比单一传感器的多项统计优势，包括目标发现及时性、位置精度、实时性、航迹连续性；三是互补优势，多传感器信息融合可实现多介质互补、多频段互补、多模式互补、多分辨率互补、有源与无源互补等；四是识别和判定优势，比如通过多雷达信号融合、点迹融合可提高隐身目标发现概率，通过多介质的图像融合，可改善图像质量，通过航迹情报与信号、人工、开源情报融合可识别目标类型及意图。

感知网融合的信息来自空、天、地各种平台，有目标信号、点迹、图像、文字、电磁多种类型，按照处理对象的不同来说，可分为信号融合、数据融合、信息融合和知识融合。以空中目标情报融合为例，一是信号层，可采用分布式自组织雷达技术，进行多雷达信号融合，提高目标发现概率；二是数据层，采用迭代的卡尔曼滤波误差修正方法估计雷达误差，实时校正点迹/航迹误差，提高目标定位精度；采用点迹、航迹、点航混合融合技术，解决强杂波、高机动等复杂情况下目标跟踪问题，提高跟踪连续性；三是信息层，融合雷达、信号侦察、电子侦察等多元异类情报，提高目标识别率和识别准确率；四是知识层，基于历史数据库和知识库，采用深度学习的方法，推测敌机行为意图和机动路径，提高对敌方威胁的预判能力。

4）知识化智能化态势估计预测

态势估计预测涉及敌作战体系分析、战役战术意图识别、威胁估计、作战行动和作战效能预测。敌作战体系分析，主要是基于敌兵力部署、空间关系、作战编成、作战能力、协同规则，结合敌情动向情报，辅助推测获得空中目标、空海目标、地面目标之间的隶属关系和任务协同关系，发现关键节点和薄弱环节；敌战役战术意图识别主要是基于敌情动向、敌兵力部署变化、作战能力，结合作战规则知识库，分析敌方作战目的、作战方向、兵力编组、任务区分等战役战术意图；敌威胁估计主要是基于敌作战能力、征候动向，分析敌方的威胁对象、威胁程度，进行威胁排序，及时进行告警；敌作战行动预测，主要是基于敌战役战术意图，综合考虑气象、地理条件等战场环境的约束，分析识别敌方行动计划，包括出动兵力、行动时间、战术战法、来袭方向、活动区域等；作战效能预测，是在敌方作战能力和威胁估计的基础上，评估我方可能遭受的损失。

态势估计预测是一个多周期循环迭代的过程，首先针对获得的传感器探测数据进行处理和综合，得到感知态势；在当前态势感知的基础上进行敌作战体系分析、作战意图推理，威胁评估，得到估计态势；在估计态势基础上，进行态势假设，推测敌方作战计划，评估作战效能，预测出未来的态势变化。态势估计预测以作战条令、知识库、数据库为基础，采用计算智能方法、数据挖掘技术推导获得。

5）程序化网络化传感器协同管控

将传感器能力虚拟为一种资源，传感器开机后由传感器资源代理单元自动到资源调度中心进行注册,包括传感器类型型号、工作状态、工作模式、探测能力、数据率等,资源调度中心将传感器身份和状态信息在全网同步。任务规划单元接收传感器状态信息、战场态势信息和作战任务,进行全网传感器协同探测任务规划,生成任务指令,包括传感器名称、探测空间要求、探测时间要求、目标识别特征等,将任务指令发送给宏观级传感器管理单元;宏观级传感器管理单元根据任务指令要求和传感器设备特性生成包括传感器工作模式、工作参数等内容的传感器控制指令;传感器控制指令驻留在传感器设备中,微观级传感器管理单元进行解析,将传感器控制指令转换为传感器信号波形要求。多个传感器可以相互进行目标指示、协同探测、协同跟踪、协同识别,提高目标发现及时性、目标定位精度、跟踪连续性、识别准确率。

基于战场态势,可以实现程序化自动控制,比如发现敌机入境、敌机进入防空识别区等重点情况,可自动控制在重点情况周边具备探测能力的雷达针对重点目标进行协同探测,再利用多部不同雷达的点航迹数据进行数据融合,提高目标跟踪的连续性。对于敌电子干扰机施放干扰,可自动控制符合无源定位布阵探测条件的雷达工作在干扰源测向模式,利用多部受干扰的雷达对敌电子干扰机协同测向,利用多部雷达的干扰源测向信息对敌电子干扰机进行交叉定位,最终引导地面防空火力摧毁敌机。

6) 多样化针对性情报服务保障

针对不同类型情报传输要求和不同用户使用特点,提供主动推送、用户定制、浏览检索、数据下载、离线导出、数据同步等多种情报保障方式。对于及时性、实时性要求高的航迹等情报采取主动推送方式进行服务保障,情报组网系统与保障对象之间建立固定的情报保障任务关系,也可临时接受情报保障要求,分析细化后生成情报保障任务清单,按情报保障任务清单即时向用户推送需要的情报。除常规的情报保障关系外,用户也可提出自己特殊的情报保障需求,定制自己需要的情报类型、关注的目标、关注的地理区域、情报发送密度,情报组网系统根据用户的定制要求,提供针对性服务保障。对于历史的长期的情报资料,系统提供浏览检索、数据下载情报服务方式,用户可查询、检索、下载自己感兴趣的情报资料。对于图像、声像、地理影像、目标资料等存储容量大的情报,系统还提供离线导出的情报服务方式;对于敌方编制体制、武器性能等基础数据,可利用数据库同步到用户系统,保证数据及时更新和一致。

情报服务保障还体现"情报作战一体化"的特点,针对不同用户类型、不同作战任务、不同作战阶段提供针对性服务。综合情报产品具有情报完整性好的特点,适用于战略战役级用户;专业情报产品具有实时性高、情报来源明确的特点,适用于实施目标拦截等任务的战术级情报用户;空对地时敏目标打击对情报实时性要求高,需要将传感器原始情报直接快速指示到武器单元。传感器、专业情报处理节点、综合情报处理节点都是情报服务提供者,情报边生产边服务。

7) 多层级多冗余系统抗毁抗扰

抗毁能力以及复杂电磁环境下的工作能力是组网系统的重要特征。组网系统在多个系统层级提高抗毁性,在网络传输层,情报数据由地面 IP 网、卫星、短波多手段传输,地面网络路由迂回,系统自适应选择各种传输手段,情报信息即插即用;在战术级处理单元,采用计算云技术,情报按任务分布协同处理,一个单元故障,情报处理任务和情报数据自动迁移到友邻单元继续进行处理,情报保持连续;处理单元异地多中心主备工作,实现 1+N 冗余抗毁。通过对传感器组网使用,传感器部署规划阶段,通过优化部署,实现多频段、不同体制、空天地目标多重探测覆盖,一个频段受到干扰,其他频段还能正常工作;一种体制的传感器受到干扰,另一种体制的传感器还能正常工作;地面传感器受到干扰,空中传感器还在正常工作,通过优化部署、传感器协同管控,实现体系抗干扰。

4.4 基 本 原 理

感知网通过"信息获取→信息处理→信息服务"实现网络化感知探测。"信息获取"将各类传感器作为网上节点,实现目标的联合监视和跟踪;"信息处理"建立分布式综合处理节点,实现联合识别、统一感知态势;"信息服务"通过网络化服务节点,提供感知信息用户的即插即用和信息的按需服务。通过感知网共享及综合运用所有获取的感知探测信息,进行统一栅格化多元处理,提取要素齐全的目标信息,形成全域一致的战场感知态势,达成由网络化服务节点提供的感知探测要素即插即用和信息按需服务,如图 4-3 所示。

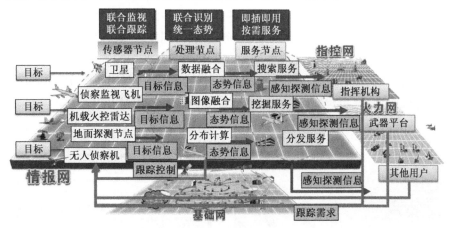

图 4-3 感知网运行机理

1) 联合监视、联合跟踪

联合监视、联合跟踪所需的信息获取技术可分为信号信息获取技术、光学信息获取技术、雷达信息获取技术、振动、声响、磁敏和压敏信息获取技术;按照信息获取平台部署的地理域,空军信息获取平台可分为航天信息获取平台(如成像侦察卫星、信号情报侦察卫星、载人航天侦察系统等)、航空信息获取平台(如固定翼侦察机、侦察直升机、无人侦察机、悬空器侦察系统等)、地面信息获取平台(如侦察站、地面战场侦察传感器系统等)、赛博域信息获取平台(如网络嗅探器等)。

2) 联合识别、统一态势

联合识别并形成统一态势需要信息处理技术。信息处理的过程是从获取信息到提供使用的整个工作过程,即将信息获取过程得到的信息,以一定的设备和手段,按照一定的目的和步骤进行加工(包括文字内涵情报和图像情报的整编、目标数据的融合处理、利用专家知识库进行信息的综合研判、去伪存真等),变换成便于观察、传递、分析或者进一步处理的信息形式,最后输出各种有价值的信息。

3) 信息服务

通过网络化服务节点,提供感知探测要素的即插即用和信息的按需服务。信息服务是利用立体空间构建的信息传输交换和信息处理网络(如:战略通信网、战术通信系统或专用通信线路等),将空军空中、天基、地基、海基、赛博的信息获取平台获取的原始信息,或经过处理后的信息服务给空军网络化指挥信息系统中所需的体系要素和平台,为指控网、武器网提供信息的搜索服务、挖掘服务和分发服务,实现空军网络化指挥信息系统中信息资源的共享。

感知网包括综合感知子网以及防空雷达、图像侦察、电子侦察,弹道导弹预警等子网,感知网采用"横向处理"和"纵向综合"形成网聚能力,其网聚流程及处理架构模型如图 4-4、图 4-5 所示,首先,各专业子网中的传感器资源按照专业要素进行横向处理,通过环境与任务分析、任务规划、协同探测、融合处理、分析与调控等步骤形成相应的情报产品;其次,在各子网分析、规划、探测等处理的基础上,进行信号及产品的纵向融合,实现对各类传感器资源的最优利用和高效业务处理。

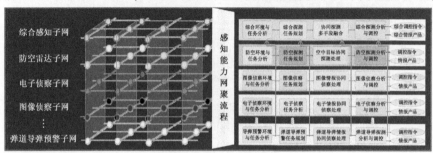

图 4-4 感知能力网聚流程

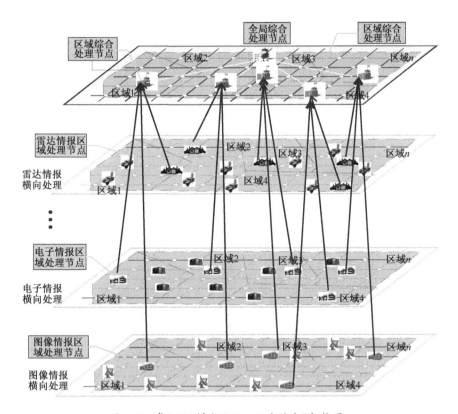

图 4-5 感知网"横向处理—纵向综合"架构图

4.5 防空雷达子网

防空雷达子网将空中预警机、各种地面防空雷达探测的空中目标信号、点迹、航迹,按照处理责任区汇集到雷达情报处理系统,地理上多点部署的雷达情报处理系统对多雷达信号、点迹、航迹进行融合处理,根据雷达回波特征识别空中目标,形成全网雷达空情态势。

4.5.1 组成结构

防空雷达子网由传感器、战术系统、区域和国家防空雷达预警中心系统组成。传感器包括各种地面雷达、预警机、气球载雷达、平流层飞艇雷达和分布式自组织雷达探测系统,负责对空探测;战术系统包括地理分布的多个战术级雷达情报系统,负责雷达信号、数据的分布式融合处理,形成全网统一的雷达预警态势。部队系统、区域和国家防空雷达预警中心系统按功能进行组合,划分为多个功能域,完成反隐身、低空探测、巡航导弹探测等不同情报保障任务。防空雷达子网进行雷达误差修正、多雷达点航融合、雷达目标识别等处理;通过大区域范围雷达探测和雷达情报处理的网络化组织运用,解决空中目标及时发现、准确定位和连续跟踪的问题。防空雷达子网组成结构见图4-6所示。

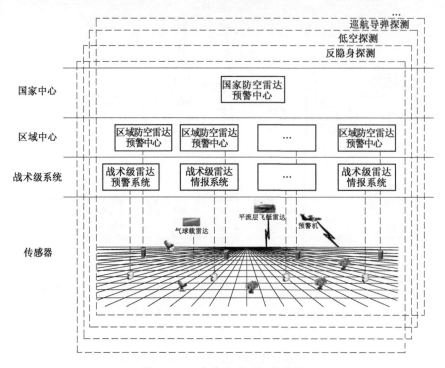

图4-6 防空雷达子网组成结构

随着信息栅格网信息传输、数据存储、信息处理能力的增强,防空雷达子网向更加分布和自组织的方向发展,探测资源、存储资源、计算资源分布在广域的信息栅格网络上,通过信号级协同处理形成目标探测,通过数据级协同完成目标发现识别,通过任务级协同形成"探测—处理—决策—优化"高效情报保障环路,这种分布式自组织雷达探测系统体系结构如图4-7所示。

第一级是信号级,主要实现雷达、电抗与红外传感器独立探测,信号级处理节点基于传感器和环境信息生成视频、点迹、航迹、全脉冲信息。其中的环境信息既包括系统的内生环境信息,也包括系统外的外生环境信息。通过对内生、外生环境信息的迭代式交互与学习,不断提升信号级传感器探测能力。

第二级是数据级,通过协同各传感器根据不同需求进行多源多粒度数据融合,实现雷达、电子侦察、光电等多传感器全向能量空间的汇聚与融合。数据级融合中心是虚拟化的,可定义、可协同管理的。其中,协同管理具体包括协同抗干扰、协同搜索、协同跟踪与协同识别。多粒度融合处理是基于动态构建的知识库基础上实现的,融合范围既包括传统的点迹融合、航迹融合,也包括具有大

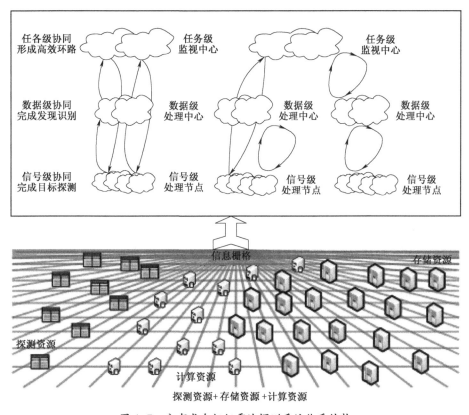

图 4-7 分布式自组织雷达探测系统体系结构

数据特征的信号融合与目标特征提取。数据级采用分布式融合处理架构。其中,数据级局部中心处理多个探测节点的信息,区域中心处理多个局部中心的多粒度探测信息,全局中心处理多个局部中心与重点探测节点情报。

第三级是任务级,采用大数据云计算技术,针对指挥控制、作战任务生成全维战场态势、情报保障产品。具体地说,基于大数据技术,对实时、非实时数据进行自适应学习,优化情报处理方法,生成全维战场态势,提升任务级感知、认知能力。基于云计算技术,通过资源虚拟化、可编程管理与服务部署,面向任务动态分配资源,构建满足不同任务需求、可软件定义的可编程云环境,实现多任务优化。

物理上,这种分布式自组织雷达探测网络由射频阵列、可信时敏网络以及分布式大数据处理三部分组成。射频阵列层完成全谱信息数据化,完成能量(光、电、红外)到数据的转换;可信时敏网络层完成数据的传输;分布式大数据处理层完成数据到认知的转化,认知后进一步向智能化转化。在三层架构上,需分别完成信号级、数据级以及任务级的闭环。分布式自组织雷达探测系统旨在提升雷达探测的综合能力,能够实现异类数据融合、分布式存储和计算以及目标行为预测等智能认知,所有传感器能量(全谱)经数据化转换后入网,传感器既是探测节点,同时也是计算节点,通过分布式计算,实现信号级传感器优化、数据级态势优化、任务级任务优化。系统组成见图4-8所示。

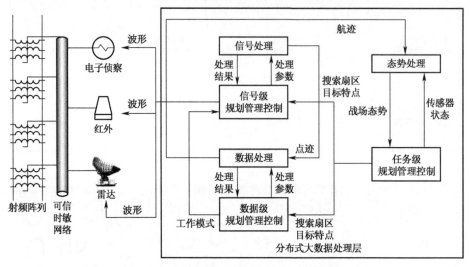

图4-8 分布式自组织雷达探测网络物理组成

4.5.2 工作原理

防空雷达子网将雷达传感器、雷达情报、雷达情报处理系统虚拟为情报资源和处理资源,进行服务化组织调度和体系运行管理。区域和国家防空雷达预警中心是管理控制和情报服务节点,部队级雷达情报系统是分布式情报处理节点。雷达点迹、航迹作为情报资源,网络化接入组网系统,按照处理任务分发到各个战术级雷达情报处理系统;部队级雷达情报处理系统进行雷达系统误差校正,将最相关的雷达信号/点航迹聚类到一条综合航迹上;对空中目标统一编批;多个处理单元进行目标协同研判,识别不一致时进行提示,由承担目标处理职责的处理单元最终确定目标属性性质。国家和区域防空雷达预警中心管理空中目标雷达反射面积、目标识别特征、批号资源等基础数据,提供基础数据服务,保障全网数据一致;进行雷达资源注册、批号管理,协调部队系统进行统批处理和空中目标识别;分析空中目标异常活动和威胁,监视防空预警态势;管理全网用户信息,为区域和战略雷达情报用户提供防空预警态势服务。防空雷达子网工作原理如图4-9所示。

雷达原始点迹和航迹入网以后,按照情报处理区共享调度使用;每个处理单元都能共享友邻的雷达情报,优质雷达资源充分利用;多部雷达联合起始弱小信号目标航迹,提高目标发现概率;目标多重覆盖,多部雷达的点航迹参与数

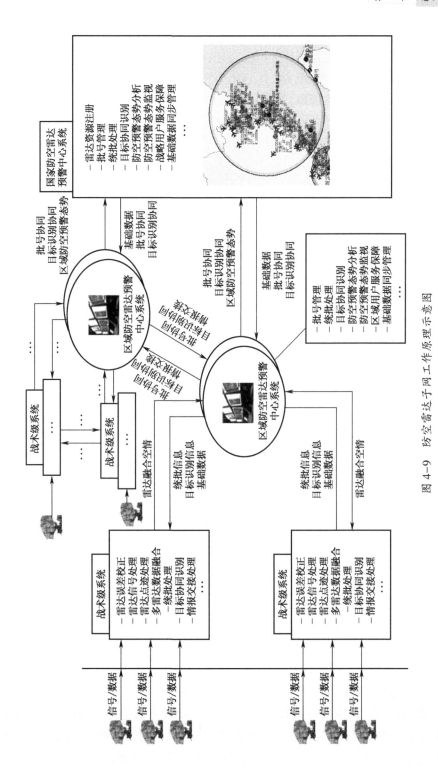

图 4-9 防空雷达子网工作原理示意图

据融合,目标航迹密度和跟踪连续性得到提高;处理功能分布,情报处理层级减少,情报时延降低;情报处理任务可动态迁移,系统抗毁性提高。分布式雷达情报处理原理如图4-10所示,D_1、D_2、D_3为雷达情报处理单元,RD_1、RD_2、RD_3、RD_4为共享使用的雷达资源,敌机经过多个处理单元的处理范围,形成跟踪连续的统一航迹。

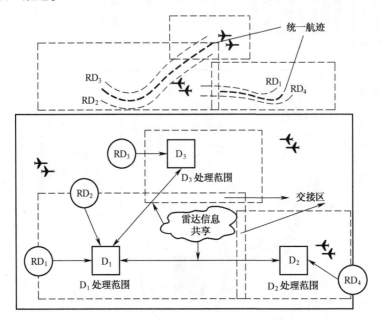

图4-10 分布式雷达情报处理示意图

4.5.3 典型应用

超低空突防是指作战飞机、直升机或导弹等执行军事打击任务的飞行器,利用地球曲率和地形起伏所造成的防空体系的盲区,充分发挥飞机的纵向和横、切向的机动能力,利用地形做掩护,有效地回避各种威胁,提高飞行器生存能力和突防任务的成功率。一般来说,航空兵器在空中距地(水)面1000m的高度飞行,称为低空飞行;距地(水)面10~100m的高度飞行,称为超低空飞行。低空超低空突防是航空兵作战的基本模式,也是一种行之有效、常用常新的战术手段。在海湾战争中,多国部队大量使用了武装直升机,其突防高度通常在100m以下,伊拉克防空部队的地空导弹和大中口径高炮还来不及反应,就被摧毁。低空超低空飞行还有利于飞行员观察、识别和攻击小目标和伪装目标。先进性能"第三代"战斗机可对任何地形保持60m或更低的高度飞行,使飞行员集中精力寻找目标;能以低达30m的高度袭击小目标;先进攻击机的低空性能更好,多采用超低空(30m)、大速度(960km/h)突防,可从低空寻找点状目标予以攻击。

利用上述雷达组网技术,将空天地雷达传感器合理部署、一体化运用,是应对低空、超低空突防的有效方法,如图4-11所示。应对低空超低空突防,区域防空雷达预警中心根据突防目标可能的来袭方向部署雷达探测力量,指挥部队监视警戒和发现目标;对于掠海飞行的战斗机,平流层飞艇和天波超视距雷达进行极远探测,探测距离达到1000km以上,并将情报发送到战术级和区域情报处理单元,战术级和区域情报处理单元及时发布空袭告警,可提供1h以上的预警时间;目标接近我方防御区后,区域防空雷达预警中心指挥空中预警机接力探测,探测距离可达到400km以上,空中预警机情报、平流层飞艇和天波超视距雷达在相应情报处理单元融合处理,连续监视目标,可提供30min以上的预警时间,这时,利用预警机雷达可对突防目标进行精确跟踪,误差达到百米级;突防进入导弹发射区后,区域防空雷达预警中心为战术级雷达情报系统提供目标指示,战术级雷达情报系统控制气球载雷达和低空补盲雷达协同探测目标,气球载雷达和低空补盲雷达将情报发送到战术级系统处理,战术级系统进行多雷达数据融合,目标编批和接批处理,在区域防空雷达预警中心形成统一航迹,引导飞机、地空导弹和高炮攻击目标。干扰情况下,雷达部队指挥所控制雷达启动抗干扰模式、改变工作频率,连续稳定跟踪目标。

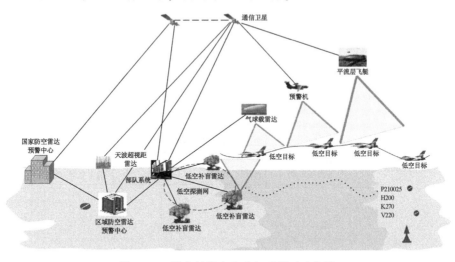

图4-11 低空超低空雷达组网探测示意图

4.6 图像侦察子网

图像侦察子网将侦察飞机、无人机、卫星侦察获取的图像、视频情报,根据处理方向、区域和目标,汇集到分布部署的航空航天侦察图像情报处理系统,各个情报处理系统根据任务完成目标图像的专业处理、融合和判读分析,形成图像、视频专业情报产品;情报处理系统之间建立协同机制,在情报处理过程中进行协同查证和研判,提高情报准确性。

4.6.1 组成结构

图像侦察子网由传感器、战术级系统、区域和国家图像情报中心组成。传感器包括侦察卫星、有人侦察机、无人机,传感器通过地面站接入信息栅格;战术级系统,分固定式、机动式和嵌入式图像情报处理站三种类型,固定式系统配置在航空部队固定指挥所使用,机动式系统跟踪飞机平台,机动部署使用,嵌入式系统配置在侦察机平台上使用。区域图像情报中心接收部队系统报告的图像情报成果,接收传感器提供的高价值图像数据,根据图像研判战场态势,为战区指挥所提供情报;国家图像情报中心接收各个区域图像情报中心的产品和卫星和特殊渠道影像数据,综合整编作战目标、地理环境情报产品,为各级指控中心提供打击目标、全球地理影像情报。图像侦察子网针对设施目标、高价值移动目标、时敏小目标进行组网侦察探测,通过航天航空侦察图像情报的网络化接入、图像分布协同处理和图像情报网络化服务,为战场态势监视、打击目标分析、地理影像生成提供图像专题情报支持。图像侦察子网组成结构见图4-12所示。

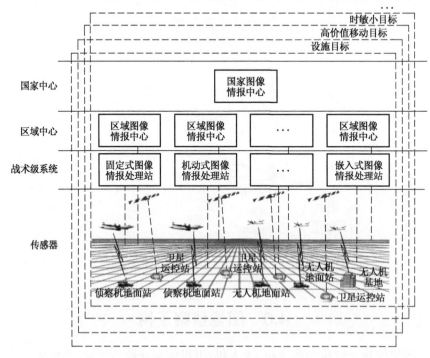

图4-12 图像侦察子网组成结构

4.6.2 工作原理

组网以后,部队系统、区域和国家图像情报中心基于全球数字空间划分和情报处理任务进行图像情报专业处理,形成不同层级的情报产品。国家图像情报中心统一管理图像情报处理任务,将全球地理区域按网格进行划分,将每个网格分配到战术级系统、区域图像情报中心等各个处理单元。卫星、侦察机、无人机随遇入网,图像情报按照既设的规则调度到各个处理单元进行处理。战术级系统侧重图像专业处理,融合处理各种类型各种平台的图像数据,形成图像专业情报产品,快速分发到作战部队;区域图像情报中心接收各个部队系统提供的图像产品,跟踪监视战场目标变化,发现新出现的目标,进行战场态势分析,综合后形成区域完整的陆海态势;国家情报中心统一管理全球地理网络、图像判读知识库等基础数据,统一分配管理图像处理任务,监视情报生产情况。部队系统、区域和国家图像情报中心三级系统一体联动,目标协同判读分析,形成不同层次的图像情报产品。图像侦察子网工作原理见图 4-13 所示。D_1、D_2、D_3 为分布在全球各地的图像情报处理单元,各个处理单元通过卫星、宽带情报链接收成像侦察卫星、侦察机、无人机分发的原始图像数据,按照全球地理网格进行任务区分,进行分布式协同处理,图像目标协同判读辨识,形成全球地理影像、打击目标、海洋态势等图像情报产品。

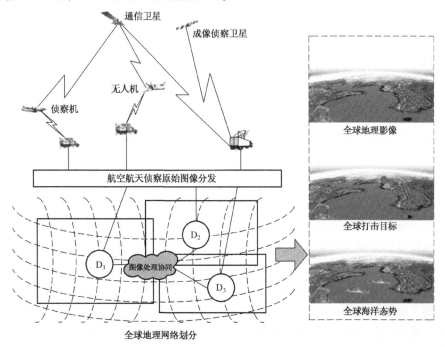

图 4-13 图像侦察子网工作原理图

分布式运行的图像情报处理网络可兼顾情报时效性、完整性和准确性多种要求。一是可基于原始情报,简单判读标注,快速分发;二是基于全源侦察图像进行校正、去噪,与地理信息配准对图像目标进行定位,图像按特征进行配准、融合,形成更清晰、特征更丰富的融合图像,提高了打击目标图像清晰度,丰富了目标特征;三是多个分布式处理单元基于目标特征库对图像目标进行协同研判,确定目标类型型号,通过综合研判,提高了打击目标识别能力。

4.6.3 典型应用

随着现代科技的发展,无人机已逐步发展成为不可或缺的主战装备,执行的任务已从传统的侦察、监视、预警等战斗支援,向侦察、干扰、打击、评估一体化作战方向发展。察打一体无人机是一种"中海拔、长航时"无人机系统,它可以执行侦察任务,也可以发射导弹攻击目标。这种无人机一般装有光电、红外侦察设备、GPS 导航设备和具有全天候侦察能力的合成孔径雷达,在 4000m 高处分辨率可达 0.3m,对目标定位精度可达 0.25m。高空长航时无人侦察机是各国竞相发展的新型无人机,起飞后可到达全球任何地点进行侦察,一般机上载有合成孔径雷达、电视摄像机、红外探测器三种侦察设备,以及防御型电子对抗装备和数字通信设备。利用分布式处理技术,对无人机侦察图像进行及时处理、快速分发,是发挥无人机作战效能的关键。

以无人机在中亚地区执行反恐任务为例,说明图像侦察子网的应用过程。察打一体无人机在战区起飞升空,起飞过程由起降站内的遥控飞行员进行视距内控制,任务飞行由任务控制站遥控飞行员实时控制,无人机按照任务控制站遥控飞行员指令进行摄影和视频图像侦察。侦察视频通过视距数据链传送到地面站后,通过信息栅格转送全球各地指挥部门,侦察图像通过 Ku 波段卫星数据链发送给负责该区域情报处理任务的分布式图像情报处理站,图像情报处理站快速进行图像筛选,标注目标变化和发现新目标;分布式式图像情报处理站将获取到的时敏目标情报,通过指挥所快速指示到其他作战飞机,附近的其他作战飞机接收到目标指示信息后可以快速对地海面目标发起攻击。高空长航时无人侦察机一般按照加载的规划航线远离本土飞行,侦察图像数据通过 Ku 波段卫星数据链分发到给无人机基地、负责目标区域情报处理任务的战术级或区域情报处理单元和国家图像情报中心,无人机基地利用回传的图像数据进行情报质量分析和侦察指挥;战术级或区域图像情报处理单元进行打击效果评估;国家图像情报中心存储积累无人机侦察图像,进行图像专业处理,综合其他侦察手段获取的情报资料,整编形成全球打击目标成果;战术级、区域和国家图像情报中心利用地面信息栅格,将图像情报成果分发到相关指挥机构。无人机侦察图像组网处理见图 4-14 所示。

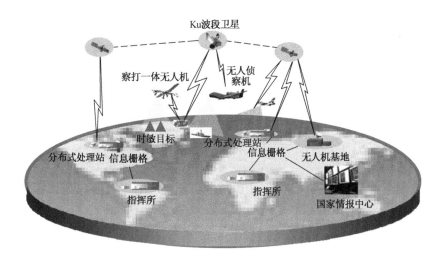

图 4-14 无人机侦察图像情报组网处理示意图

无人机侦察图像采用"分区处理、及时分发"的处理使用模式,相关数据在具备可用性之后,就立即发布在共享网络上,允许用户提取数据并将其纳入他们自己的处理进程中。针对不同时效性情报要求,具体采用不同的方式,如图4-15所示。一是卫星广播方式,通过大容量卫星数据链预处理后的图像数据,分发到地面任务控制站、分布式处理节点和无人机基地,侦察视频直接传输到地面任务控制站和相关指挥机构,遥控飞行员和指挥员进行目标攻击使用;二是无人机地面任务控制站转发方式,无人机侦察图像和视频通过专用的视距数据链传输到地面任务控制站,地面任务控制站经过快视筛选后,形成侦察要报,通过地面信息栅格网络分发到分布式处理站、国家情报中心和相关指挥机构,过程一般只需要几分钟;三是机载记录仪存储卸载使用方式,无人机任务飞行过程中,机载记录仪记录存储全部侦察数据,无人机回收后,后勤保障人员从机载记录仪卸载全部侦察数据,通过地面指挥、控制、通信、计算与情报(Command,Control,Communication,Computer,Intelligence,C^4I)网络进行数据分发;四是分布式处理站快速处理分发方式,分布式处理站通过卫星数据链或地面信息栅格网络接收到无人机侦察图像数据后,进行图像专业处理,形成目标通报、打击效果评估、侦察监视报告情报产品,分到到相关指挥机构使用,过程一般需要 30min;五是国家情报中心长期积累利用方式,国家情报中心接收到无人机侦察原始图像数据、无人机任务控制站或分布式处理站处理形成的中间产品,综合其他电子侦察、信号侦察、特殊手段情报和科技情报,整编形成作战目标资料和敌情研究专题情报,并提供给各级指挥机构使用。

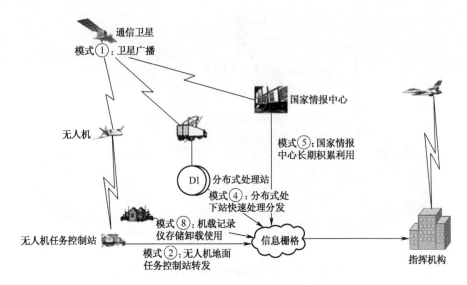

图 4-15 无人机侦察图像情报处理分发利用过程

4.7 电子侦察子网

电子侦察子网将侦察飞机、无人机、卫星侦察获取的电子情报,汇集到各级各类的电子情报处理系统,多个系统建立协同和网络分布处理机制,进行电磁信号筛选、分类、关联、参数综合和目标整编等处理,识别辐射源类型型号,形成电磁目标和电磁态势专业情报产品。

4.7.1 组成结构

电子侦察子网由电子侦察卫星、预警机、电子对抗飞机、电子侦察机、无人机及其地面系统、地面电子侦察站等传感器系统、战术级、区域级和国家级等电子情报处理系统组成。战术级包括航空、航天、地面和机载电子情报处理系统,主要是基于任务收集处理航空航天侦察、地面侦察获取的电子情报,针对雷达、通信和数据链、光电等辐射源进行组网侦察指挥;区域级电子情报中心接受国家级电子情报中心的管理和任务,收集航空航天和地面各种电子侦察手段获取的情报,按地理区域和目标融合处理电磁情报融合处理,进行目标定位、目标识别、电磁态势分析和环境分析,为作战部队提供电磁情报产品。国家级电子情报中心统一分配情报处理任务,存储管理统一的电子目标数据库,管理全球电磁态势和电磁环境信息,为国家和战略用户提供情报保障,必要情况下,进行重点和重要目标情报的处理和威胁分析,组织全网进行疑难电磁信号分析。电子侦察子网组成结构见图 4-16 所示。

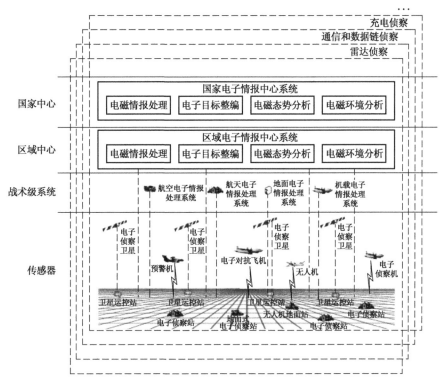

图 4-16 电子侦察子网组成结构

4.7.2 工作原理

电子侦察子网主要是通过雷达侦察、通信和数据链侦察情报网络化组织运用,电子侦察网络化指挥控制,利用"网络化、服务化"体制机制进行电子侦察指挥控制和电子侦察资源组网运用,解决战场电子目标、电磁态势和电磁环境情报保障问题。

电子侦察子网工作原理见图 4-17 所示,首先由区域电子情报中心统一规划电子侦察飞机、无人机、地面电子侦察站的侦察任务,规定飞机侦察阵位和飞行航线、侦察方向、重点搜索的频率和设备开关机时间;电子侦察飞机、无人机按规划的航线飞行,侦察设备开机搜索信号,设备操作员进行信号的筛选,将有用信号通过数据链发送到地面航空电子情报处理系统入网,或直接在区域电子情报中心入网;在地面电子侦察站在规定的时间段设备开机搜索信号,信号处理和初级识别后将情报数据发送到地面电子情报处理系统;卫星电子侦察情报通过航天电子情报处理系统初步处理后入网;航空航天和地面电子情报处理系统接受区域电子情报中心的处理任务,进行多传感器多次侦察数据的预处理、关联,综合电子设备参数,对于多机和多站同时掌握的目标进行三角交叉定位,确定电子目标位置,根据辐射源工作参数和信号特征,匹配电子目标知识库识别辐射源类型型号和平台型号;对于疑难电磁信号,由区域电子情报中心统一组织,发挥各个情报节点情报分析人员的技术能力优势,综合其他手段情报,协同研判目标。协同电磁态势分析在各个区域和国家电子情报中心之间进行,通常采用信息栅格提供的研讨环境,各个节点协同分析电磁目标活动航线、开关机规律、用频规律,识别异常电磁辐射,针对重要电磁威胁进行告警。电磁环境分析主要是分析战场环境中的电子目标分布、电磁能量分布、某个地理空间在某个时间的频谱占用情况,为设备用频、预警探测和情报侦察指挥决策提供依据,电磁环境分析由区域和国家电子情报中心根据常态任务分工进行。电子目标编目库和识别库由国家电子情报中心统一整编和管理,在全网进行数据共享。电子侦察子网将卫星、空中平台、地面电子侦察站和各级电子情报系统组织成一个整体,网络化组织运用,电子侦察传感器随遇入网,情报按任务调度处理,电磁目标协同定位、综合识别,电磁态势和电磁环境协同分析,可有效提高电磁情报处理和保障能力。

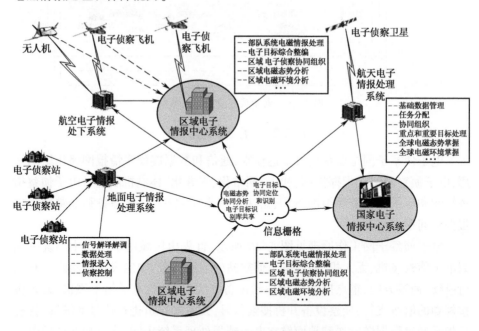

图 4-17　电子侦察子网组网工作原理图

4.7.3　典型应用

目前,世界上拥有航空母舰的国家已达到 13 个,分别是美国、英国、俄罗斯、印度、日本、韩国、泰国、巴西、法国、意大利、阿根廷、西班牙和中国。美国海军现在服役有 10 艘尼米兹级航空母舰,1 艘企业级航空母舰和 1 艘即将服役的世界上最大的航空母舰,次世代福特级航空母舰。日本拥有3艘"大隅"级输送舰,其规模和作战能力接近航空母舰,另有一艘16DDH直升机驱逐舰"日向"号。航空母舰具有强大的火力输送能力,是一个国家海军军事实力的象征。海洋面积约为3 5525 5000km^2,占地球表面积的70.8%,在浩瀚的海洋上搜索发现航空母舰,最好的侦察手段是卫星成像侦察和电子侦察,成像侦察受云层影响大,但是定位精度高,电子侦察受气象条件影响小,电子侦察用于普查和概略引导,成像侦察用于精确定位和目标确认,电子侦察和成像侦察相互结合,是发现航空母舰的有效途径。

以全球航空母舰电子侦察定位跟踪为例,描述电子侦察网的应用过程。电子侦察网由4颗卫星组成,包括1颗主卫星和3颗子卫星,采用时差定位方法实现对航空母舰的电子侦察定位。通常主卫星运行在1000km高度的近似圆轨道(如近地点高度为1053km,远地点高度为1165km),3颗子卫星围绕主卫星旋转。各子卫星之间距离(基线)一般为50~240km,呈三角形,轨道倾角为63°左右,如图4-18所示。时差定位的原理为:将4颗卫星的位置换算到地球固连直角坐标系,每颗卫星将接收到航空母舰目标的雷达信号和通信信号进行分选和关联,得到航空母舰辐射信号(如脉冲前沿)的到达时间,将3颗子卫星的信号达到时间和当时位置数据都送给主卫星,由主卫星进行数据处理。每两颗子卫星的信号到达时间差都可形成双曲面。两个双曲面的交线与以目标到地心的距离为半径的球面的交点(有两个交点,保留靠近观测者的交点,舍弃在地球另一面的交点)便是航空母舰的位置(即求解3个联立方程组)[1]。多组卫星对航空母舰的侦察定位点信息经过相应的地面航天电子情报处理系统落地后汇集到区域电子情报中心,区域电子情报中心进行多组定位信息的关联综合,便可得到航空母舰连续的轨迹。必要情况下,区域电子情报中心还可控制卫星进

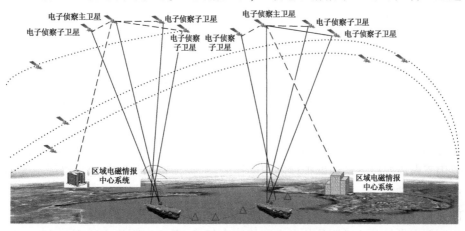

图4-18 全球航空母舰电子侦察定位跟踪图

行变轨机动,实现对航空母舰补盲侦察和连续跟踪。

对航空母舰舰载雷达实施侦察时,针对舰载雷达信号源方位变化小、不同雷达信号源数量较集中、雷达开机时间长,且无高度变化,信号比较稳定的特点,通常运用扇形搜索方法搜索目标。对于敌航空母舰经常活动的海域和航道,加强搜索,发现舰载雷达信号后,快速测定其技术参数和判定辐射源类型型号、平台型号,按统一的编号和命名及时上报电子侦察定位结果。在对航空母舰通信信号实施截获行动时,首先,区域电子情报中心指挥卫星台站,在指定的频率范围内,通过不断改变接收频率或在全频段显示信号技术参数,对指定参数信息进行寻找,并将搜索的信号存储到指定信道上;区域电子情报中心接收到航空母舰信号后,对搜索截获到的信号进行综合分析、判断,从中分辨出电台的属性、级别、方向,结合图像侦察、技术侦察等其他手段,对航空母舰目标进行定位和识别确认;最后,对已经搜索和识别到的航空母舰通信信号进行严密守控,监视变化,及时查询失去的信号。当航空母舰跨越多个战区航行时,多个区域电子情报中心之间进行情报通报、情报交接,提高航空母舰连续跟踪监视能力。

4.8 弹道导弹预警子网

弹道导弹预警子网通过地面高速宽带网络汇集各种反导预警传感器侦察探测的信息,及时发现导弹来袭征候,对弹道导弹目标进行融合跟踪识别,预测发点和落点,进行导弹来袭告警,生成反导预警态势,为相关反导指挥机构和拦截武器提供情报服务。

4.8.1 组成结构

弹道导弹预警子网一般由国家和区域弹道导弹预警中心、高轨和低轨红外预警卫星、天波超视距雷达、远程预警相控阵雷达、多功能地/海基雷达和地面红外探测设备组成。红外预警卫星、弹道导弹预警雷达等传感器组成弹道导弹探测网,对陆基、潜射弹道导弹进行全程探测掌握;高轨红外预警卫星主要用于导弹助推段的探测;低轨预警卫星主要用于导弹中段的探测;预警卫星通过扫描除南北极外的整个地球表面,能对其他国家导弹发射、试验和其他航天活动保持不间断的监视,提供30min以上的弹道导弹预警时间;天波超视距雷达主要用于电离层以下导弹助推段的辅助探测;远程预警相控阵雷达主要用于导弹中段和助推段(雷达视距内)的探测和跟踪,作用距离达到3000~5000km;多功能地/海基雷达在远程预警信息的引导下,完成对弹道导弹的搜索截获、跟踪、识别和提供拦截效果评估信息支持等四大任务,雷达探测能力达到2000km,这种雷达可提供弹道导弹的跟踪信息和目标及对抗手段的鉴别信息,并可将信息指示给拦截导弹,是有效发挥反导能力的关键;地面红外探测设备在导弹飞行使用,可用于辅助识别真假弹头。预警卫星地面运控站、弹道导弹预警雷达等传感器设备采用高速专线与弹道导弹预警中心连接。国家弹道导弹预警中心负责战略预警,监视敌对国家潜弹道导弹威胁,对洲际和远程弹道预警;区域弹道导弹预警中心负责区域内保卫目标的安全,对中近程弹道导弹预警。国家弹道导弹预警中心监视敌对国家潜弹道导弹威胁,对洲际和远程弹道预警,为区域弹道导弹预警中心分配重点目标监视任务,协调跨区传感器组网运用和情报交接;区域反导预警中心负责区域内保卫目标的安全,常态监视作战方向上弹道导弹部队活动,监视弹道目标飞行,对中近程弹道导弹预警。弹道导弹预警子网组成结构如图 4-19 所示。

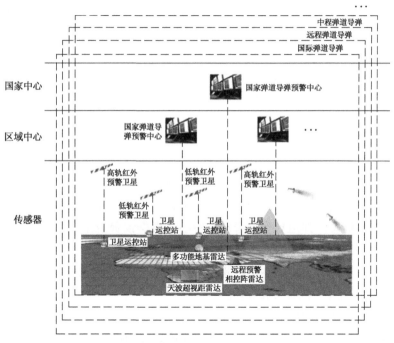

图 4-19　弹道导弹预警子网组成结构

4.8.2　工作原理

弹道导弹飞行过程一般分为主动段(或上升段)、中段和末段(或再入段),如下图所示,在此过程中,弹道导弹预警中心对红外预警卫星、天波超视距雷达、远程预警相控阵雷达和多功能地/海基雷达统一进行任务和资源分配、多源信息印证和综合研判,迅速判明情况,弹道导弹预警子网工作时序如图 4-20 所示。

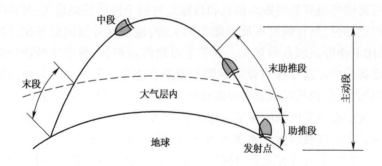

图 4-20 弹道导弹飞行阶段示意图

1. 主动段预警

弹道导弹预警预警中心基于战略对抗态势、战争征候情报,组织地基远程预警探测手段,对重点方向和空间实施搜索,使用天基侦察手段对敌导弹阵地/发射阵位实施重点监视。天基高轨红外预警卫星网利用弹道导弹发射时的强烈红外辐射特征实现对弹道导弹的发射探测,由多颗地球同步轨道和大椭圆轨道预警卫星组成天基高轨红外预警卫星网。弹道导弹发射后,部署在地球静止轨道上的天基预警系统探测到弹道导弹发射时助推器喷射的高温尾焰后,经星上处理后,通过星地链路将情报发送到弹道导弹预警中心,弹道导弹预警中心通过地面信息栅格网向相关作战单元发出预警。早期预警信息主要包括弹道导弹首次发现时刻、发射时刻、发射点位置、导弹射向、可能的落点、目标类型、目标可信度等信息。弹道导弹预警中心控制天波超视距雷达与红外预警卫星对弹道导弹发射助推段形成重叠探测,数据融合处理,以提高对弹道导弹在助推段的发现概率。弹道导弹预警预警中心还根据预警卫星的弹道预测数据,形成地基大型 P 波段雷达搜索区域,引导 P 波段雷达开机探测,在确定目标大致位置范围的情况下,地基大型 P 波段雷达可将探测资源集中在较小的搜索空间,有利于尽早、可靠地发现目标。

2. 中段跟踪识别

弹道导弹飞行进入中段后,多级助推器已经抛离,高轨道红外预警卫星一般工作在 $3\sim5\mu m$ 红外探测波段,此时已无法进行有效预警。此时,部署在低轨的预警卫星宽视场短波红外捕获传感器和窄视场高精度凝视型多色跟踪探测器,针对太空冷背景中处于飞行中段的弹头目标,进行跟踪识别,监视弹头母舱和突防装置的攻击过程,准确地确定弹道导弹的姿态、特性和攻击点,识别弹头与诱饵。目标信息通过中继通信卫星或预警卫星星座中其他卫星中继至地面站点入网。

在此阶段,国家弹道导弹预警中心为区域弹道导弹中心分配目标,多个区域弹道导弹中心进行情报协同和目标交接,保证多枚导弹饱和攻击下不漏情和跟踪连续。区域弹道导弹预警中心对下属的多类传感器资源进行统筹规划,优化粗略跟踪、精密跟踪、搜索所用的时间片,从而用有限的探测器资源最大限度地满足任务要求,融合处理预警雷达、制导雷达信息,对目标进行综合识别。图4-21给出了弹道导弹预警子网对全程飞行的弹道导弹的探测时序图。国家弹道导弹预警中心分配目标,区域弹道导弹预警中心根据P波段雷达信息,引导天波超视距雷达、X波段雷达、地面红外探测设备搜索发现目标,引导X波段雷达对目标进行精密跟踪。弹道导弹预警中心还融合处理各探测器上报的信息,判断确定目标群中的弹头,给出可信度,并完成各目标的威胁排序,随着作战时序的进程实时更新威胁排序,根据威胁大小确定拦截目标。目标穿越多个区域时,区域中心之间进行情报的交接。

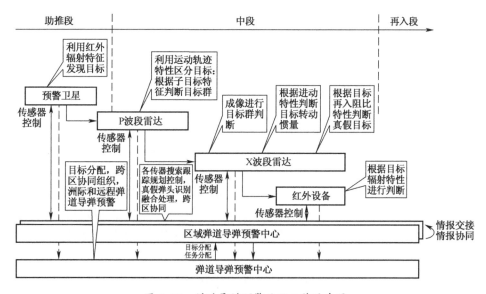

图4-21 弹道导弹预警子网工作时序图

3. 末段拦截情报保障

弹道导弹在末段飞行阶段,已分离为多个弹头,地基大型X波段多功能相控阵雷达进行跟踪识别,并向拦截武器制导雷达提供目标信息,进行目标指示,引导制导雷达尽早发现目标。实时提供弹道导弹飞行轨迹精确跟踪、落点位置、落地时刻、威胁判断、真假目标识别等信息,为反导拦截提供预警跟踪信息;提供拦截毁伤效果评估结果,为是否进行后续拦截提供决策支持。

当拦截弹与来袭弹头发生直接碰撞后的20~30s,以两者碎片云的尺寸大小、相对位置、碎片云扩散程度及其RCS回波散射特性来评估其杀伤效果,为实施第后续拦截提供重要依据。

4.8.3 典型应用

弹道导弹是一种在火箭发动机推力作用下按规定程序飞行,关机后按自由抛物体轨迹飞行的导弹,按照射程分为洲际(5500km 以上)、远程(3000~5500km)、中程(1000~3000km)和近程弹道导弹(小于 1000km),各国划分标准不一。常规弹道导弹弹头一般 500kg 左右,爆炸效果能在地面留下一个长 30m、宽 20m、深 5m 的坑。如果是洲际导弹,通常装载 2t 重的核弹头,毁伤面积能达到一个足球场大。弹道弹道飞行速度快(每秒可到达 6km),如果采用弹头侧喷发动机和弹头母舱分导等技术,在再入段可实现机动变轨,拦截非常困难。目前,世界上著名的弹道导弹有美国的"民兵"和"三叉戟"、俄罗斯的"白杨"、印度的"烈火"以及法国的"西北风"。2016 年 9 月,朝鲜从黄海北道黄州郡一带向半岛东部海域试射 3 枚"芦洞"弹道导弹,飞行距离约 1000km,3 枚导弹都飞抵预定目的地,显示了良好的稳定性和精确性。

弹道导弹预警子网可提前预测导弹发射落点,可引导拦截武器拦截弹头,在反导作战体系中发挥了"千里眼"和"广播站"的作用。下面以应对某军事强国一次饱和发射几十枚以上中程弹道导弹为例,说明弹道导弹子网的应用特点,应用概念如图 4-22 所示。对中程弹道导弹的探测预警涉及到的作战力量包括国家弹道导弹预警中心、区域弹道导弹预警中心、高轨和低轨红外预警卫星、天波超视距雷达、远程预警相控阵雷达、多功能地基雷达。红外预警卫星、天波超视距雷达、远程预警相控阵雷达常态监视敌对国家中程弹道导弹发射征候。预警卫星发现弹道导弹发射,向国家和区域反导预警中心上报目标发现方位,国家和区域反导预警中心根据卫星位置估算发点、发射方向、粗算落点区域,对外发布预警信息。对于大批量弹道导弹来袭,国家弹道导弹预警中心为各个区域弹道导弹预警中心分配目标探测任务。区域反导根据目标来袭方向和预测的轨道轨迹,为 P 波段雷达提供目标指示;各个区域弹道导弹预警中心根据弹道导弹类型、弹药当量、落点区保卫目标重要程度,实时计算威胁,对威胁进行排序,调整相应装备的监视、搜索区域,调度 P 波段预警雷达发射能量,确保高威胁等级目标的截获;在受干扰条件下,控制不同空间位置的多个传感器进行协同探测,保持在复杂环境下的连续跟踪。一个目标穿越多个区域时,区域弹道导弹预警中心之间自动进行情报交接。弹道导弹到达拦截武器杀伤范围后,区域弹道导弹预警中心利用系统融合航迹引导 X 波段搜索发现目标,X 波段雷达发现目标后,将获取的目标实时状态、距离像、ISAR 像、RCS 等信息上报给区域弹道导弹预警中心。区域弹道导弹预警中心根据 X 波段雷达信息进一步修正弹道参数、弹道目标发点、落点;在目标特性库的支持下,根据当前获取的目标距离像、一维 ISAR 像、微动特征、RCS 等信息,识别真假弹头;根据修正后落点、识别信息,进一步评估弹道导弹威胁,向相关用户发布预警,为拦截武器提供目标指示。面对密级饱和攻击,国家弹道导弹预警中心组织多个区域弹道导弹预警中心密切协同,红外预警卫星、预警雷达协同探测,组成高中低、远中近严密的弹道导弹预警防御网络。

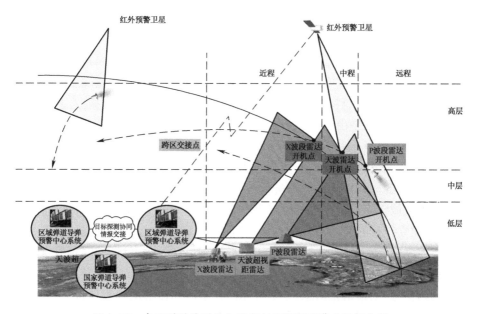

图 4-22　中程弹道导弹饱和发射组网探测预警应用概念图

4.9　空间监视子网

自从 1957 年 10 月 4 日苏联发射了第一颗人造地球卫星以来,人类围绕太空开始了科技和军事竞赛,目前,环地球轨道空间聚集着来自地球的 790 颗人造卫星,其中,美国以 549 颗占据数量榜首,中国以 142 颗紧随其后,第三名是俄罗斯 131 颗,第四名是日本 55 颗。卫星可携带多光谱扫描仪、红外扫描仪、合成孔径雷达、微波辐射计、雷达高度计、超光谱成像仪、遥感数传设备等各种载荷,可执行情报侦察、导弹预警、通信导航、气象探测、海洋监视等各种任务,卫星成为人类生活不可或缺的高科技产品。近年来,美国还研究了装载激光的卫星武器、空天飞机等空间武器,可以对敌方任意空间的高价值目标实施攻击。卫星发射监视、在轨运行监视、威胁预测告警成为一项重要的军事活动。

空间监视子网发现、跟踪、测量、识别环绕地球飞行的卫星、末级火箭、空天飞机、碎片、陨石等各种空间目标,计算轨道并逐个编目。对所有空间轨道目标进行处理和编目并存入计算机,识别空间目标的类型、国别、用途和有否敌意等,确定其当前轨道,预报未来轨道及预测某些大型航天器再入大气层的时间和大致地点,为用户提供空间目标轨道预报,为拦截系统提供目标指示数据。还承担空间资源保护任务,通过对可能的威胁信息进行分析,及时提出告警和对策,保护空间资源不受到破坏。

4.9.1 组成结构

空间监视子网由地(海)基/天基/临近空间各种侦察监视手段、国家和区域空间目标监视与控制中心组成,具备卫星、空天飞机、陨石等空间目标监测和空间环境感知功能。地基空间目标探测系统主要由专用空间目标探测系统、辅助空间目标探测系统、(科学、军事)兼用空间目标探测系统三部分构成,其中专用空间目标探测系统是由光学探测系统和无线电/雷达探测系统组成[1]。各种探测系统获得的信息送往区域和国家空间目标监视和控制中心进行融合处理。区域空间目标监视与控制中心负责本地区上空空间目标的监视跟踪和威胁告警,对本地区的空间探测传感器进行统一管理;国家空间目标监视与控制中心协调各个区域空间目标监视与控制中心的任务和行动,为全部空间目标进行统一编目,建立统一的空间目标数据库,并向各个区域中心同步数据。空间目标监视与控制中心在功能上又分为空间情报侦察信息处理系统,空间预警探测信息处理系统和指挥控制系统;空间情报侦察信息处理系统负责截获敌对国家卫星的通信信号、侦察情报信息,获取目标任务意图和传输的侦察情报;空间预警探测信息处理系统收集处理各种光学探测系统和无线电/雷达探测系统的情报信息,监视各个国家航天器发射活动,准确测算空间目标运行轨迹;指挥控制系统收集传感器工作状态,规划情报侦察和预警探测任务,发布卫星过境/过顶预报,对空间目标坠毁、碰撞危险进行告警。空间监视子网组成见图 4-23 所示。

4.9.2 工作原理

空间目标情报处理包括空间划分、侦察监视、轨迹跟踪、编目管理、状态分析和情报分发 6 个过程,见图 4-24 所示。空间划分是国家空间目标监视与控制中心的任务分配过程,将宇宙空间以地球地心为圆点,按立体扇区进行分割,将每个立体扇区分配到区域空间目标监视与控制中心;侦察监视是区域空间目标监视与控制中心利用侦测船、P/L/X 波段雷达、战场侦察监视设备、红外预警卫星对侦察探测航天器发射活动进行侦察,发布航天器发射通报,管理各种传感器协同探测监视航天器在轨飞行;轨迹跟踪就是区域空间目标监视与控制中心融合处理各种侦察监视情报,分析航天器特性,计算飞行轨道,预测飞行轨迹,形成空间监视态势;当空间目标穿越立体扇区飞行时,相邻的区域空间目标监视与控制中心进行情报交接,向下一个区域中心通报空间目标基本参数和动

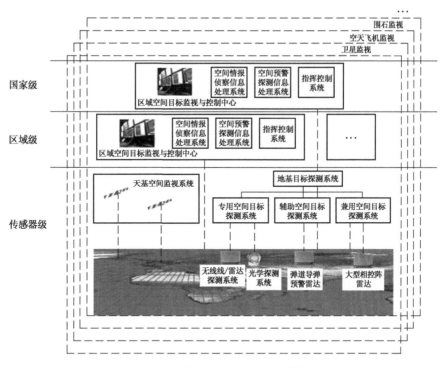

图 4-23 空间监视网子网组成结构

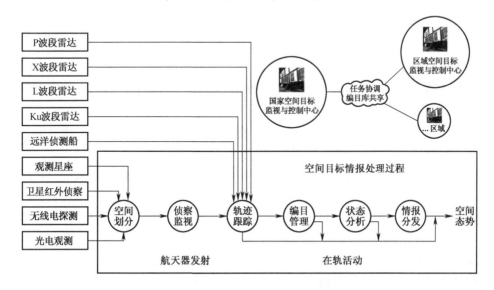

图 4-24 空间监视子网工作原理图

态属性;编目管理就是国家空间目标监视与控制中心根据各区域空间目标监视与控制中心上报的情报,建立空间目标数据库,包括目标 ID、轨道参数、目标属性、卫星载荷等,并将编目数据库同步到各个区域中心;状态分析主要是区域空间目标监视与控制中心,进行航天器运行规律分析、判断变轨、设备故障状态,发布威胁预警;情报分发就是国家和区域空间目标监视与控制中心按照情报通报关系向相应的指挥机构和作战部队通报空间目标轨道参数、飞行轨迹,发布过境和过顶侦察、空间目标碰撞、空间碎片坠落等情报信息。

4.9.3 典型应用

空天飞机是军事大国正在试验发展的新型航天装备项目,具有鲜明的军事特征。空天飞机是一种无人且可重复使用的太空飞机,由火箭发射进入太空,既能在地球轨道上飞行,又能进入大气层飞行,同时结束任务后还能自动返回地面,被认为是未来太空战斗机的雏形。空天飞机具有快速进入太空的能力,凭借自带的太阳能电池和锂电池提供动力,飞行时间可达270天,功能可从传统的传感器平台拓展为集信息搜集、航天目标捕获与天地精确攻击于一体的通用航天平台,空天飞机还可搭载导弹、激光发射器等先进武器,既能在作战中直接捕获或攻击对手天基系统中的节点目标,又能对时敏高价值目标直接实施高超声速天地精确打击,是实现"全球快速打击"颠覆性武器,空天飞机研制成功使太空战由科幻变成现实。

空天飞机长大约9m,高大约3m,翼展4~5m,外形酷似跑车,体积是航天飞机的1/4,是一种迷你航天飞机,空天飞机具备极强的再入和自主控制能力,能够在亚轨道空间和近地轨道(海拔177000~800000m)之间进行飞行切换,最高速度能达到声速的25倍(28044km/h)以上,常规军用雷达技术无法捕获,空间监视子网可综合运用分布在全球的专用空间监视的大型相控阵雷达、兼用型弹道导弹预警雷达、地面光学探测系统、天基空间监视系统根据预测的轨迹对空天飞机进行探测,各种信息汇集到国家空间目标监视与控制中心,实现对空天飞机的连续跟踪监视,如图4-25所示。

红外预警卫星可探测发现空天飞机火箭发射的尾焰,通报空天飞机发射活动。大型相控阵雷达架设在有利于太空目标监视的基地,一般接收天线和发射天线分开,有几千个发射单元和几万个发射单元,接收天线阵面呈八角形,宽高均达几十米,发射机脉冲功率达到几十兆瓦,采用方位和仰角相扫方式,有利于太空小目标搜索、跟踪和识别。弹道导弹预警雷达天线直径几十米,发射机峰值功率可达5MW,作用距离达到5000km。地面光学探测系统采用光电望远镜,可探测近地和深空目标。天基空间监视系统是一种可见光传感器卫星星座,可观测同步轨道卫星(近36000km高),也可观测低轨道的卫星和碎片,不分白天和任何气象。

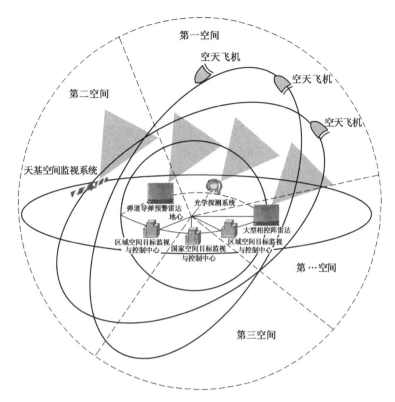

图 4-25　空间监视子网对空天飞机的连续跟踪监视

　　国家空间目标监视与控制中心将宇宙空间划分多个独立的子空间,将各个子空间的目标监视跟踪任务分配到各个区域空间目标监视与控制中心;空天飞机火箭发射时,部署在高轨道的红外预警卫星捕捉到火箭燃烧的尾焰,立即向国家和相应区域空间目标监视与控制中心通报航天器发射情况。区域空间目标监视与控制中心根据空天飞机的发射时间、发射点,预测可能的飞行轨迹,规划各种设备探测任务,引导各种探测设备搜索发现目标,融合各种空间监视雷达数据,确定目标位置,并根据目标雷达信号特征、飞行特性识别目标,将最终结果上报到国家空间目标监视与控制中心;空天飞机跨区域飞行时,相邻的区域中心之间进行目标交接,下一个区域中心调动下属传感器资源,位置对目标的连续跟踪。国家空间目标监视与控制中心对空天飞机进行一编批,将批号通报到区域中心,区域和国家空间目标监视与控制中心协同运行,保持对目标的连续监视。

4.10 其他专业子网

4.10.1 信号侦察子网

信号侦察子网是采用信号截获、信号侦听、信号破译、信号测向等方法获取敌情资料和敌情动向的情报网络,包括传感器以及战术级、区域和国家信号情报中心系统。传感器包括地面监听站、测向站、侦察船、信号侦察飞机和信号侦察卫星,可对敌方各种短波/超短波、数据链、卫星通信等各种信号进行侦察窃听;战术级系统分布部署信号情报处理系统,侦察飞机、地面信号侦察装备等传感器侦察获取的各种侦察信号,根据处理方向、区域和目标,汇集到相关的信号情报处理系统,信号情报处理系统根据任务解译视频信号形成数字码流,破译各种体制的电子信号获取内涵情报,形成专业信号情报产品;区域和国家信号情报中心承担敌情资料整编、敌情动向分析、空海情态势处理任务。国家信号情报中心统筹规划对各个国家的情报侦察任务,为各个区域信号情报中心分配任务,协调各个区域的侦察行动,并侧重对军事战略情报进行分析处理,生成敌方编制体制、部队编成、军事思想、军政人物、武器装备、战术战法等情报产品。区域信号情报中心针对战役战术作战目标、战场事件进行情报整编分析,生成空天来袭征候、敌情动向、空海态势等情报产品。信号侦察子网组成结构见图4-26所示。

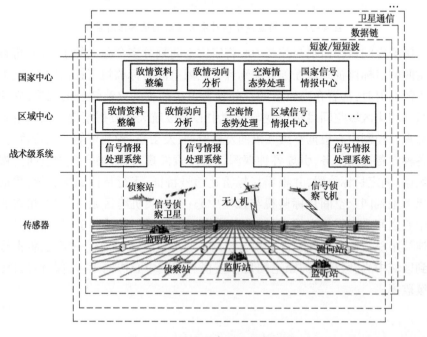

图4-26 信号侦察子网组成结构

信号侦察子网工作原理见图 4-27 所示。地面监听站、测向站、信号侦察飞机、侦察卫星、无人机、侦察船对敌方各种通信和非通信信号进行侦察,侦察信号在平台处理后还原为情报数据,各种情报数据根据情报性质不同通过地面信息栅格、专用数据链、卫星数据链等入网共享使用。战术级信号情报处理系统、区域和国家信号情报中心系统通过信息栅格连接成为一个整体,共享基本敌情数据库、组织协同侦察行动和目标协同研判。部队级系统主要进行侦察信号处理、信号关联融合、目标定位、目标识别等信号情报专业处理,接受区域信号情报中心分配的侦察任务,根据任务管理侦察传感器开关机、工作模式,控制设备侦察关注的信号目标和区域方向。区域信号情报中心接收下属和综合处理下属部队情报系统的情报数据,进行区域空天来袭征候分析、敌情动态分析、空海态势处理,通过网络协同区域内的侦察行动,向部队情报系统下达行动指令。多个区域信号情报中心根据任务需要,组织跨区侦察行动,对于跨多个责任方向的目标进行协同研判目标属性和任务意图。国家信号情报中心统一管理基本敌情数据库、责任区和处理区、目标信号特征知识库等基础数据,负责向全网进行数据同步共享;监视全球空海情态势,统一管理国家信号情报侦察任务,为各个区域信号情报中心分配情报收集、情报处理任务,组织跨区侦察行动,协同跨区情报交接,并承担战略情报分析和重点重要目标处理任务。通过网络协同和情报共享,信号侦察子网实现传感器的协同侦察、侦察情报的共享运用和基于体系的目标综合研判和情报综合分析,提高了情报生产效益。

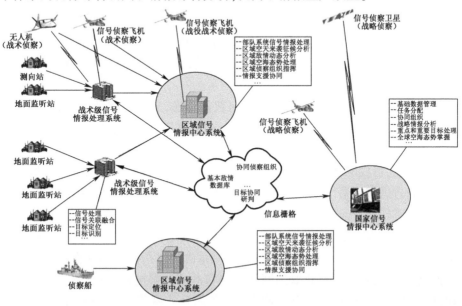

图 4-27　信号侦察子网工作原理

4.10.2　网络侦察子网

网络侦察主要是指通过一定的工具和技术进入到对方的计算机网络、通信设备和信息系统,借合法用户身份进行侦察和破坏活动,在网络和信息系统中获取有关信息资源,收集和判断网络系统的结构、软硬件配置、网络服务及应用状况,发现目标网络系统的薄弱结点,掌握目标系统类型、服务种类、系统漏洞、安全隐患、用户口令及其他特征参数。网络侦察可通过主动探测、被动窃听、密码技术、病毒投放、电磁泄漏监视等技术手段来进行,也可通过拍照、拷贝、情报等非技术手段进行网络侦察。

网络侦察子网由嗅探器程序、网络监视器、特洛伊木马、电磁接收机等网络侦察窃密工具、网络攻击飞机和网络侦察情报系统组成,采用各种网络侦察窃取手段,入侵敌方 C^4ISR 系统、电子战系统、武器控制系统、电信网、通信网、电力网等军民用网络,搜集和破译有关情报资料,侦察网络结构和安全漏洞,提供高价值军事/科技情报和网络攻防情报。网络侦察情报系统分为战术级网络情报侦察系统、区域和国家网络情报中心系统三级。战术级网络情报侦察系统分别针对军用计算机网络、通信和数据链、民用网络进行侦察,获取网络组成结构、IP 地址、密码口令、防御措施等情报信息,实现网络目标的入侵;区域网络情报中心系统收集区域方向内下属网络情报侦察系统的情报信息,跟踪网络节点状态,形成网络态势,进行网络目标成果整编、网络目标组成结构及防御能力分析,建立网络目标情报数据库,对于侦察获取的数据资料进行解压和破译等处理,整编后形成敌情资料。国家网络情报中心统一管理网络目标数据库,为网络目标提供统一的编目,为各个区域网络情报中心分配侦察和情报处理任务,监视全维网络态势和协同全部网络侦察行动,并处理形成核心高密级情报产品。网络侦察子网组成结构如图 4-28 所示。

网络侦察包括侦察行动组织、侦察数据传送、侦察数据处理、网络态势生成、网络目标分析、网络情报分发、侦察行动调整等过程,区域网络情报中心组织区域和作战方向内的网络侦察行动,通过信息栅格网络获取情报侦察数据,进行处理后,形成网络态势、网络目标和敌情资料情报成果。国家网络情报中心统一管理区域网络情报中心及所属部队,监视对手国家网络态势变化,组织全部区域和作战方向内的网络侦察行动,建立统一的网络目标整编成果库,基于网络进行数据同步,特殊情况下,直接负责核心高密级级行动的筹划实施。国家和区域网络情报中心根据情报保障关系向相关指挥机构和作战部队分发情报成果;还可根据侦察获取的网络漏洞和敌方防御措施,组织下一次侦察行动,形成"侦察—反馈—处理—调整"任务闭环。网络侦察子网工作原理如图 4-29 所示。

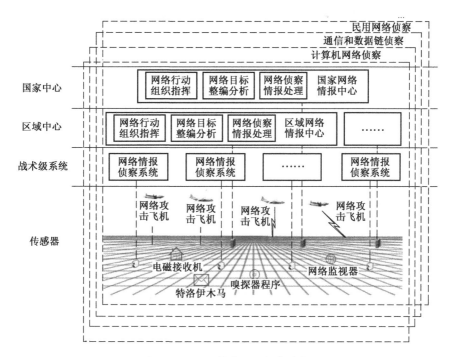

图 4-28　网络侦察子网组成结构

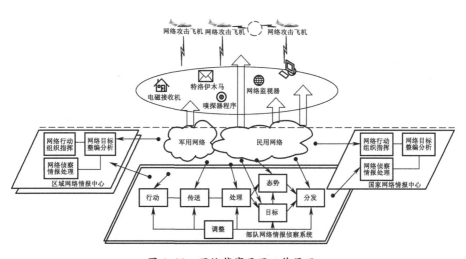

图 4-29　网络侦察子网工作原理

下面以计算机网络侦察行动为例,说明系统的运行过程。计算机网络侦察就是信息作战侦察力量运用有线和无线接入手段,查明敌方网络系统的通信体制、调制方式、网络协议、拓扑结构、路由关系、操作系统特征和脆弱性分布等情况,为实施网络攻防提供信息支持。根据国际互联网使用的广泛性,和当前有些国家的民用互联网和军用通信网相互联通无法截然分开的客观现实,利用互联网闯入敌方计算机网络系统窃取军事信息就成为可能。网络侦察子网组织网络侦察行动包括:

1) 计算机网络扫描和探测

区域网络情报中心向战术级网络情报侦察系统分配作战行动,包括侦察对象、任务目标、行动时间、数据传输和作战协同要求等。部队网络情报侦察系统接受任务后,运用各类扫描、踩点工具,或者可用于网络扫描的实用程序,对目标网络系统进行扫描性探测和分析,广泛收集敌网络系统的拓扑结构、网络协议、主机名、IP 地址、操作系统等信息,特别是寻找敌方网络系统中的安全漏洞和弱点,为实施网络攻击寻找目标和突破口;在组织实施计算机网络扫描和探测行动时,首先利用网络扫描工具寻找目标网络中存在的与外部网络(如互联网)联网的潜在后门通道、服务端口、应用程序和进程等存在的漏洞,根据漏洞的具体情况,设法进入敌计算机网络,并寻找可供利用的敌网络用户合法主机,并尽可能地控制这一目标主机使其成为"肉机",从而为下一步查明敌方网络系统的拓扑结构、服务器网址、关键节点等信息,以及进行网络攻击提供隐蔽通道。

2) 计算机网络侦听

计算机网络侦听行动是在对敌网络扫描和探测的基础上,通过各种手段进入敌方网络并安装网络窃听软硬件工具,拦截并分析敌网上计算机之间通信的数据流,获取用户口令、作战文电、路由控制等有价值情报。在组织实施计算机网络侦听行动时,战术级网络情报侦察系统在敌指挥所网关、骨干路由器、网络管理中心等要害和核心部位安插网络窃听器,网络窃听器截获往来于网络中的数据包的报头并发送到战术级网络情报侦察系统,战术级网络情报侦察系统从中找到敌方重要用户的网址、用户口令、通信流量并上报区域网络情报中心,区域网络情报中心据此分析出敌指挥体系、兵力部署、作战行动等重要情报。

3) 计算机网络窃密

计算机网络窃密是对敌计算机网络中存储、传输、辐射的秘密信息进行窃取的行动,任务由区域网络情报中心下达到战术级网络情报侦察系统。战术级网络情报侦察系统在组织实施计算机网络窃密行动时,需要在扫描和探测敌计算机网络与用户漏洞的基础上,利用各种口令猜测工具和方法,进入敌目标主机窃取有关情报;从网上拦截或窃取敌计算机中存储的密文信息,从中推断出原来的明文信息;通过运用电子监视(听)设备,截获敌方计算机网络中各种电子设备所辐射的电磁信号,并进行记录、识别和推理,从中分析出有价值的情报;或者通过有意识地收集利用对方认为过时报废而没有彻底销毁的存储介质,通过对其进行加工、分析、处理,从而获取有价值重要信息。战术级网络情报侦察系统对获取的各种情报资料进行筛选后上报到区域网络情报中心为相关指挥机构、作战部队提供情报服务。

4.10.3 空管情报子网

空管情报子网是实现军民航飞机飞行动态的数据采集、信息传输、信息处理和信息服务的一体化情报网络,包括一次监视雷达、二次监视雷达(Secondary Surveillance Radar,SSR)、自动广播相关监视设备(Automatic Dependent Surveillance-Broadcast,ADS-B)、飞机通信寻址与报告系统(Aircraft Communication Addressing Reporting System,ACARS)、飞行情报输入终端等传感器和设备、区域和国家空管情报中心系统。空中交通管制空域分为塔台管制区、进近管制区和区域管制区,区域管制区又分为高空管制区(7000m以上)和中低空管制区,中低空管制区可隶属于高空管制区,区域空管情报中心按区域管制区设置,负责提供区域范围内军民航飞行的监视信息和飞行情报服务。国家空管情报中心是区域空管情报中心的上级机构,负责全国和周边全部空域范围军民航飞行的监视,提供航空器危险告警服务。空管情报子网组成结构见图4-30所示。

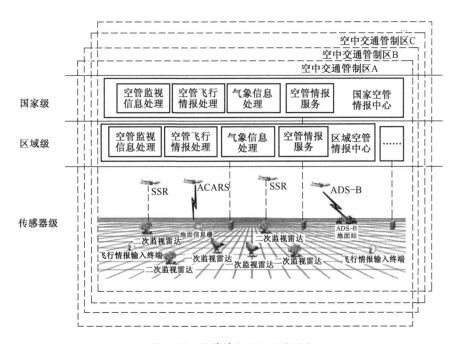

图4-30 空管情报子网组成结构

国家空管中心按照地理区域、高度层将全国空域划分为若干个区域管制区,区域空管情报中心系统负责所负责区域的雷达监视信息、ADS-B和ACARS

监视信息的处理,接收飞行情报输入终端输入的飞机起飞计划和动态报文,综合处理后形成军民航飞行态势,通过地面信息栅格向国家空管情报中心和空管单位发布区域内军民航飞机航迹。国家空管情报中心接收各个区域空管情报中心发布的军民航飞行态势,监视全国和周边军民航飞行动态和飞行流量;区域和国家空管情报中心对飞机危险接近、危险天气、飞机故障、被劫持等情况进行告警。飞机的飞行计划、起飞报、飞行延误、任务取消等飞行情报由起飞机场的塔台飞行管制室输入,根据飞机航线跨越的管制区域向相关单位和国家空管情报中心系统通报[2]。空管情报子网工作原理如图4-31所示。

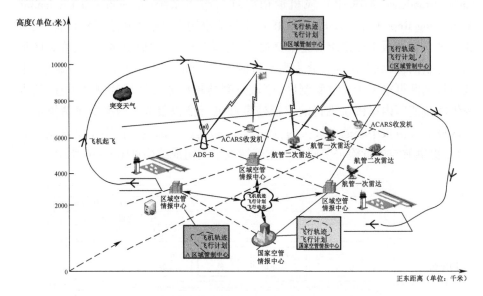

图4-31 空管情报子网工作原理图

4.11 综合感知子网

综合感知子网是连接其他各个情报子网的逻辑网络,主要是接收其他子网的专业情报产品进行关联综合、统计分析和预测评估等处理,生成战场综合态势和综合研究类情报产品。

4.11.1 组成结构

综合感知子网由部队级综合情报系统、区域和国家综合情报中心系统组成。部队级系统与其他情报子网共用无源和有源侦察探测传感器装备,主要完成小区域范围的多元情报融合处理和机动、专题等保障任务,典型系统有战术空情综合系统和机载多传感器数据融合系统。区域综合情报中心,主要是收集战术级综合情报处理系统和各专业子网区域情报中心的情报产品,进行关联综合/融合处理,生成围绕区域和作战方向范围敌情资料、作战目标、空情态势、战场综合态势等综合情报产品,为区域内指挥机构和作战部队提供情报保障。国家综合情报中心接收区域综合情报中心和各个子网国家级系统的情报产品,监视全域综合态势,针对战略级和高密级情报进行处理,面向国家级指挥机构进行情报保障。区域综合情报中心是感知网区域级的核心系统,是区域范围所有情报的归总节点。国家综合情报中心是感知网的最高层系统,具有全维态势监视、情报组织指挥、情报效能评估、重要情况处置、战略情报和核心高密级情报生产等重要职能,区域综合情报中心系统是国家综合情报中心系统直接下层系统。综合感知子网组成结构如图4-32所示。

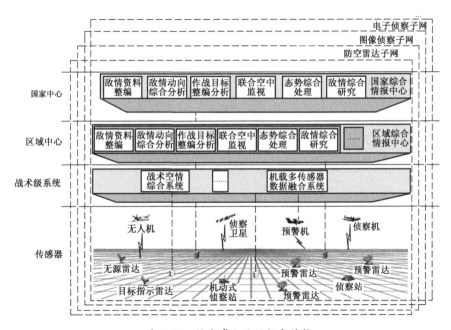

图 4-32 综合感知子网组成结构

4.11.2 工 作 原 理

综合感知子网战术级有战术空情综合系统和机载多传感器数据融合系统,区域和国家级有区域和国家综合情报中心系统。区域和国家综合情报中心一般包括敌情资料整编、敌情动向综合分析、作战目标整编分析、联合空中监视、态势综合处理、敌情综合研究等功能系统。战术空情综合系统接收防空预警雷达、信号侦察、电子侦察弱小目标信号、离散点迹、方位信息,进行关联融合,提高目标发现能力。机载多传感器融合系统一般在预警机、侦察机上使用,主要是融合处理预警侦察平台和编队内作战飞机侦察探测的情报数据,进行关联融合处理,提高低空和远程目标的掌握能力。区域级综合情报中心接收处理战术空情综合系统、机载多传感器融合系统和其他专业子网的情报产品,内部各个分系统之间情报横向共享融合,生成敌情资料、作战目标、空情态势、战场综合态势、敌情综合研究等类型的综合情报产品。国家综合情报中心接收区域综合情报中心和各个专业子网国家级情报系统的处理结果,生产战略和核心高密级情报产品,为战略用户提供综合情报保障。区域和国家综合情报中心还是整个感知网的任务管理节点,负责管理协调防空预警、信号侦察、电子侦察等其他专业子网的情报收集、情报处理和情报分发服务行动,组织目标协同识别和态势协同研判。综合感知子网运行工作原理如图4-33所示。

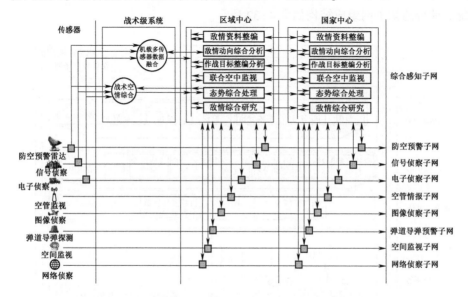

图4-33 综合感知子网运行工作原理图

联合空中监视系统是综合感知子网区域和国家综合情报中心的主体功能系统。联合空中监视系统在大区域范围,将广域分布的雷达、信号侦察、电子对抗侦察等对空侦察传感器网络化组织运用,进行多元空情融合处理,可有效解决空中目标的准确识别和连续跟踪问题。联合空中监视系统由多元情报融合、组网控制、指挥控制3个分系统组成。多元情报数据融合分系统主要完成多元情报收集、传感器探测误差修正、多元情报关联融合、目标综合识别等功能;组网控制分系统主要完成处理任务分配、统批处理、情报交接处理、属性协同处理和基础数据同步功能;指挥控制分系统主要完成多传感器侦察探测能力分析、情报保障方案生成、传感器协同控制、空情保障效能评估、多元空情统计分析等功能。

联合空中监视系统自动将雷达综合空情与我机回传信息、飞行计划进行相关,根据处置规则确定空中合作目标属性。根据航迹位置、方位进行雷达情报与信号情报、电子对抗侦察情报的关联,根据处置规则识别空中非合作目标。对于多个来源的航迹数据,按照情报来源分配航迹优先级,形成系统融合航迹。联合空中监视工作原理如图 4-34 所示。

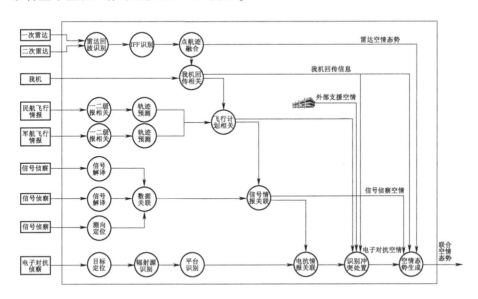

图 4-34 联合空中监视系统工作原理

联合空中监视系统多个处理单元之间建立情报处理、目标识别和情报保障协同机制,进行多元情报收集、多元情报融合处理和目标综合识别,生成全域空情态势。情报处理协同机制,是指统一分配各个处理单元的情报处理区域,按照统一分配的处理区域进行空情处理和目标识别。目标识别协同机制,是指对于情报处理交接区的空中目标,相邻单元之间建立情报通报关系,共享交接区情报,进行目标识别冲突检测,及时进行冲突告警,按照情报处理权限,进行识别结果处置。情报保障协同机制,各个处理单元进行情报用户数据同步,服务调度中心进行任务调度,一个单元被毁时,按照阶梯关系由友邻的处理单元接替情报处理和情报服务权限,保证空情处理和服务保障连续。

战术空情综合系统是综合感知子网战术级别的重要系统,主要完成小区域范围的多传感器侦察探测任务规划、多雷达信号融合、多元情报数据融合、空中目标综合识别等任务,战术空情综合系统是区域联合空中监视系统在传感器端的延伸,可固定部署,也可机动部署,快速形成小区域空情保障能力。战术空情综合系统由侦察探测任务规划、多雷达信号融合、多元情报数据融合 3 个分系统组成。侦察探测任务规划分系统在传感器侦察探测能力分析的基础上,根据任务生成传感器侦察探测方案,指挥控制传感器完成协同探测和协同侦察,对侦察探测效能进行评估;多雷达信号融合分系统主要完成雷达信号的采集和处理，根据多雷达信号对目标进行检测前跟踪，进行雷达点迹处理、点航融合，估计空中目标位置和状态；多元情报数据融合分系统根据多传感器探测情报数据，进行点迹融合、航迹融合、航迹与方位线关联融合等处理，对空中目标进行联合识别，根据空中目标威胁分析、数据融合结果完成传感器反馈控制。

战术空情综合系统依托地面高速通信网在信号层、数据层实现小区域范围内地面雷达、信号侦察、电子对抗侦察等传感器组网运用，提高弱小信号目标发现、识别和跟踪能力，主要包括协同探测、协同侦察、目标指示、引导侦察等组网运用模式。协同探测模式下，战术空情综合系统采集多个雷达探测的视频信号数据，利用多雷达视频信号数据进行空中目标联合检测，联合跟踪，提高弱小信号目标发现能力。协同侦察模式下，战术级空情综合系统根据侦察任务和传感器信号侦察能力，规划侦察装备协同侦察的时间、方向/区域、工作频率、工作模式、信号处理方式，提高空中目标辐射信号侦收能力，根据侦收方位线，对空中目标进行交叉定位和连续跟踪，提高空中目标发现及时性。目标指示模式，就是利用侦察传感器输出的方位/区域信息，引导雷达传感器搜索指定的方向和区域，根据侦察传感器空中目标识别结果规划雷达工作模式和工作参数，提高目标发现能力。引导侦察模式，就是利用雷达探测的结果，引导控制侦察传感器以特定方向/区域、工作频率侦收目标信号，提高目标侦察能力。分散部署的多个战术空情综合系统按方向/区域协同工作，提高情报处理能力，拓展情报保障区域范围。战术空情综合系统运行概念如图4-35所示。

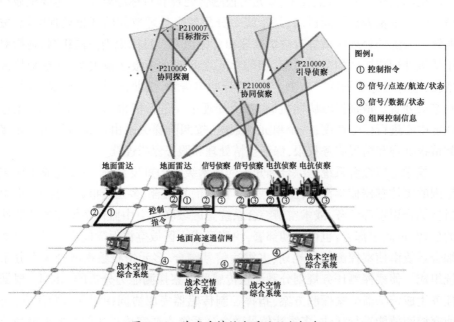

图4-35 战术空情综合系统运行概念

机载多传感器数据融合系统是综合感知子网的空中节点,主要负责空地协同情报处理,空中编队多传感器任务规划管理、多传感器数据融合和空地态势统一处理,为空中编队提供空海态势和地面时敏目标情报。机载雷达、敌我识别/二次监视雷达(Indentification Friendor Foe/Secondary Surveillance Radar,IFF/SSR)、电子战、红外搜索与跟踪系统探测的信息经过空间配准后,送入多传感器数据融合模块,经过关联估计等处理后,生成编队合成作战图像。编队多个平台火控雷达探测的点迹/航迹进入复合跟踪模块,完成误差修正、滤波、关联和目标状态估计处理,生成复合跟踪航迹,复合跟踪航迹快速指示到机载火控武器。同时,复合跟踪航迹、地海面指挥所、其他空中预警探测平台的融合航迹进入多传感器数据融合模块,进行航迹择优处理,参与编队合成作战图像生成。多传感器数据融合模快还根据航迹质量、传感器状态和战场环境,按照隐蔽探测和最优探测相结合的原则,完成对传感器的任务分配和管理控制。机载多传感器数据融合系统功能结构如图4-36所示。

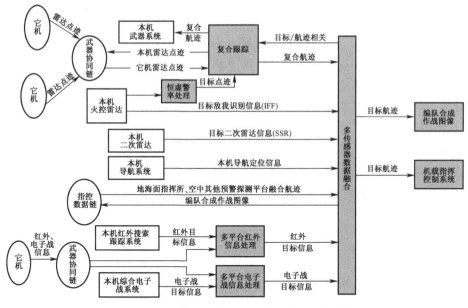

图4-36 机载多传感器数据融合系统功能结构

机载多传感器数据融合系统按照目标发现、识别、跟踪、目标攻击、退出战斗等作战过程中进行传感器控制管理和情报数据组织和处理。目标发现分远距离搜索和目标捕获,首先是远距离搜索,主要是利用电子战、红外等被动传感器进行远程和多方向探测,进行无源搜索定位,综合地海面指挥所、空中其他平台提供的支援情报,完成目标尽远发现、隐蔽接敌;接着根据无源探测定位情报和地海面指挥所、空中其他平台支援情报控制本机雷达开辐射,完成目标捕获,生成目标列表。在目标识别阶段,雷达牵引 IFF 询问,对捕获的目标根据目标飞行特性、雷达、电磁和红外辐射特性、IFF 询问应答结果进行综合识别,确定目标的属性、机型、架数、型号等要素,完成目标判性。在目标跟踪阶段,根据敌我相对方位、距离、敌机机型、武器挂载,对威胁目标进行跟踪排序,自动或由飞行员操控转入跟踪模式,生成攻击列表。在目标攻击阶段,根据目标攻击列表,将跟踪信息送武器系统,引导武器系统完成目标导弹发射攻击。退出战斗阶段,飞机关闭主动传感器,依靠地海面指挥所和空中其他平台的支援情报、本机被动探测情报掌握敌情,按照规划的航线机动飞行,退出到安全空域。

4.11.3 典型应用

第二次世界大战以来,有两件事的发生深刻改变了世界历史的进程,这两件事情都与联合空中目标感知有关,一件事情是 1941 年 12 月 7 日的日本偷袭美国太平洋海军基地的珍珠港事件,由于没有及时发现识别日本从航空母舰上起飞的轰炸集群,美军太平洋舰队全部覆没,飞机损失 232 架,美军官兵 2400 人死亡。另一件是 2001 年发生的"9.11 事件",由于无法及时掌握被恐怖分子劫持的 11 号航班和 175 号航班的正确位置,美国东北防空司令部(North East Defense Sector,NEADS)无法组织 F-16 飞机对被劫持民航飞机进行有效拦截。在战争和和平环境下,组织各种力量及时发现和识别空中潜在威胁和危险目标,是成功规避空中袭击的前提,综合感知网在此过程中发挥着关键作用。

以应对 J 国发动大规模空中突袭为例,涉及的综合感知子网为国家综合情报中心、A 区域综合情报中心、B 区域综合情报中心、预警机机载多传感器数据融合系统、前沿部署的战术级空情综合系统,J 国轰炸机、强击机编队分两个波次袭击 K 国纵深弹道导弹阵地,战场态势如图 4-37 所示。

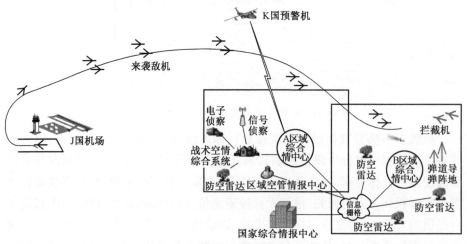

图 4-37 J 国发动大规模空袭态势图

空袭情报保障过程分为征候掌握、来袭告警、跟踪监视、目标指示和效能评估 5 个阶段,如图 4-38 所示。征候掌握阶段,国家综合情报中心融合信号侦察、电子侦察、网络侦察各种情报,发现 J 国空军部署调动、武器弹药准备等作战活动,分析敌方企图,及时向敌来袭方向当面的 A 区域综合情报中心、指挥机构、作战部队发布敌方空袭征候。A 区域综合情报中心向区域内预警机和战术级空情综合系统下达敌情探测掌握任务,预警机和战术级空情综合系统对来袭方向区域,特别敌机可能的起飞机场加强搜索侦察。来袭告警阶段,区域综合情报中心,融合处理雷达信号/点迹、电子侦察、信号侦察情报,发现敌机,根据雷达信号、敌机辐射电子信号识别目标类型型号、数量,推测敌机任务企图,向国家综合情报中心、相关指挥机构和作战部队发布敌机来袭告警。跟踪监视阶段,来袭敌机采取低空和机动突防方式飞行,A 区域综合情报中心利用预警机、战术空情综合系统持续跟踪目标,及时报出情报。来袭敌机进入 B 区域综合情报中心责任区后,A 区域中心向 B 区域中心通报敌情,B 区域中心组织下属传感器对目标进行接力侦察监视。目标指示阶段,来袭敌机降低飞行高度,B 区域综合情报中心跟踪监视目标机动情况,向作战部队、空中拦截飞机、地面地空导弹通报飞机位置、高度、速度和航向,作战部队引导拦截飞机、地空导弹攻击目标。效能评估阶段,B 区域综合情报中心和国家综合情报中心监视拦截过程,根据敌机航迹消失情况,评估拦截效果。

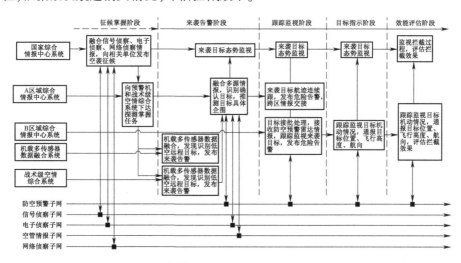

图 4-38　综合感知子网应对大规模空中袭击工作流程图

4.12　情报生成服务流程

情报生产就是联合各种侦察探测手段获取战场情报,基于获取的情报数据，情报处理机构协同进行情报处理、数据融合，进行敌方行为意图、威胁形势和态势发展趋势研判的活动。空军感知网情报生产包括协同侦察探测、分布式情报处理、联合态势研判、基于反馈的效果评估和网络化资源服务5个环节。空军感知网情报生产流程如图4-39所示。

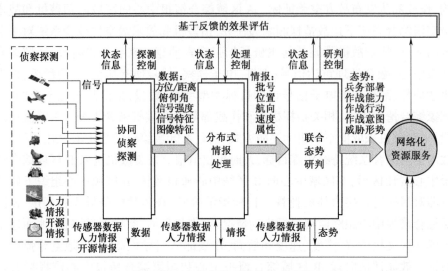

图4-39 空军感知网情报生产流程

协同侦察探测就是综合运用雷达、电子侦察、信号侦察等各类侦察探测力量手段，全域获取军事行动类情报，通过侦察探测信号融合处理形成标准化的情报数据，通常输出的是目标的方位/距离、俯仰角、信号强度、信号特征的数字化信息。分布式情报处理是空军各级情报处理机构协同进行多源多平台联合侦察探测输出数据的融合处理，形成联合空情、敌情动向、战场环境等专业情报产品，实现对空天战场空间客观态势的统一认知。联合态势研判在分布式情报处理的基础上，各级情报处理机构建立态势协同研判机制，关联聚合空情、敌情动向、战场环境，综合敌方兵力部署、方案计划，评估敌方威胁，预测战场变化趋势；按任务保障需要汇聚战场态势信息，以图表联动、图文并举的方式展示，形成面向不同保障对象的战场态势图族；实现的是不同时空、不同实体、不同视角之间信息的融合，并进一步进行分析评估预测，输出估计态势和预测态势，是一种更高级别的融合。网络化资源服务构建分布式情报服务体系，按照不同层级、不同类型用户需求，提供基于任务推送、按需定制的高效服务，按时间、位置、目标对象和主题抽取相关情报要素，基于威胁、事件、区域、目标、主题组织形成态势产品，按照作战任务分发共享，实现情报与作战联动。基于反馈的效果评估是贯穿于侦察探测、情报处理、态势研判和资源服务全过程，是情报处理机构对侦察探测、情报处理、态势研判和资源服务效果的评估，并且基于评估结果,生成传感器协同探测与控制、情报收集和处理计划调整、处理模型选择、网络化资源任务调度控制等反馈指令,对态势感知全过程进行自适应调节控制。

需要说明的是,单传感器的侦察探测结果,人力情报、开源手段情报也往往可以跳过侦察探测环节,直接为后端情报处理和态势研判提供情报数据,甚至可以直接由资源服务分发到用户系统,提高情报及时性。侦察探测、情报处理、态势研判、效果评估和资源服务5个环节也是多节点的,可以由地理上分布的多个节点来实现。

空军感知网采用"边生产—边分发"的模式为用户提供情报产品,针对不同类型用户分别提供原始情报、专业情报、综合情报服务;服务方式上采取"主动推送—用户定制"相结合的方式,一般情况下,组网系统根据保障关系、保障计划和保障任务,为指定的用户提供需要的情报产品;当主动推送的情报不能满足需求时,情报用户也可提出情报定制请求,组网系统根据用户提出的定制请求提供相应情报服务。情报服务可采取实时报文传输、数据文件传输、浏览下载、数据同步、数据导出等多种数据交换形式实现。情报产品服务流程如图4-40所示。

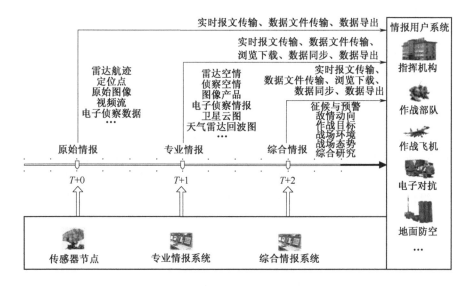

图 4-40 情报产品服务流程图

这种情报服务模式方式具有以下优点:时效性强,情报边收集边利用,边处理边利用,提高了情报利用的及时性,对于打击时间敏感目标具有重要意义;情报质量不断优化,基于用户反馈,情报处理过程、处理方法不断改进,情报处理反过来控制侦察探测传感器,情报精度不断提高,情报要素不断丰富;情报效益最大,基于个性化服务的原则,不同的作战阶段,不同的情报用户,情报发布内容不同,零散的情报信息,不同可信度的情报信息都得到充分利用,情报精细服务于作战的全过程,情报使用效益最大化[3]。

4.13 情报产品分类

美国 JP1 - 02 联合出版物《国防部军事和相关术语词典》对情报(Intelligence)的定义为"对外国、敌对或潜在敌对力量或其部门、实际或潜在作战地域的信息进行搜集、处理、综合、评估、诠释后得到的产品。"这一新定义在着重强调情报的本质属性"知识性(信息性)"的同时,明确了情报这种信息产品的"对外性"和"敌对性"[4]。

情报和态势也是两个互相关联又有所区别的概念。"态势"是关于事物的形态、状态、形势和发展趋势的描述,战场态势是敌对双方部署和行为所形成的状态和形势。态势由态和势组成,态包括状态、形态,状态方面,指敌我双方的兵力、武器装备、战场设施的组成、部署、状态;形态方面,指兵力的编成、作战序列、各种战场实体之间的关系,包括指挥关系、控制关系、协同关系,从这个形态中可以看出敌我双方的关键部位、薄弱点、盲区;势包括形势,趋势,势中包含了能力、力量,由于能力、力量的改变,使形势有利或有弊,趋势可能向那个方向也可能向这个方向;具体来讲,战场上的势,是敌我双方的作战行动、作战意图、作战能力,以及由敌我对抗推测出的可能敌我损失、力量对比,战斗和战争的结果。态势是一种关联、组合、合并、融合后的情报,它给指挥员呈现的是一种综合性的视图。态势综合包括两个层次,低一级的层次,就是将雷达、地面侦察、航空侦察、卫星侦察等空天地基各种传感器获取的情报关联融合起来,形成目标态势。高一级的层次,就是关联目标态势和其他各种情报,综合出战略战役态势,也就是整体态势。高层次的综合是基于非直观的孤立的实体、事件,通过聚类、组合、合并、推测,综合出直观的易于理解的兵力部署图、战略战役战术作战行动图,也是一种更高层级的数据融合。

从以上分析可以看出,情报这种信息产品具有"对外性""敌对性"的特点,而态势,包括敌方态势,也包括我方态势和敌我对抗态势。情报有实时和准实时情报,但更多的是中长期的;而态势,更多的是实时和准实时的。情报多以文本、快报、要报、综述、音视频的形式表现,难以图形化;而态势,多以航迹、图形、军标的形式表现。情报中比如大部分的基本敌情、大量的文字动向情报、目标资料以及敌军事方针、方案计划、地形图、通信密码等不属于态势的内容;态势中的我情态势、敌我对抗态势也不属于情报的内容。情报和态势的联系性表现在,情报是获取敌情态势的基础,在这一部分情报和态势的内涵是重叠的。情报服务于战略规划、战役筹划、实时指挥、武器打击、作战评估全过程,而态势主要是服务于实时指挥决策。情报和态势的区别如图 4-41 所示。

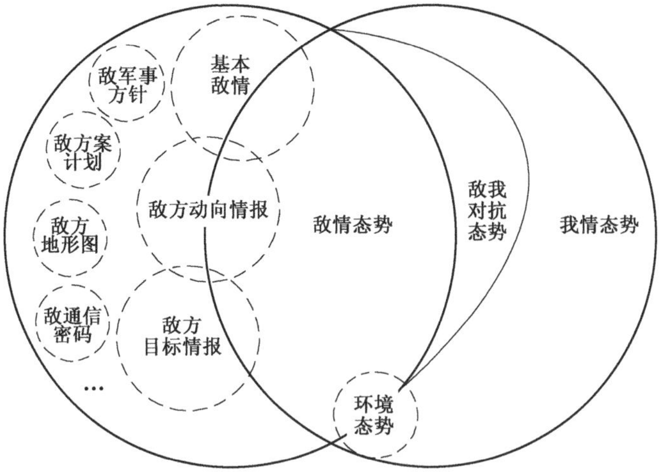

```
左大圆：情报        右大圆：态势
```

图 4-41 情报和态势概念的区分

但是，在实际口头交流和学术论文中，情报和态势在名称使用上越来越模糊。空军感知网也是如此，既生产情报产品，也生产部分态势产品。

情报产品是感知网能力的直接体现，情报产品分类要满足以下几个方面的要求，一是可用性，用于作战研究、军事试验、作战筹划、战场监视、指挥控制、作战效能评估等任务过程，满足指挥机构和武器平台情报使用需要；二是可生产性，情报素材具有可靠的来源，情报生产效率满足作战任务对情报可靠性、及时性、实时性等方面的需要；三是聚类性，相同和接近内容的情报应该划分到一个情报产品门类，确保名实相符；四是清晰性，各个情报产品之间在内容上具有清晰的边界，如果具有不可避免的交叠，也必须在目标编号、属性以及陈述的事实方面具有一致性；五是符合性，情报产品名称和分类尽可能符合部队使用习惯，尽可能沿用国际通行的分类方法。根据以上五个方面的要求，将空军感知网情报产品分为原始情报、专业情报和综合情报，如图 4-42 所示，原始情报为传感器输出的原始数据，例如雷达航迹、侦察定位点、侦察图像数据、侦察视频、电子侦察数据等；专业情报为单种类型的侦察探测手段处理后的结果，例如雷达空情、侦察空情、图像产品、卫星云图、天气雷达回波图等；综合情报为多种侦察探测手段情报的融合结果。

按照情报产品的内容要素的不同，综合情报分为征候与预警、敌情动向、作战目标、战场态势、战场环境和综合研究情报 6 大类。

1) 征候与预警

征候与预警是反映敌方作战活动威胁的情报产品，包括敌航空兵机动、舰

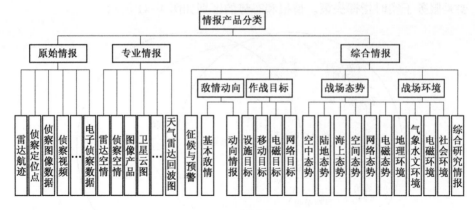

图 4-42 情报产品分类

船机动、轰炸机来袭、巡航导弹来袭、卫星过境/过顶、部队集结等类型,一般通过信号侦察、图像侦察、电子侦察等手段获取,主要用于敌方重要活动通报和告警,指挥机构根据该类情报调动己方兵力进行应对,征候与预警情报具有及时性、可靠性要求高的特点。

2) 敌情动向

敌情动向是反映敌方基本情况以及近期活动的情报产品,包括基本敌情和动向情报两大类。其中,基本敌情包括敌兵力编成、作战序列、兵力部署、武器装备部署、武器性能、作战能力、条令条例、战术战法等,主要用于提供与敌军事实力相关的基本情况,指挥机构根据该类情报进行敌我情对比分析,确定兵力运用方法。动向情报重点反映敌方的作战活动情况,包括空中、陆地、海上、空间目标动向和敌方综合动向,主要用于指挥机构掌握敌军的最新动态,识别敌方作战意图。敌情动向一般通过信号侦察、图像侦察、特种侦察、开源情报等手段获取,是一种准实时情报。

3) 作战目标

作战目标是反映敌方目标与作战相关的细节属性的情报产品,包括设施目标、移动目标、电磁目标、网络目标 4 类。其中,设施目标情报重点体现目标的地位作用、组成结构、要害部位、周围情况、防御部署、定位精度、地理气象水文环境等情报内容,主要用于指挥机构进行打击目标武器弹药选择、制定打击计划。移动目标情报重点体现传感器和武器平台类目标的地位作用、组成结构、识别特征、战技性能、作战能力、打击时机等内容,主要用于指挥机构进行兵力分配、目标分配和制定拦截打击方案。电磁目标情报重点体现雷达、通信等电磁辐射目标的工作频率、电磁参数特征、识别特征和电磁活动规律,主要用于电子对抗指挥决策和电子对抗武器信息支援。网络目标重点体现敌方电子信息系统、网络通信设备的位置、组成结构、防御手段、薄弱环节以及敌方网络攻击武器的特性、攻击能力,主要用于对敌方网络的攻击和我方的网络防御;作战目标一般通过图像侦察、信号侦察、特种侦察、开源情报等手段获取,是一种非实时情报。广义的作战目标情报,一般还包括目标打击评估结果和打击建议。

4) 战场态势

战场态势是反映敌我双方兵力状态和兵力布势的情报产品,按照环境类别可分为空中态势、海上态势、陆地态势、反导预警态势、空间态势、网络态势、电磁态势。其中,空中态势重点体现敌我双方作战飞机的位置状态信息、空中兵力作战指挥和保障关系、空中目标作战意图和对抗形势;海上态势重点体现敌我双方舰船的位置状态、作战指挥和保障关系、作战意图和对抗形势;陆地态势重点体现敌我地面部队、指挥机构、武器装备、战场设施的部署、机动情况、活动规律和对抗状态;反导预警态势重点体现敌弹道导弹的部署、发射征候、发射预警、弹道参数和导弹航迹;空间态势重点体现卫星、航天器、空间碎片等空间目标的分布和运行状态,对卫星威胁进行预报和告警;网络态势重点体现网络空间目标分布、网络结构、对抗态势和安全威胁;电磁态势重点体现陆海空天电磁目标的分布、辐射状态和电磁对抗形势,对电磁目标活动异常进行告警。战场态势情报一般在战场各种探测侦察监视传感器情报数据融合的基础上,通过信息关联、综合分析获得,是一种实时和准实时的情报,战场态势都是综合性的。

5) 战场环境

战场环境包括地理环境、气象水文环境、电磁环境和社会环境。地理环境主要是指地形地貌、河流水系、交通、行政区划、军事地理、天/地磁场等;气象环境主要是指空间、空中、海洋气象状况;水文环境主要是指水温、水色、潮汐、海浪、暗涌、流速等;电磁环境主要是指辐射源分布、电磁信号在时间、空间、频率、能量、频谱上的分布等;社会环境主要是指不同地区人口的分布、与作战目标联系的人员的职业、政治和宗教信仰、心理状态和思想动向。战场环境具有缓慢变动的特性,也决定了该类情报产品内容的变化特性。战场环境是制定作战方案、选择武器弹药运用方法的重要约束。

6) 综合研究情报

综合研究情报是反映外军军政人物、武器发展、演习演练、作战能力等的综合性研究成果,往往围绕一个主题,综合各种情报素材进行总结整编获得。综合研究情报具有综合性和"人在回路"的典型特点,往往由经验丰富的情报分析人员,通过搜集、整编、分析各种情报资料来形成。综合研究情报是指挥员决策的重要参考,是一种价值非常高的情报。

各个情报产品在形成过程中具有支撑作用,是交互融合的过程,在情报内容和要素上具备一定的交叠性。以作战目标情报和战场环境情报来说,作战目标情报中的设施目标情报往往包含目标周边的地理、气象、电磁环境情报内容，而战场环境情报中的地理环境情报反过来也包含了战场上的固定设施目标，但是两类情报产品反映的情报内容和要素的详尽程度、表达方式、情报格式是不一样的。战场态势情报中也包含一部分敌情动向、作战目标、战场环境的内容，但战场态势是概要的、整体的，而敌情、目标、环境的描述是具体的、细节的；综合研究情报则是基于征候预警、敌情动向、作战目标、战场环境、战场态势情报产品内容，进行抽取、综合和对比分析、推理预测而得到的情报成果。

各个情报产品在形成过程中具有支撑作用，是交互融合的过程，在情报内容和要素上具备一定的交叠性[5]。以作战目标情报和战场环境情报来说，作战目标情报中的设施目标情报往往包含目标周边的地理、气象、电磁环境情报内容，而战场环境情报中的地理环境情报反过来也包含了战场上的固定设施目标，但是两类情报产品反映的情报内容和要素的详尽程度、表达方式、情报格式是不一样的。战场态势情报中也包含一部分征候预警、敌情动向、作战目标、战场环境的内容，敌情综合研究则是基于征候预警、敌情动向、作战目标、战场环境、战场态势情报产品内容，进行抽取、综合和对比分析、推理预测而得出的敌情判断结论。各种综合情报产品之间的关系如图4-43所示。

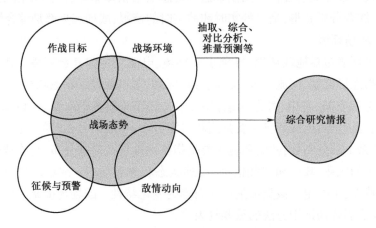

图4-43 情报产品之间的关系

4.14 体系支撑运用案例

4.14.1 作战运用一般流程

空军感知网的作战运用流程是其性质、特点、运用规律的综合体现，一般包括力量筹划、组织指挥、融合处理、态势研判、情报分发、评估反馈6个过程，在一次情报保障过程中，进行多次循环，其流程如图4-44所示。

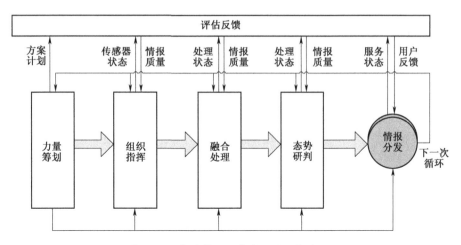

图 4-44　空军感知网作战运用一般流程

　　力量筹划是情报保障在战前阶段的主要工作。它是根据作战意图、情报保障任务和参加情报保障的兵力种类、数量以及战场客观环境等来统一谋划情报力量的使用,制定具体的行动方案,并依据方案对各种传感器、情报处理系统、情报处理人员进行统一部署管理,形成情报保障体系,最大限度满足作战指挥和武器控制情报保障需要。

　　组织指挥是情报保障实施的第一环,其任务是根据情报保障预案,组织指挥各种情报力量及时获取战场目标信息、敌情动向和环境情况。其具体活动包括:调整战备等级、区分感知任务,明确感知重点,各情报源正确运用装备获取目标的电子、物理、光谱和视觉信息,提取综合处理所需的目标特征、情报数据,并对所获信息进行初步处理后上报。

　　融合处理是决定能够实现从"数据"到"情报"的关键环节。融合处理情报,实际上就是将预警探测、侦察监视等传感器收集的情报数据进行综合、评估、分析和诠释,将数据转化为情报,并依据已知或预期的用户需求准备情报产品的过程。具体活动包括:情报分类处理、目标航迹处理、目标技术参数分析、目标性质判别等。

　　态势研判是实现"情报"转化到"知识"的重要过程。态势综合研判,就是基于融合处理形成的情报产品,考虑战场环境约束,进一步分析目标的行为意图,预测目标下一步作战行动,评估目标威胁形势的活动。态势综合研判是高度人机结合的过程。

　　情报分发,是情报组网系统运用的关键,其实质就是将恰当的信息和情报产品,在恰当的时间分发给恰当的用户,其基本方法是"推送"和"定制"。推送是在作战过程中,对预计不到的重要情报的一种更高级的服务方式,需要对情报与用户匹配的恰当性进行实时合理分析,在各种情况瞬息万变的情况下,要做到合理匹配,难度较大,是情报分发的重点。定制就是根据用户的预先要求将情报分发到他们的系统当中,可在通信基础网的支持下实现,通常用于用户增补推送情况的漏情,或提出特殊的情报保障需求。

评估反馈是情报保障行动的最后环节,是促进情报保障质量提高的重要措施。评估反馈的具体工作包括:了解用户对情报质量的意见,分析造成情报质量问题的原因和环节,及时将问题反馈到相应节点;建立情报质量评估体系,对原始情报数据、情报产品的及时性、准确性、完整性、可用性等进行定量评估,并给出改进要求。反馈评估铰链到筹划情报力量、组织战场感知、融合处理情报、态势综合研判、情报精准服务各个环节。

4.14.2 反 隐 身

隐身技术应用于作战飞机后,大大提高了生存力。一是"单向透明"。雷达发现目标的距离与目标的雷达反射截面积(RCS)的四次方成正比,目标的雷达反射截面积越小,其探测距离就越近。如就飞机的雷达散射截面积(Radar-Cross Section,RCS)而言,非隐身轰炸机为$100m^2$,隐身轰炸机为$0.01m^2$,如果雷达对非隐身轰炸机的发现距离为100km,那么其对隐身轰炸机的发现距离为10km,缩短了90%。二是"先发制人"。隐身飞机一般担任"急先锋"角色,通常利用隐身性能突破敌防空体系,进入敌领空,朝地面雷达、地空导弹投掷炸弹,摧毁敌防空指挥中心,在战争中担当"破门而入"的角色[6]。隐身、反隐身探测、反隐身作战成为现代战争的重要课题。感知网统筹规划各种预警侦察力量,采取切实可行的措施,为指控网、武器网提供隐身目标来袭告警和隐身目标态势保障。反隐身雷达、防空雷达子网、电子侦察子网、信号侦察子网以及综合感知子网的战术空情综合系统、联合空中监视系统在反隐身侦察探测过程中发挥主要作用。

以红方应对蓝方某国第四代隐身飞机空中突袭为例说明感知网的体系运用过程。蓝方第四代隐身飞机分别从A、B、C机场出动,分三个任务组,分别突击红方地面指挥所、通信枢纽和地空导弹阵地。红方反隐身探测涉及到天波超视距雷达、地面双/多基地雷达、米波雷达、无源雷达、地面电子/信号侦察设备、空中预警机以及国家综合情报中心、区域综合情报中心、区域防空雷达预警中心、区域电子情报中心、区域信号情报中心、前沿部署的战术空情综合系统等感知网功能系统。感知网反隐身探测过程分组织指挥、融合处理、态势研判、情报分发和评估反馈6个阶段,体系作战运用流程如图4-45所示。

组织指挥阶段,通常是电子侦察和信号侦察捕捉到隐身目标辐射信号和空地通话,一般可能在400km外掌握敌情。区域电子情报中心和信号情报中心立

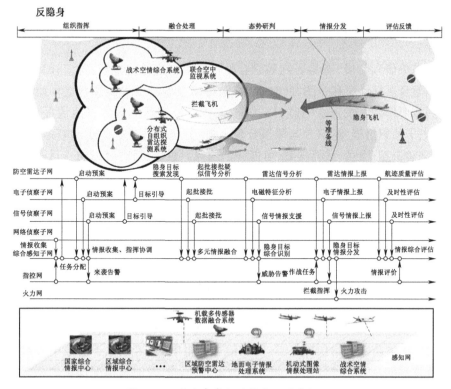

图 4-45 反隐身感知网作战运用流程

即向区域综合情报中心和防空雷达预警中心通报敌情;区域综合情报中心向区域防空雷达预警中心分配加强探测任务,区域防空雷达预警中心启动反隐身探测方案,根据隐身飞机来袭方向,向相关雷达站、雷达部队、预警机分配加强预警探测和协同配合的任务;各雷达站、预警机开机搜索目标,此时,尤其在重要方向组织不同阵地部署的雷达、空中预警机在多个方向对空探测,提高隐身目标发现概率;天波超视距雷达、无源雷达、地面米波雷达和空中预警机相继探测到目标;战术空情综合系统组织多雷达、信号侦察、电子对抗侦察进行协同侦察探测,处理隐身飞机离散信号,提高发现能力。

融合处理阶段,主要是在传感器节点、各个情报处理节点,组织专人进行情报处理,提高情报质量。在米波、双/多基地、无源、天波等雷达站,主要是将雷达调整到隐身目标、小目标探测模式,提高重要扇区的天线扫描速率,雷达操纵员密切关注隐身目标回波信号,做好起批和接批处理;预警机雷达将能量调校到隐身目标可能出现的区域和航线,雷达操作员密切关注该区域出现的回波信号,及时起始目标;战术级雷达情报系统组织专人处理隐身目标出现区域的信号,通过多方向的信号融合,提高掌握能力;战术空情综合系统针对疑似信号进行重点分析,提高目标发现能力;区域综合情报中心,接收地面、空中、战术级系统等各个来源的情报信息,进行多元情报综合和融合处理,提高目标跟踪连续性。

态势研判阶段,态势研判和融合处理情报往往并发进行,主要任务是及时判明隐身目标性质和企图,此时,区域综合情报中心当中的联合空中监视系统起到重要作用。联合空中监视系统搜集各个传感器上报的雷达情报、信号情报、电子侦察情报,组织专业情报分析人员,分析隐身目标的出动基地、来袭航线、来袭机型、数量、武器挂载、可能袭击的保卫目标,及时发布隐身目标威胁告警。此阶段,是要重点解决好雷达点航迹与信号侦察空情话报、文字情报、电子侦察方位线情报的关联和综合印证问题,专业情报分析人员在此阶段,发挥重要作用。

情报分发阶段,区域综合情报中心将隐身目标情报及时推送到空战中心和相关航空兵部队、地空导弹部队。此阶段区域综合情报中心密切与空战中心进行协同,及时掌握航空兵拦截任务分配情况、防空火力的变化及其机动设伏情况,及时将隐身目标推送到位,提高打击隐身目标的能力。

评估反馈贯穿于反隐身预警探测全过程,组织指挥阶段,区域综合情报中心协同区域防空雷达预警中心、区域信号情报中心、区域电子情报中心对隐身目标发现的及时性进行评估,发现探测漏情、漏报,及时将情况反馈到相应的传感器节点和情报处理节点;融合处理情报阶段,区域防空雷达预警中心对隐身目标的航迹质量、目标跟踪连续性进行评估,出现航迹误差大、漏点、短航迹等情况,及时进行反馈,以制定实时应对措施,并将评估结果上报到区域综合情报中心;态势综合研判阶段,区域综合情报中心对隐身目标情报的识别率、准确性、完整性进行评估,发现识别错误和识别信息不完整,及时反馈,辅助空战中心制定情报协同方案;精准分发情报阶段,主要是收集空战中心、航空兵部队、地空导弹部队对隐身目标的情报评价,及时将评价结果反馈到传感器、情报处理、管理控制和情报服务等节点。

4.14.3 反弹道导弹

弹道导弹是指在火箭发动机的推力作用下,先按照预定程序飞行、关机后再沿自由抛物体轨迹飞行的导弹。根据作战使命,可分为战略弹道导弹和战术弹道导弹。弹道导弹由于具有射程远、速度快的优点,可以通过更换弹头(核弹头、生化弹头、杀伤弹头、爆破弹头、侵彻弹头、聚能弹头、子母弹头和云爆弹头等)对不同目标进行打击;可利用不同精确制导装置(光学、射频及其复合探测器)进行更高精度的制导;可利用不同的发射装置(空基、海基和陆基)提高导弹的生存能力,作为军事力量的重要组成部分,受到许多国家重视。截至目前,世界上已经有 10 余个国家和地区装备有弹道导弹,已研制的型号达百余个,部署过的型号达 80 个,现役型号约 40 个。由于弹道导弹威力大、射程远、精度高、突防能力强,使其成为了具有超强进攻性和强大威慑力的武器,成为了维持战略平衡的支柱、不对称作战的主战装备[7]。同时,对弹道导弹的预警、反弹道导弹作战也成为一个重要课题,感知网在反弹道导弹作战中发挥重要作用。

感知网以弹道导弹预警子网为主,信号侦察、电子侦察、图像侦察、空间监视等其它子网协助,充分发挥各种直接或间接弹道导弹预警力量的作用,为反导决策及作战行动提供有效支持。弹道导弹速度快,从发射到摧毁目标中间过程只有十几分钟,因此,弹道导弹预警和情报保障是一个自动化程度非常高的过程,数据积累在平时完成,目标发现后,融合处理、态势研判、情报分发、评估反馈基于规则自动完成;具体细分为征候发布、早期预警、目标识别、跟踪交接、拦截支援等过程。

下面以红方应对蓝方多方向高密度中远程弹道导弹袭击为例说明感知网的体系运用过程,为打击报复,蓝方启动弹道导弹袭击程序,分别从 A 导弹阵地发射洲际导弹 4 枚,目标为红方海军基地;从 B 导弹阵地发射远程导弹 20 枚,对准红方空战中心、大型相控阵雷达阵地、远程地空导弹阵地、预警机机场等高价值目标;从 C 导弹阵地发射中近程导弹 30 枚,分别攻击红方航空兵指挥所、米波雷达站、信号侦察阵地、电子对抗干扰站防空重要设施。红外预警卫星、各个方向的弹道导弹预警雷达加强对各个可能的来袭方向的探测,国家弹道导弹预警中心组织各个区域弹道导弹预警中心进行情报处理,及时发布弹道导弹来袭告警,感知网体系作战运用过程如图 4-46 所示。

数据积累阶段,由国家弹道导弹预警中心提出需求,国家网络情报中心、信号情报中心、电子情报中心、图像情报中心组织各种侦察力量,加强对有关国家导弹试验基地、大型发射场和重要指挥机构的通信、测控等无线信号进行侦收侦听和情报分析,掌握其弹道导弹类型、部署和作战能力以及弹道导弹部队组织指挥关系,并对敌导弹基地、发射场等重要部位部署、活动规律、戒备状态等各种重要数据积累;国家弹道导弹预警中心组织协调各种预警力量,尤其是天基侦察预警卫星,抓住敌弹道导弹试验、演习等机会,尽可能多地搜集敌方弹道导弹飞行特性、打击能力等数据;对各种数据进行统计、分析、归纳和深入挖掘,从中提取有价值的情报,为反导作战提供情报支持。

征候发布阶段,国家弹道导弹预警中心、信号情报中心、电子情报中心、图像情报中心密切协同,严密监视和掌握蓝方国家弹道导弹发射阵地部队和装备活动,力争及早侦获敌方导弹发射征候,为反导指控组织实施反导作战提供更多的时间;国家弹道导弹预警中心组织反导预警雷达对敌重点区域进行预警侦

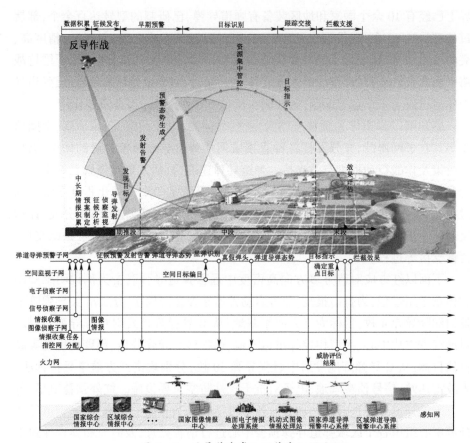

图 4-46 反导作战感知网作战运用流程

察的同时,加强组织雷达与信号侦察、电子对抗侦察,尤其是与天基侦察预警卫星的协同,重视对卫星光学图像情报的收集,利用卫星侦察光学图像显现作战地域敌兵力部署的微小变化,结合其他侦察情报,细致分析判读,及时发现和准确掌握敌战略导弹的位置调整情况,第一时间发布弹道导弹发射征候情报。国家弹道导弹预警中心和区域弹道导弹预警中心针对洲际弹道导弹、远程、中近程弹道导弹进行任务分工监视。

早期预警阶段,国家弹道导弹预警中心组织高低轨道红外预警卫星、远程预警相控阵预警雷达、天波超视距雷达等预警力量密切协同,组成早期预警发现网,力争尽早尽远发现敌弹道导弹目标;控制红外预警卫星对弹道导弹基地进行侦察,在助推段利用弹道导弹的红外特征尽早对其发现;控制远程相控阵预警雷达对洲际导弹基地和来袭方向区域和进行监视;控制预警机和地基多功能雷达对周边地区进行探测,力争发现中近程弹道导弹;各个区域弹道导弹预警中心加强对弹道导弹目标情报的处理,准确计算弹道导弹的发点和落点,形成精确的跟踪轨迹,快速向反导指控机构和相关部队推送情报。

目标识别阶段,国家弹道导弹预警中心根据弹道导弹在不同阶段的识别特征和运动特性,发挥不同层级预警情报系统、不同体制预警装备的作用,进行目标协同识别,提高识别能力。在助推段,国家防空雷达预警中心提供防空雷达预警态势,国家弹道导弹预警中心区分是弹道导弹目标还是飞机等其他目标,弹道导弹在这一阶段的红外特征明显、上升速度快,且在拥有弹道导弹的国家和海洋上空出现,主要是运用红外预警卫星对其进行识别;在中间飞行段,弹头与诱饵、弹体碎片形成目标团高速运动,国家空间监视中心提供卫星监视情报,国家弹道导弹预警中心区分弹道导弹目标与卫星目标,将弹头与诱饵、弹体碎片分辨开来,这一阶段,国家弹道导弹预警中心充分运用各种装备及技术手段,利用弹道导弹与卫星飞行轨迹的差异性、弹头与弹体碎片外形特征的差异性、弹头与诱饵红外特征及质量的差异性、弹头飞行微动特征与诱饵、弹体碎片惯性无控制飞行的差异性来进行综合识别。在再入段,国家弹道导弹预警中心区分真假弹头,由于大气阻力,有的假弹头应与大气摩擦而烧毁,有的因轻质材料制成而降速,只有专门设计的少数重假弹头较难区分,此时,充分运用情报综合分析功能,通过弹头与轻诱饵速度的差异性、真弹头与重假弹头变轨的差异性进行综合识别。

跟踪交接阶段,国家和区域弹道导弹预警中心组织红外预警卫星、远程预警相控阵预警雷达、天波超视距雷达、地基/海基多功能雷达、预警机进行组网协同探测和接力跟踪监视,保证航迹连续。在助推段,利用红外预警卫星探测发现敌弹道导弹的起飞情况,精确计算弹道导弹飞行轨迹,及时向相关的远程预警相控阵雷达和陆基多功能雷达通报,并组织远程预警相控阵雷达搜索发现目标。在弹道导弹进入远程预警相控阵雷达探测范围时,及时预测弹道导弹在其探测范围内的飞行时间,根据导弹目标点迹预测飞行落点,修正弹道参数,及时向相关的陆基多功能雷达通报,并引导其搜索发现目标。

拦截支援阶段,在大规模反导中,国家和区域弹道导弹预警中心根据指控网的威胁评估结果,确定预警重点目标,并对重点目标进行密切跟踪识别,快速推送情报,保证提高拦截成功率。拦截弹发射后,及时收集陆基多功能雷达图像信息,对拦截效果进行评估,及时将评估结果推送到反导指挥机构和拦截武器平台,为组织多次拦截和改进拦截方法提供情报支持。

4.14.4　远程精确打击

远程精确打击是对远程攻击武器作战效能的拓展和延伸,是机械化作战向信息化作战发展的必然趋势,它包括两个方面的含义:一是远程,二是精确。远程,指战场上敌我双方相距远和力量作用距离远;精确,指作战目标的选择、作战力量的使用、火力打击的位置和打击目标的力度精确。远程精确打击是现代高科技武器发展的新趋势,是长期以来追求的战略目标之一。空军远程精确打击是指空中平台携带远程精确打击武器对防区外的地、海上战术目标实施远程攻击,以适应未来战争需要。空军远程精确打击是远程攻击武器与信息技术的结合,对实现轰炸机等机种的全天候、全高度的作战能力,确保低空轰炸、空对地攻击、低空突防时低空机飞行安全和提高攻击地面目标的命中率,互为依托、互为补充、密切协同的全方位、大立体的空天信息支援是前提。由于受空中平台作战半径和信息支援保障等技术的制约,目前世界上只有少数几个国家具备空军远程精确打击能力,而美空军对远程精确打击的定位不仅仅局限于采用轰炸机平台打击,未来的发展方向有可能在空天飞机上[8]。

  空军远程精确打击一般流程,可分成准备、突防和攻击3个阶段。首先通过各种侦察手段获取目标区域全面信息,精心制定打击方案,包括编队组成、武器配备和打击方法等任务规划,并组织编队进行模拟打击演练,等待最佳战机。指挥中心在综合分析目标区域气象等信息后,下定作战决心,空袭编队起飞。编队严格无线电静默飞行,在蓝方雷达覆盖区超低空突防至目标区域,迅速跃升进行目标识别,锁定目标后投射精确制导炸弹。导弹则采用地形图匹配制导或 GPS/INS 组合导航制导不断修正飞行航迹,到达目标区域后开启末制导设备,对目标进行精确攻击。导弹投射后编队飞机随即垂直爬入高空,突击飞机返航。

  下面以红方远程轰炸机、歼轰机编队远程打击蓝方空军基地、地面雷达站为例,说明感知网的体系作战运用过程。红方远程轰炸机 2 批 4 架,歼轰机 4 批 8 架,分两个波次出动,编队在歼击机、随队干扰机的掩护下突破蓝方地空导弹武器网,达到投弹区后,由远距离支援干扰机进行干扰支援,远程轰炸机和歼轰机下降高度,俯冲轰炸预定目标。远程精确打击情报保障由区域综合情报中心牵头组织,区域防空雷达预警中心、图像情报中心、电子情报中心、信号情报中心、网络情报中心密切协同,提供作战准备、突防和攻击阶段的各种情报保障,具体过程如图 4-47 所示。

  准备阶段,主要密切协同,做好目标情报、动向情报、气象和地理环境情报的保障。区域综合情报中心组织航空航天侦察、信号侦察、网络侦察等各种手段加强情报搜集,汇集图像情报、电子情报、科技情报、开源情报,进行打击目标整编及目标周边防御体系整编,为指挥中心和远程轰炸机、歼轰机编队提供目标情报。区域图像情报中心组织搜集目标区图像侦察,融合处理成像侦察卫星、无人机,利用可见光、红外、SAR 以及多光谱等多种成像侦察手段情报,获取蓝方空军基地、雷达站以及目标区域内各种防空火力的数量、类型、防空阵地的

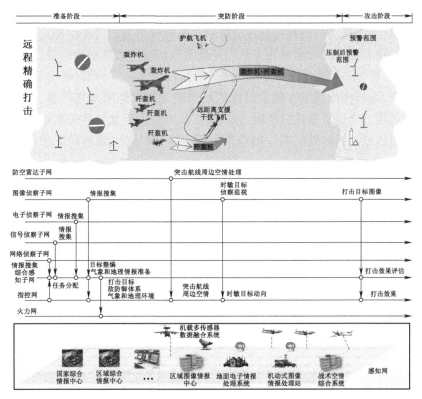

图 4-47 远程精确打击感知网作战运用流程

具体位置等重要军事目标信息,分析判断打击目标图像,标注组成结构、要害部位,以满足打击方案制订的需要。区域图像情报中心还组织对机动雷达、机动导弹以及作战部队等活动目标进行侦察,融合处理侦察卫星、无人机的合成孔径雷达、红外成像监视设备和高清电视监视设备等传感器情报,获取蓝方空军基地、雷达站部队、武器装备等子目标数量、位置、活动状态等实时动态信息,进行大范围内战术信息的统计和判别,掌握目标的配置和变化情况以及活动规律,为打击准备阶段制订方案及突防阶段的作战指挥决策提供时敏目标动向情报。区域电子情报中心组织电子情报侦察,融合处理电子侦察卫星、无人机,获取目标区域的通信信号、雷达信号、导航定位信号、遥测遥控信号,以及敌我识别、电磁干扰、电磁环境噪声等信号,整编形成蓝方雷达目标和电磁环境情报,为编队飞机实施电磁规避和电子自卫提供电子支援情报,为反辐射打击、远距离支援干扰提供电磁目标情报。国家综合情报中心收集处理气象观测卫星获取的任务相关气象信息,包括作战区域内起降机场和航线及目标区的云量、云状和云高,飞行航线上不同高度的风场,目标区的地面能见度和空域内的能见度,作战空域内不同高度上的风、温度垂直廓线、湿度垂直廓线等信息,提高作战区域航空天气短时、短期和气候预报准确率,相关情报通过作战部队保障到作战飞机,为编队飞机远程精确打击顺利实施提供可靠的气象保障。国家综合情报中心还收集处理对地测绘卫星和开源渠道获取的地理环境信息,绘制蓝方空军基地、雷达站精确的三维电子地图,掌握目标区域重力场、磁力场、地形地貌等信息,为指挥作战中心制定具体的航路规划提供精确地理信息,为战术模拟训练提供一个逼真的虚拟环境,为编队飞机和空射巡航导弹等精确制导武器装载飞越区域和目标地区的三维地形数据,供导航雷达、地形匹配和景象匹配使用。

突防阶段,区域综合情报中心、防空雷达预警中心、电子情报中心、信号情报中心密切监视远程轰炸机、歼轰机编队航线和周边空域,为指挥中心提供敌拦截飞机情报。利用侦察卫星、无人机监视打击目标区域,提供敌部队调动,雷达、地空导弹机动防御等信息,为指挥中心制定临机规划方案提供情报支持。

攻击阶段,区域图像情报中心在导弹投射后,利用侦察卫星和无人机对蓝方空军基地、地面雷达站进行成像侦察,准确获取目标毁伤情况,为指挥中心提供打击效果评估情报,以支持指挥中心进行计划更新,判定是否实施再次攻击。

参 考 文 献

[1] 刘兴,蓝羽石. 网络中心化联合作战体系作战能力及其计算[M]. 北京:国防工业出版社,2013.

[2] 肖雪飞,于淼,张庆海. 自动化飞行服务站云计算中心体系架构设计构[J]. 指挥信息系统与技术, 2014, 5 (2):8-9.

[3] 蔡凌峰,孙勇成,梅发国. 情报监视侦察一体化体系架构[J]. 指挥信息系统与技术, 2014, 5(6):69-70.

[4] 雷厉. 侦察与监视—作战空间的千里眼和顺风耳(1版)[M]. 北京:国防工业出版社,2008.

[5] 任国军. 美军联合作战情报支援研究[M]. 北京:军事科学出版社,2010.

[6] 段志勇,严振华,殷宝寅,等. 隐身飞机对我预警探测系统的挑战及对策[J]. 国防科技, 2008, 29(4):23-24.

[7] 贾晨阳. 国外弹道导弹发展动向及分析[J]. 军事文摘,2016,2:26-27.

[8] 朱灿彬,程建,李晓楠,等. 空天信息支援在空军远程精确打击中的应用研究[J]. 装备指挥技术学院学报, 2010, 21(6):57-58.

第 5 章

指控网

5.1 概 述

指控网基于信息栅格,把天空、太空、网空各级各类作战指挥系统、要素、单元一体融合,组织传感器和主战武器平台作战运用,提高空天一体化体系作战效能。指控网支持指挥关系的适时调整、指挥方式的动态变化,支持同步决策、综合作业和平行指挥,支持"行动点上的联合",达成"传感器到射手"的铰链,形成适应作战需要的指挥协同信息链接关系,确保空天作战指挥的顺畅、高效。

按照网络中心战思想,通过人类智慧和机器能力的融合,建立动态的、更具适应性和灵活性的空军网络化指挥信息系统指控网。以栅格化、服务化技术为特征,以全面支撑体系作战能力最大化为目标,采用作战运筹研究的最新成果和先进的信息处理技术,获得更强的态势感知能力,将分散配置的作战要素集成为网络化的作战指挥体系、作战力量体系和作战保障体系,在多个层面具备灵活性和敏捷性,构成监视、识别、决策、打击闭环中的决策环,实现各作战要素间战场态势感知共享,最大限度地把信息优势转变为决策优势和行动优势,充分发挥整体作战效能,最大限度发挥空军整体综合作战效能,实现情报保障、作战指挥、武器控制一体化作战运用。

5.2 核 心 功 能

指控网总体功能是对各种作战力量进行组网运用,在战略、战役、战术各层级将空军融为一体,最大限度掌握空军作战空间的态势,实现对探测、指挥、火力等作战资源进行统一智能规划,形成面向任务的联合决策、联合控制、行动同步能力。指控网以作战指挥为核心,统一组织作战力量综合运用和决策支持,统一组织各类作战资源、情报资源的调度、分配和支援保障,统一实施网络化、一体化的指挥控制与作战协同,支持空军遂行大区域、大规模、多样化作战任务。指控网连接感知网、武器网等系统的功能,在战场态势感知的基础上,为指挥员提供信息优势和决策优势,从而为获得最优的作战效果奠定基础,具有功能包括以下几点：

1）网络化联合智能筹划

根据作战任务和战场态势，以作战知识库、模型库、作战能力数据等数据服务为支撑，对敌我战场环境、作战能力、保障能力等进行分析，确定打击目标及打击次序、优选武器类型和数量，基于作战任务在战役、战术、火力各层面统一规划运用航空兵、地面防空、电子对抗等作战力量，组织多级指挥系统和多种作战要素联合制定作战计划和保障计划。

2）作战态势生成与共享

根据作战任务从感知网获取与任务关联的情报态势，实时收集各类指挥所及武器系统的平台状态、交战状态、任务状态、任务计划、战场频谱等信息，令各指挥系统参与进行关联、估计、提取等综合处理，并正确估计作战趋势，生成完整一致、要素齐全的战役、战术作战态势图族；根据任务和权限，通过定制按需获取和任务相关主动推送两种方式为各级指挥机构、作战部队和其他授权用户提供作战态势。

3）实时作战过程监视和动态调整

全程监视作战进程，进行态势分析，自动提取重点目标进行威胁估计、告警提示，根据作战任务执行情况和已有兵力资源，匹配预案，基于作战能力数据、战法模型、目标优先准则对各种作战行动进行实时临机规划，动态分配/调整作战任务，自动生成作战行动计划。

4）大规模合成指挥控制

根据作战态势和作战计划，对各级各类指挥所下达作战任务，指挥所按任务组实施对作战飞机、地面防空武器、电子对抗武器的统一控制，具备基于任务合成指挥及武器控制功能。实现对空中平台的远程、超视距指挥控制；对地防武器系统的目标分配和指示，火力协同拦截控制；对电子对抗作战力量统一指挥，进行任务、目标、区域等要素分配及指挥控制。

5）作战效能评估

利用全网一致的敌方地面防空、电子对抗、预警探测装备数据和空中、地面防空、电子对抗等作战模型，为航空兵突防突击作战、地空导弹兵防空拦截、电子对抗兵电磁压制提供作战效能评估。

5.3 体系结构

指控网针对未来大规模作战参战兵力多、电磁环境和空天地协同复杂、作战进程转换节奏快的特点，按照网络中心战理念和信息化条件下体系作战信息流程，依托信息栅格，适应网络中心战要求，在指挥关系、信息交换、指挥资源共享、用户管理、信息服务等方面采用协同及同步处理机制,构建扁平化、智能化、可动态重组的指控网络。

指控网以网络化指挥信息系统为依托,把战略、战役和战术各级各类指挥信息系统联为一体,并与实时感知要素和精确打击要素相连接,通过指挥控制信息链,使各级指挥员在准确感知战场的基础上,结合指挥人员的经验和规则进行综合判断,从而形成指挥人员的共同认知、共同理解,并迅速地转化成指挥命令和控制指令,从而实现指挥决策过程与执行过程的统一。以网络为中心的指挥控制模式,改变了传统的指挥控制信息链,变革了旧的指挥决策模式,缩短了信息的流程,使信息优势快速转化为行动优势。

指控网将战略、战役和战术指挥信息系统及作战单元作为节点,将空天作战、防空防天、赛博作战等作战指挥控制要素、能力聚合,构建合成作战指挥、空天作战指挥、防空防天指挥和赛博作战指挥子网,基于任务和信息流柔性,将各作战指挥要素、指挥单元构成动态指挥协同关系,支撑交战地域的战略、战役和战术指挥信息系统协同运行,形成节点间关系扁平、灵活编成、紧密耦合、整体联动、指挥高效的以网络为中心的空军网络化指挥体系。指控网的体系结构如图 5-1 所示。

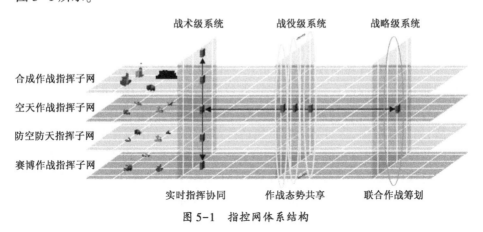

图 5-1 指控网体系结构

指控网按照战略、战役和战术三层指挥体制运行,在信息栅格支撑下,各级各类指挥信息系统能够纵向贯通,横向互联。纵向涵盖了空军战略、战役和战术多层指挥主体和单元,横向覆盖了空天作战、防空防天和赛博作战等多个作战领域的指挥机构和指控单元。网内资源共享,多层多节点协同并行工作,可集成优化信息流程,实现全网联动、精确筹划和高效指挥控制。

空天作战、防空防天和赛博作战指挥子网在遂行空军或联合作战任务时,既各有侧重,负责各自领域的作战行动,又互相联合协同,支撑全方位的空军或联合作战任务。

空天作战指挥子网由空天作战中心、战区空天作战中心、航空兵指控单元、太空指控单元、无人机指控单元组成,机载部分由空中预警机、空中指挥机等空天作战指挥节点构成,支撑交战区域空天作战的组织、指挥和协同,并与防空防天、赛博作战指挥子网协同作战。

防空防天指挥子网由防空防天作战中心、战区防空防天作战中心、防空防天指控单元等指挥控制节点组成,支撑交战地域高中低、远中近的防空反导等空天防御作战,全网联动,指挥协同梯次拦截打击,并与空天作战、赛博作战指挥子网协同作战。

赛博作战指挥子网由赛博作战中心、战区赛博作战中心、网络作战指控单元和电抗作战指控单元组成,基于任务和效果在战役、战术和火力三个层面统一规划使用,实施网络空间、电磁空间"硬杀伤"和"软杀伤"的作战筹划和指挥,并配合空天作战和防空防天作战。

合成作战指挥子网由战略、战役和战术合成指挥节点组成,包括空军作战指挥中心、战区空军作战指挥中心、空军合成指控单元等,支撑对多兵种合成作战指挥及火力要素汇聚,在交战区域聚合空军各种作战力量,达成作战力量统一运用的一体化作战能力。在参加陆、海、空、天、网等多军兵种联合作战时,参与多军兵种的联合筹划、联合指挥和协同。

指控网发挥空军网络化指挥信息系统体系中枢核心作用,基于统一的公共作战态势图,在战略指挥机构指导下,以战役指挥机构为主体,依据作战任务和作战意图、作战目标,进行作战任务分解。针对各子任务的有效性、时间一致性、任务内聚度和任务粒度等因素,对达成作战目标要求和效果进行全面评估,划分任务组,区分各个任务组的作战任务以及作战任务配对,规划任务组内及任务组间的协同关系和内容,将不同作战要素、作战力量模块化编组。在合成作战指挥子网统一指挥协调下,组织空天作战、防空防天作战、赛博作战等不同作战要素,带动战术指控单元、武器控制单元,自上而下、多级联动。

指控网采用任务式指挥模式,使决策人员聚焦于统筹全局和把握作战关键环节,灵活部署作战力量,从最佳地点展开行动,依托精确组织跨域协同达到各作战力量之间的横向自主协调和指挥链上下级之间的纵向精确协调,最终聚合作战效果。精确组织不同军兵种之间、前方兵力和远程精确火力之间跨域协同,充分利用三位一体的武器协同打击能力,自适应任务计划制定、自同步作战指挥,提高决策、指挥、协同的灵敏性和针对性,根据态势变化及作战任务对各单元任务进行调整,从监视、识别到决策、打击实现一体化、同步化,使决策能力在信息优势的基础上逐步向知识优势发展。

1) 分布式作战态势处理

根据任务需求,从广域分布的信息资源中获得所需的完整、一致、准确的与任务关联的满足空军作战的统一情报态势,收集空军战役战术类空天作战、防空防天作战、赛博作战等各指挥所及武器系统的平台状态、交战状态、任务状态、兵力部署、任务计划、战场频谱等信息,采用目标体系分析、目标价值评估、目标效能影响、关联目标分析技术,将任务相关的信息进行灵活的组织、关联与综合,实现多层级目标体系构建、体系重点目标挖掘、重点目标关联分析等功能,生成满足不同任务特点的战役、战术作战态势图,提高对空天战场多维实时态势掌握能力。

2) 基于云技术作战筹划

基于云技术实现战场资源整合管控,协同地域、空域、时间域分散的各级指挥信息系统。通过战场资源的高效管控、目标数据的实时处理分发共享,从体系层面实现陆、海、空、天各作战域的战场资源整合,汇聚成"云"。在作战规则、用兵矩阵模型的基础上,引入专家系统、证据理论、神经网络、模糊判断等手段,采用兵力整体规划、兵力"短板"分析、兵力优化调配等技术,为行为自决策提供基础的模型体系,综合运用逻辑推理和概率统计推理等各种知识推理方法和技术,辅助指挥员优选打击目标及生成目标清单、优选武器类型和数量,为指挥决策和组织筹划提供依据。

3) 实时指挥和合成作战

监视作战任务执行状态和实施进度,按关键点、检查点对作战任务完成程度、任务执行效果进行评估,实现作战任务执行情况的实时监视、告警提示。基于作战能力数据、战法模型、目标优先准则对各种作战行动进行实时规划,动态分配作战任务,生成相应指令以控制作战行动。

根据作战态势及协同计划、作战进程,基于事件、作战模型、协同规则及对作战意图的一致理解,支持跨军兵种、跨层次、跨地域的作战行动同步,组织战略、战役和战术行动以及军兵种间的任务、目标、区域、时域、频域等协同,不间断地同步空天作战、防空防天、赛博作战等各要素作战行动,共同完成进攻与防御任务,达成自同步作战目的,共同完成进攻与防御任务,并与陆海协同,支援陆军、海军以及特种作战。

4) 智能化无人作战与协同

建立无人作战兵力运用、指挥协同和容错飞行控制、飞行任务管理、协同交战、分布式数据融合等战术技术模型,基于无人作战能力数据、战法模型、目标优先准则对作战行动进行实时规划,利用分布式人工智能技术对环境的不确定性以及不可预料的突发事件做出及时、准确反应,将融合有人作战系统与无人作战系统对等联合性编组、无人作战系统为主与有人作战系统指挥引导的融合性编组以及不同类型无人作战系统的混合性编组等多种联合形式,构建新型作战体系实施联合作战,实现有人作战系统与无人作战系统的能力"双增",有效提升基于信息系统的体系作战能力。

5) 联合协同精确打击

多单元多力量协同作战、体系能力对抗、攻防作战交织,是空军未来作战的基本特征。指控网将各级各类指控系统集成为一个紧密耦合、整体联动的作战指挥体系,将松散的多兵种协同作战行动,转变为基于作战任务、信息流程、协同规则的一体化自同步作战行动;并将复杂的战场态势可视化展现,形成完整的指挥、交战关系作战图像,为各指挥所、作战单元精确协同提供有效支持,满足对战场态势统一实时共享、各种作战兵力精准衔接的基本要求。在指控网的支撑下,作战行动在时间、空间、力量和目标上高度协调,高效联动,紧密配合,保障作战单元实现对目标的快速发现、准确进入,保障其精确制导弹药获得良好的信息保障和投射条件,从而实现精确打击。

5.4 基 本 原 理

指控网通过"共享作战态势→联合作战筹划→协同作战指挥"的流程实现网络化指挥。通过支援节点,提供按需作战支援和数据管理能力。通过指挥节点,完成作战态势一致理解与共享,分布式进行作战计划生成与动态调整,向作战力量下达作战行动命令、向武器平台下达控制指令,达成在网络中心环境下联合决策、生成快速计划和自同步的指挥、联合控制等能力。指控网运行机理如图 5-2 所示。

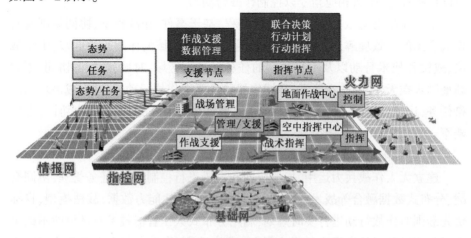

图 5-2 指控网运行机理

1) 作战支援、数据管理

指控网中支援节点(包括战场管理节点、作战支援节点等),依据当前指控网执行的作战任务,按照对信息和数据需求为指控网中的指挥节点(如地面作战中心、空中指挥节点、战术指挥等)提供作战支援和相应的数据管理,为其作战活动提供数据和信息支持。

2) 联合决策、行动计划和行动指挥

指控网中的指挥节点基于共同的态势,利用支援节点提供的共同的信息和数据,对作战任务产生共同的理解和认知,从而能够对作战任务进行联合决策,快速制定作战计划,实现各个指挥节点指挥行动的自同步。在统一态势的基础上,执行空中突击、地面防空、电子对抗、空降作战以及联合空战等作战筹划和指挥控制,组织作战行动,为武器网提供作战计划、目标分配、武器控制指令等信息。

指控网包括空天作战指挥、防空防天指挥、赛博作战指挥等单一专业子网、以及综合性的合成作战指挥子网,如图5-3所示。针对单一专业内的指挥控制,由各单一专业子网中的作战指挥节点通过目标态势分析、打击/拦截能力判断、多目标分配、作战规划、作战单元打击/拦截参数计算等处理,形成子网的体系作战能力。与此同时,由合成作战指挥子网根据各专业子网的信息,进行综合的态势分析、交战能力判断分析、目标分配、多手段综合规划,形成综合指挥控制命令,组织全网武器交战,实现指控网的能力聚合。

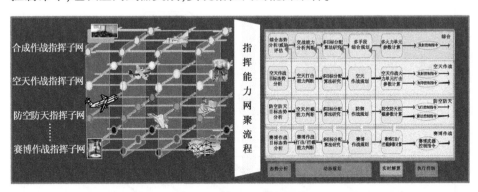

图5-3 指挥能力网聚流程

5.5 空天作战指挥子网

空天作战指挥子网是实施空天作战的作战指挥中心,也是在空天作战中取得和保持空中和空间优势的关键。空天作战指挥子网负责空天作战的指挥控制,提供空天作战管理、监视、识别、空域管理等能力,具体制定或调整空天作战计划,进行作战协调,区分作战资源,分配作战任务,识别、监控战场态势,监督作战实施并对空天作战行动进行评估。通过计划和作战中的协调,对所有空天作战力量以及支援与被支援力量之间的行动进行协调,充分发挥空天作战力量的整体作战效能。

空天作战指挥子网综合运用军事运筹、建模仿真、人工智能、信息服务、现代管理等先进技术,融入作战条例、理念、条令和交战规则,分析、归纳活动规律,建立行为模型,根据人工智能中案例推理方法对历史案例进行检索和适配,按任务种类和打击目标优选武器类型和数量,组织多级指挥系统协同制定太空作战计划和空中作战计划,对太空作战和空中作战进行兵力编组、航线规划,确定协同关系和内容,确定指挥关系,分配作战资源及保障资源。对形成的计划进行仿真模拟推演,分析评估及优化调整资源使用、运行轨道、飞行航线,生成空天作战计划及空中任务指令、空域控制指令等。

5.5.1 组成结构

空天作战指挥子网包括地面和机载两部分。地面部分由空天作战中心、战区空天作战中心、航空兵指控单元、太空指控单元、无人机指控单元组成,机载部分由空中预警机、空中指挥机等组成,如图5-4所示。

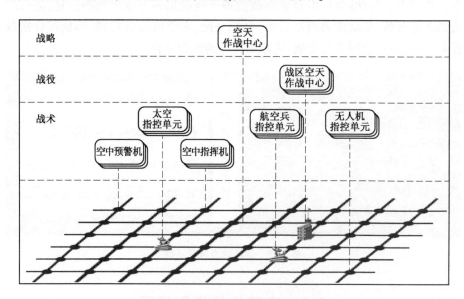

图5-4 空天作战指挥子网组成结构

空天作战指挥子网采用以网络为中心、互相依存、功能一体化的方式,对战区空中作战指挥单元进行网络化组织和统一管理,形成整体空天作战指挥能力,主要体现为作战任务统一组织、作战计划统一生成、作战资源统一分配、作战进程统一监管、打击引导实时控制、指挥单元间任务协同、引导任务的动态调整。

1) 战略级空天作战中心

空天作战中心从战略层面对太空作战和空中作战进行总体的控制和协调，负责所有空天作战兵力资源调度、战略决策，任务分配及任务执行监视等。

2) 战役级战区空天作战中心

战区空天作战中心接受空天作战中心领导和指导，提供对空天作战的战役层面的指挥控制，负责规划、指导和评估空中作战行动。对战区空天作战进行统一管理，并对作战过程进行监视和调整，可根据需要对执行任务的所有武器平台直接指挥控制。

3) 战术级指控单元

航空兵战术指挥所接受战区空天作战中心调度的作战任务，并在其组织下，进行作战任务规划、实时指挥引导、监控作战进程、指挥控制协同、动态调整作战任务等作战指挥控制活动。

4) 机载指控单元

空中预警机、空中指挥机是集战术级指控单元在空中的延伸，它具有对战场实时监视和对空中作战行动实施指挥与控制两种职能，特别是指挥引导己方空中作战力量完成截击、空中格斗、对地或对海攻击、空运、空中加油和空中救援等多种空中作战任务。

5.5.2 工作原理

空天作战指挥子网根据任务分配、敌我态势、目标位置等信息，掌握空天作战部队行动状态，对任务部队作战行动进行监控。针对打击目标机动性和突发敌情，可结合计划预案并根据需要进行打击任务调整、兵力重选、临机方案生成，并生成空中任务指令和空域控制指令对下发送；通过空中任务指令和空域控制指令建立与友邻作战部队之间的协同关系，包括协同建立与管理、协同事项管理和协同信息发布；对打击平台分配目标，生成多类空天武器平台与打击目标之间的分配关系，并确定武器的航路、作战进程等，对武器状态进行控制，并对火力打击效果进行评估。

空天作战中心依据战略意图，确定作战目标和作战任务，组织实施多级联合筹划，进行任务区分、资源分配和力量调度。采用任务式指挥模式，基于作战模型、协同规则等知识库指挥协调空天作战行动，实时共享指挥意图，精确组织跨域协同，把分散与集中两种指挥方式有机统一。通过赋予战区空天作战中心、战术指控单元等战役、战术单元自主权，以相互信任为基础组织分散作战，达到集中作战效果。与防空防天、赛博作战指挥子网相互通报任务执行情况，在任务、目标、区域、频域等进行作战协同,组织与陆、海协同进行联合防空与空天支援作战。

战区空天作战中心按照空天作战中心确定的作战目标,分配的任务、资源和作战力量,围绕实现战役或战术目标展开多军兵种、多要素实施联合或合成作战。对目标进行分析和选择,进一步细化战役目标,明确具体打击目标种类、数量、序列和毁伤要求等,形成"联合一体化优先目标清单"。并基于"联合一体化优先目标清单"进行任务分解,充分考虑任务分解的约束条件,比如时空、内聚度、粒度大小、作战单元作战能力、作战保障资源等约束条件,采取自适应方式,恰当选择分解粒度,在任务目标与兵力需求关联的基础上完成任务分解。

战区空天作战中心根据任务清单,区分作战任务,空中作战、空天作战、无人作战要素被分别划为不同的任务组,如图5-5所示,规划任务组内及任务组间的协同关系、协同时机、协同动作以及协同内容,组织空中作战、空天作战、无人作战等战术指挥单元及其他兵种指控单元进行多级联动战役筹划,利用各任务组之间的精确打击、精确协同和精确评估能力,达到各任务组之间的横向自主协调和指挥链上下级之间的纵向精确协调。并与友邻开展协同作战,使分布作战的行动指向始终得以聚焦,有效完成任务,实现指挥决策人员的作战意图和战役目标。

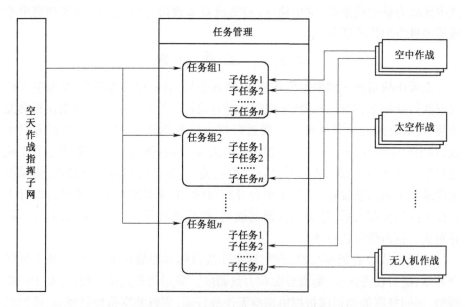

图 5-5 空天作战指挥子网任务组划分

航空兵指控单元、太空指控单元、无人机指控单元以及空中预警机、空中指挥机等战术指挥单元根据战区空天作战中心分配的作战任务和任务组作战态势,进行目标威胁估计和预案匹配,进一步细分任务组,细化受领的作战任务。进行战法运用、实时辅助决策、目标分配,自主执行命令,独立执行任务。按任务组织实施对包括动能杀伤工具、定向能武器、作战飞机的大规模指挥控制,对动能杀伤工具、定向能武器以及有人、无人作战飞机进行目标分配、攻击引导,如图5-6所示。

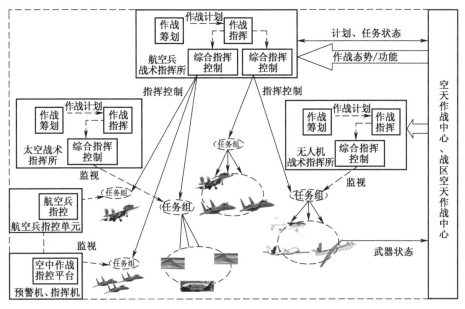

图5-6 空天作战指挥子网工作原理

1) 以网络为中心的精确打击

由于防区外发射能力大大增强,可以在较大范围内使用少量的装备就能保证覆盖较多的目标,使打击手段多样化,又能显著减轻后勤保障的负担。有人机和无人机与空间装备的完美结合将使机—机对话成为可能,从而可对大范围的威胁和目标实施近瞬时的全球精确打击,如图5-7所示。

精确打击具有全天候自主作战能力。精确性不仅指武器系统的精度,而且还包括信息和目标信息的准确性。传感器与射手之间的快速闭环循环是有效使用精确打击武器的关键因素。为了有效分享信息,适应信息流量,精确制导武器在自主飞行之前和自主飞行过程中必须能够接收信息,为了使网络中的其他单元能够共享信息,还必须能够发送信息。

空军通过"相互依赖作战"实现对目标的精确打击。"相互依赖作战"是指所有作战人员都有权共享信息,使每个传感器都可以是射手,每个射手也都可以是传感器。在空战中心的控制下,网络所有成员可完成交战或定位各自范围内的高价值目标。网络中所有模拟与数字数据,像素图像及合成图像,以及各

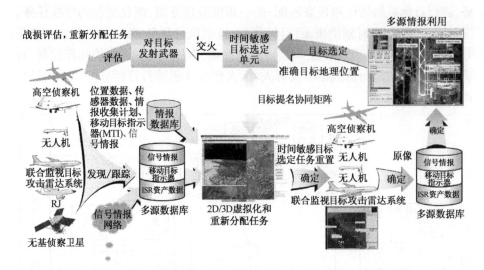

图 5-7 网络为中心精确打击示意图

种传感器获得的数据可以被所有作战人员下载和使用,真正做到信息共享。计划人员及武器系统都能得到过滤后的关键信息,从而提高作战的灵活性和精确打击能力,缩短实时信息的传递和处理时间,使作战体系扁平化,从而将模糊传感器、打击系统和支援系统之间的界限。

2) 有人机/无人机协同交互控制

随着无人作战系统在各军种的大量装备,各类型无人作战力量将作为新的兵力构成出现在各军种部队,无人机能力有了大幅度提升,应用领域也得到极大扩展,逐渐开始替代有人飞机的传统任务领域。但由于作战能力、生存能力等限制,一些应用领域依然需要有人飞机去执行,例如近空支援、火力压制、突破敌防空等,因此有人机与无人机进行混合作战则能充分发挥各自的优势。未来战场上,将以有人作战系统与无人作战系统对等联合性编组、无人作战系统为主与有人作战系统指挥引导的融合性编组以及不同类型无人作战系统的混合性编组等多种联合形式,通过构建融合无人与有人作战平台于一体的新型作战体系实施联合作战,实现有人作战系统与无人作战系统的能力"双增",有效提升基于信息系统的体系作战能力。

有人机和无人机在执行任务过程中承担不同职责,通过相互之间的数据、信息交互,实现任务的协同。无人机之间自动形成网络,根据预设的规定和条件,自主做出相应决策,人的作用主要是监视和下达最终决策。

在多目标攻击过程中,目标分配是一个非常重要的环节,它的任务是充分发挥各火力单元的整体优势,在给定的条件下,寻求符合分配原则的最佳方案,应用优化理论可以使有限数量的武器得到最优的分配,充分发挥武器系统的效能,使总的效益最佳。在有人机/无人机协同作战系统中,协同目标分配任务由有人机完成,有人机根据态势评估结果和目标以及无人机的状态信息,对无人机分配攻击目标,确定打击目标的武器,进行武器配置和编队配置,确定目标的打击点、打击方向以及武器投放区域等,以获得最大的作战效能,如图5-8所示。

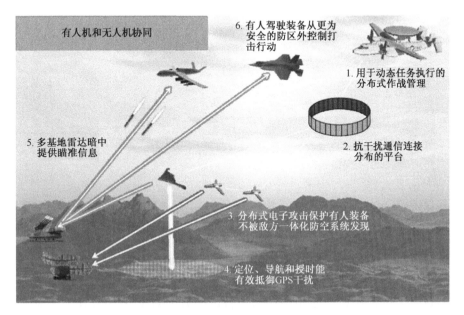

图 5-8　有人机/无人机协同示意图

5.5.3　典型应用

空中部队面临的主要挑战之一就是对地面移动目标的发现、确定、瞄准和交战。由于前方空中预警机和攻击飞机需要一定飞行高度来避免地空导弹攻击,因此机载传感器很难识别小型的移动目标。此外,天气、地形等因素也增加了目标识别和分类的难度。

以空中平台通过感知网获取情报信息,对地面移动目标进行打击为例。敌方目标为某机动式防空系统,包括1部预警探测雷达、2部制导雷达及2个营的防空导弹。空中对地打击行动由战区空天作战中心组织实施,由空中预警机担负战场前沿空中战术指挥,出动兵力包括:1架空中预警机、2架无人机及侦察卫星组成立体感知系统,6架具备对地打击能力的作战飞机组成火力打击系统,空中预警机、无人机、侦察卫星、作战飞机及战区空天作战中心经基础设施网相连接,及时从情报、监视与侦察卫星、无人机、预警机及作战飞机获得信息,实时指挥作战飞机对敌机动式防空系统进行攻击摧毁,如图5-9所示。

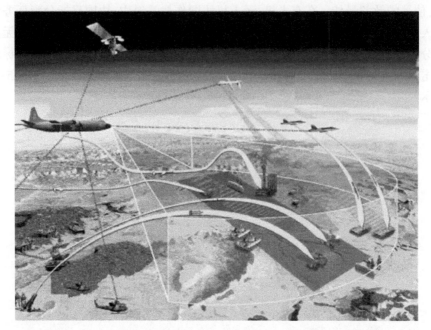

图 5-9　空天对地打击典型应用示意图

战区空天作战中心通过感知网获取有关敌机动式防空系统的部署情况、防卫兵力等目标情报信息,对敌情、敌/我作战能力进行详细计算和分析。通过敌我力量对比和效果预测,定下空中火力打击的力量编成、兵力使用原则和指挥机构。将空中对地打击行动划分为两个任务组,空中指挥、侦察任务组和空中对地打击任务组,空中预警机担负战场空中战术指挥和侦察预警,无人机负责战场空中侦察,战斗机对敌机动式防空系统预警探测雷达、制导雷达及防空导弹阵地实施打击和摧毁。

战区空天作战中心对责任区内各项资源进行有效部署,尤其是对有限的空中加油机,运输机和情报、监视和侦察等资源进行有效分配,处理空中预警机、轰炸机、战斗机和无人侦察机的计划和管理任务,组织指挥空中力量实施突防和对地目标突击。

按照作战计划明确的指挥关系和权限,无人机、战斗机等空中作战平台与战区空天作战中心、空中预警机采用地空组网模式或地空/空空复合组网模式进行组网,接受战区空天作战中心、空中预警机指挥。

战区空天作战中心通过光纤传输信息,指挥人员能获得连续不断、实时的飞机方位图像,实时监控战场,协调解决空中各作战平台在任务执行过程中出现的问题和偏差,从而按需改变作战飞机和支援飞机的飞行线路。在作战过程中,空天作战中心内的态势席实时、清晰地显示在战场上空飞行的每一架飞机的具体位置,及时显示各种情报、监视与侦察系统提供的来自战场各地的信息。

由天基卫星和无人机所获得的情报,实时传送给在战场上空实施指挥的空中预警机。为了提高打击时敏目标的能力,空中预警机根据气象和地理条件,分析突击条件,自动解算引导指令,并将目标信息、引导指令信息分配给担负攻击的6架作战飞机,组织作战飞机对敌机动式防空系统实施打击。预警机通过数据链指挥引导2架作战飞机对敌机动式防空系统预警探测雷达、制导雷达目标进行突击,引导其余4架作战飞机对敌机动式防空系统防空导弹阵地实施打击和摧毁。实施攻击的6架作战飞机立即对各自目标进行攻击,空中预警机对敌目标突击效果进行评估,根据评估结果确定是否需要再次组织作战飞机实施打击行动。在体系支撑下,完成协同空中对地打击任务,缩短了"发现—识别—决策—打击"的杀伤链周期。

5.6 防空防天指挥子网

防空防天指挥子网担负着确保空天监视与预警、防空和反导作战、保卫国家重要的基础设施和军事设施免受各种空天打击武器袭击、摧毁敌空天进攻兵器等任务的作战指挥。强大的防空防天能力,能够削弱敌方高精度武器、巡航导弹以及未来全球快速打击武器攻击能力或使敌方天基空基高速武器攻击失效,降低敌方战略威慑力量的可信度,迫使敌人放弃进攻,达到慑止战争的目的。

防空防天指挥子网将防空防天战略、战役、战术指挥系统与火控单元、武器平台一体化集成和深层次铰链,将各种信息传达到各个作战部队甚至单个作战平台,实时获得作战部队及武器系统的状态、位置、活动、作战效果等反馈信息,实现信息的快速流动与共享。在信息流动上相互联接、相互反馈与控制,在功能上相对独立,是一个统一的整体。能够根据需要自动动态组网,自动处理态势信息并形成特定战场态势图,实现对战场态势感知的一致性和对战略、战役、战术行动的一体化指挥。根据快速变化的态势和威胁情况迅速对资源进行转移和重新分配,快速实现战术级指挥所之间和指控单元之间的相互接替和动态重组,提高防空防天体系的整体抗毁能力。

5.6.1 组成结构

防空防天指挥子网由防空防天作战中心、战区防空防天作战中心、防空防天指控单元组成,如图5-10所示。

防空防天指挥子网内各作战要素之间信息共享和综合运用,利用信息融合技术将多个武器系统上的传感器信息融合成具有高精度、一致性的作战图像,提供给每个武器系统,使其在本地传感器未发现威胁目标的情况下,也可实现超视距拦截,形成体系配套且多武器协同作战的新模式,使武器系统最大程度地利用所拥有的武器,并采用正确的武器拦截正确的目标,实现完全网络化的分布式远程防御火控能力,对多个或单个目标实施联合而精确的打击,把信息优势转变为作战行动优势,最大限度地发挥作战效能。

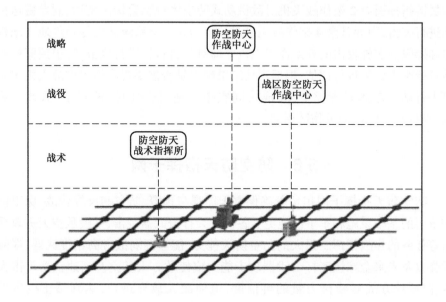

图 5-10　防空防天指挥子网组成结构

1) 防空防天作战中心

防空防天作战中心作为防空防天作战中心战略指挥机构,负责组织、协调各类防空防天作战力量指挥防空防天作战行动。防空防天作战中心既可直接指挥地基中段反导作战或跨越战区直接指挥末段高低层反导武器作战又可授权战区防空防天作战中心进行战区防空防天作战。

2) 战区防空防天作战中心

战区防空防天作战中心在防空防天作战中心组织指导下,对战区内防空防天单元进行网络化组织和统一管理,在战区内进行作战任务统一组织、作战区域统一划分、作战资源统一调度、目标统一分配、作战进程统一监管,形成整体防空防天作战指挥能力。

3) 防空防天作战指控单元

防空防天作战指控单元接受战区防空防天作战中心分配的任务和资源调度,执行防空反导作战任务,接收武器单元报告作战信息,共享防空防天作战资源,协调与其他指控单元的作战行动。

5.6.2 工作原理

防空防天指挥子网聚合防空防天作战力量,由防空防天作战中心授权,采用战略级、战区级(战役级)、战术级三级指挥体制,采取"跨平台""跨系统"的信息共享和融合技术,收集传感器或其他信息源获得的目标信息,形成统一的空天态势感知图,构建高效的防空防天作战体系,支撑以网络为中心的防空防天作战活动。

防空防天指挥子网采用集中指挥、分布式控制和分散执行的方式,通过战场资源的高效管控、目标数据的实时处理、分发共享,确保多个防空防天系统实施分层拦截,以网络为中心完成目标探测、数据融合、目标指派、火力分配、毁伤评估等作战指挥行动,实现防空防天作战战略、战役、战术行动的一体化指挥,如图 5-11 所示。

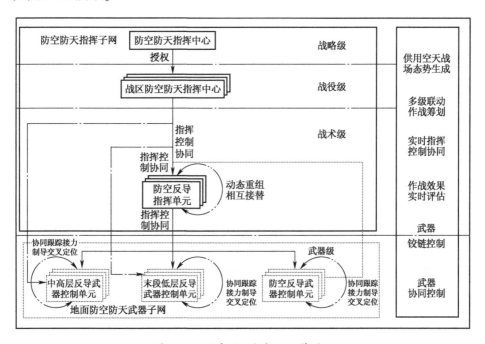

图 5-11 防空防天指控网工作原理

防空防天作战中心组织对对弹道目标和空天目标协同探测,生成防空防天共用空天战场态势。根据目标性质、来袭方向、运动参数等信息,判断敌作战意图,统一部署防空防天作战力量,在战略层面统筹规划防空防天作战,进行任务区分,资源调度和力量分配。组织包括战区防空防天作战中心、防空防天作战指控单元战役战术多级联动规划防空防天作战计划,统一管控侦察监视、预警探测、指挥控制、拦截打击和综合保障等防空防天作战资源。

战区防空防天作战中心依据防空防天作战中心分配的任务、区域、资源,结合当前空天态势,进行威胁估计、目标优化分配,划分任务组,组织防空防天作战指控单元等战术指控单元筹划防空防天作战行动。基于面临的空天目标威胁、武器装备能力和作战规则,自动匹配和调整预案,统筹运用武器资源,优化武器配组和拦截方案,采用赋值方式,对目标和武器进行量化,通过分析计算实时跟踪数据,评估目标和武器配组,确定最佳配组方案拦截目标。统一指挥防空防天一体化作战,实现指挥资源和武器资源的最佳组合运用和多平台火力防空防天协同作战,完成复杂战场环境下的防空防天作战指挥任务。对作战进程进行全程实时监控,实现作战信息的全网共享。

防空防天作战指控单元依据领防空防天作战中心分配的任务和作战区域,生成反导作战方案和防空防天武器的拦截任务和指令,向火力单元进行目标分配和指示。对弹道导弹和空天目标轨迹参数和落点进行预测计算,实时解算防空反导武器的拦截能力和杀伤区参数,优选实施拦截的武器单元和拦截次序,向武器单元下达拦截命令。实时监控目标信息和武器单元作战过程,采用任务、目标协同方式进行火力打击协同。通过任务计划分配、信息实时交互、传感器控制以及火力毁伤评估,自动控制防空防天预警探测和防空反导拦截行动,大大缩短识别目标、锁定目标、攻击目标和毁伤评估时间,有效提高对动态目标的打击能力,形成发现即打击的最佳能力模式。

1) 空天防御作战决策支持

采用分布式传感器资源运用规划和实时配组技术,通过协调整个防空防天系统各个传感器在网络中的合理布局及不同传感器之间的相互引导和互补,并将防空防天武器与传感器进行配对关联,从轨迹关联向特征辅助识别和异类传感器融合发展,提升传感器网络的整体探测和跟踪精度,并实现不同传感器数据的融合。使同一个目标能采用多个传感器跟踪,各种目标的状态、属性、行为等信息通过相关性计算向武器系统提供自动链接以及无缝数据传送,形成统一和完整的目标信息,实现各系统的态势感知信息共享和高效的互联互通。

空天防御作战决策支持根据来袭弹道导弹、临空目标、高超声速武器的特点和真假弹头的识别结果,在多目标威胁条件下,实现威胁信息的及时搜集和精确跟踪和识别,支持武器分配制定拦截方案。接收和处理预警信息,包括目标识别信息,计算落点、拦截点及落点等,估算来袭弹道导弹的发点、射向和落点等粗略弹道数据,计算具备拦截条件拦截阵地和拦截武器,进行威胁评估和目标分配,将目标信息发送给具有拦截条件的武器系统,组织系统对拦截效果进行评估,必要时重新分配目标进行再次或多次拦截。

2) 空天防御作战一体化实时指挥

综合考虑防御对象、作战武器能力、任务参数等因素,将地理分散的各作战平台、传感器、武器系统、各类数据等战场资源相互链接,在体系层面实现战场资源的动态高效管控及海量信息高速、实时、分布式处理与共享,根据特定作战任务需求,进行动态资源分配,将各种互补的能力整合成一个能够在动态的流动作战区域执行分布式行动的"武器系统"。基于防御原则和保卫目标及制空范围等要素以及各类目标作战特点、交战规则以及攻防博弈理论,根据目标威胁排序和作战资源性能参数,采用规划理论对多方向多类型空天目标进行目标—传感器和目标—武器的最佳配对,生成兵力优化部署、拦截方案,为防空防天作战资源优化部署、灵活编组、统一指挥、同步协同和精准拦截提供支持,获取最大的资源利用和整体作战效能,如图5-12所示。

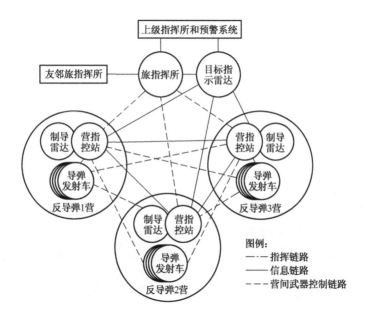

图 5-12 空天防御作战一体化实时指挥示意图

采用集中指挥集中控制、集中指挥分散控制等方式,实时接收空天目标预警、各级目标指示雷达的空天情信息。根据目标性质、来袭方向、运动参数等信息,实时解算防空防天武器的拦截能力、杀伤区参数和火力单元拦截参数,优选实施拦截的火力单元和拦截次序,对火力单元进行目标分配和指示,下达拦截命令,实时监视火力单元作战过程,采用任务、目标协同方式进行火力打击协同。综合运用协同跟踪、外部信息制导、接力制导、交叉定位、坐标支援等组网作战模式,实现多平台制导信息的最佳利用,充分发挥防空防天体系化作战效能,提高复杂战场环境下体系生存能力和对抗能力。

5.6.3 典型应用

防空防天作战是空军基本的作战任务和形式，面临高技术空天袭击兵器并行打击，攻防节奏快，拦截难度大。防空防天作战指挥子网聚合空天战场感知、智能决策指挥、同步作战行动和精确火力拦截能力，形成联动一体、稳定高效的网络化防空防天作战体系。

以空军反导作战为例。多颗天基预警卫星、侦察卫星等重点监视敌弹道导弹发射阵位，对敌方弹道导弹发射井、机动发射架等进行高重访频率或全时段详察，侦察、追踪敌方导弹发射平台的动态。1部地基大型P波段相控阵雷达、2部X波段相控阵雷达部署于既定阵地，1个具备中段拦截能力的地空导弹营、2个具备末端拦截能力的地空导弹营梯次部署于纵深地区适当位置，分别对来袭弹道导弹实施中段拦截和末端拦截行动，如图5-13所示。

防空防天作战中心根据卫星影像分析判断是否具有发射征兆（比如导弹发射井盖是否已经打开等），发现某地区有威胁预警时，命令相关战区防天作战中心、各防空防天指控单元进入规定值班状态，同时协调整个预警反导系统重点关注此地区。在助推段，防空防天作战中心根据红外预警卫星等传感器的预警信息，组织传感器跟踪、识别弹道目标，组织各战区防天作战中心进行反导武器系统拦截准备；在中段、末段，根据预警探测情报，组织防空防天战术指挥所、防空防天指控单元指挥控制拦截武器实施中段、末段拦截活动。

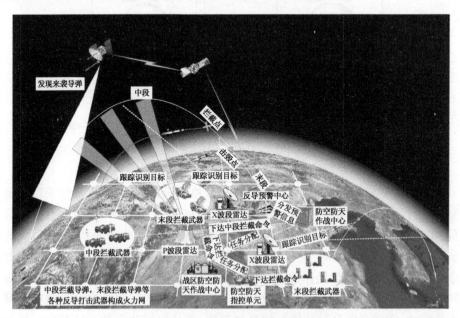

图5-13 一体化反导作战典型应用示意图

在某时刻,预警卫星、侦察卫星发现敌方突然启动发射程序,发射了一枚中程导弹,预警卫星将获取的导弹(尾焰)图像信息传至反导预警中心进行快速处理。

在弹道导弹助推段,反导预警中心获取红外预警卫星和其他传感器的敌中程弹道导弹发射情报,组织 P 波段雷达进行探测跟踪,并向防空防天作战中心发出早期预警;防空防天作战中心分析来袭敌中程弹道导弹预警情报,向战区防天作战中心、防空防天指控单元等发出作战等级和战斗准备警报。

在弹道导弹中段,反导预警中心根据 P 波段雷达、X 波段相控阵雷达提供的敌中程弹道导弹信息,计算目标弹道、估计发点、预测落点,生成反导预警态势,并报送防空防天作战中心;防空防天作战中心根据来袭弹道导弹属性,进行威胁估计,匹配反导作战预案或动态规划生成作战方案,生成武器拦截计划,向战区防空防天作战中心、具备中段拦截能力的地空导弹营指控单元发出作战命令。

根据防空防天作战中心下达的探测任务和实时探测要求,战区防空防天作战中心通过 X 波段相控阵雷达跟踪识别弹道目标,并实时将弹道目标情报信息发送到防空防天指控单元,防空防天指控单元通过制导雷达跟踪识别弹道目标并按指令对中段拦截地空导弹武器单元指示目标,控制中段拦截地空导弹对来袭敌中程弹道导弹实施中段拦截。

在弹道导弹末段,战区防空防天作战中心生成末段反导作战方案和拦截计划并下发到 2 个具备末端拦截能力的地空导弹营,战区防空防天作战中心、具备末端拦截能力的地空导弹营指控单元通过传感器直接向末端拦截地空导弹武器单元指示拦截目标信息,控制末段高/低层拦截地空导弹武器单元对弹道目标实施拦截。

反导预警中心根据预警探测传感器上报的弹道目标情报,分析拦截效果,上报防空防天指挥中心;战区防天作战中心、防空防天指控单元、中段拦截地空导弹武器单元也将打击效果上报防空防天作战中心。防空防天作战中心进行拦截效果综合估计,判断是否进行后续拦截。

战斗结束,防空防天指控单元收集拦截地空导弹单元的战况报告,进行整理并上报。

5.7 赛博作战指挥子网

赛博空间[1-3]与陆、海、空、天并列为五大作战空间,赛博空间作为一个全新的作战域,对未来的战争样式、战争形态都将产生深远的影响,是决定未来战争成败的关键因素之一。赛博空间的三大组成部分包含了电磁空间、网络化基础设施和电子技术及系统,包含了传统的电子战。

赛博空间电磁频谱和网络系统密切相关,战术赛博行动与电子战行动难以区分,战术赛博行动就是电子战。赛博空间依靠电子战实现对电磁频谱的控制和自由访问,电子战、网络空间行动和频谱管理行动是不可分割的,赛博空间作战是对赛博空间能力的运用,其首要目的是在赛博空间中或借助赛博空间达成目标,这类行动包括计算机网络作战,以及全球信息栅格的运行和防御的各种活动。赛博空间作战跨越传统意义上的陆、海、空、天疆界,淡化了战前、战时、战后等时间观念,只要信息环境、电磁频谱和计算机网络能够延伸和到达的地方都可能是赛博空间作战区域。

赛博作战指挥子网将网络空间、电磁空间的"硬杀伤"和"软杀伤"武器系统有机地连接在一起,建立全方位、大纵深、立体化的赛博作战网络,充分发挥网络空间、电磁空间"硬杀伤"和"软杀伤"武器装备体系的整体效用,不同种类、不同频段和不同用途分散部署的网电作战资源和多种网电作战手段通过网络集成在一起,通过网电认知对抗建模、学习与推理、对抗效能评估、作战任务动态规划、平台功能管理与资源调度,实现整个战场赛博作战资源、传感器原始数据和网电空间态势的共享、综合控制、综合管理、综合运用,构成一个以网络为中心的赛博作战体系,其组织结构完全可动态重构,其活动进程被精确地自同步和相互协同,最终达成网电空间感知和赛博作战资源最优利用的目的。

5.7.1 组成结构

赛博作战指挥子网由赛博空间作战中心、战区赛博空间作战中心、网络作战指控单元和电子对抗指控单元组成,如图 5-14 所示。

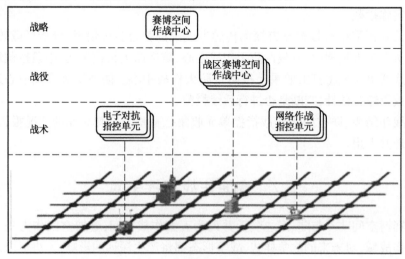

图 5-14 赛博作战指挥子网组成结构

赛博作战指挥子网综合利用网络作战和电子对抗等手段实施进攻和防御作战,截获、扰乱、欺骗、瘫痪、摧毁对手指挥信息系统中的预警侦察系统、通信网络、信息流等,进而达成作战效果的作战行动,为空天作战、防空防天作战提供有力的支援。

1) 赛博空间作战中心

赛博空间作战中心为战略层面的赛博空间作战提供指挥与控制,跨越责任区同步和协调网电力量,统一规划、整合进攻性网电行动,并与空天作战、防空防天作战保持同步,以达成军事目标。领导网络空间作战和电子对抗作战,在有效支持空天作战、防空防天作战规划和执行的同时,确保在网络空间、电磁空间的行动自由。

2) 战区赛博空间作战中心

战区赛博空间作战中心在赛博空间作战中心的组织指导下,负责同步协调战区赛博空间作战,协同制定网电作战计划,实施战役级进攻性网络空间、电磁空间行动组织指挥,协同跨越责任区的网络空间、电磁空间作战。

3) 战术级指控单元

根据网电作战态势及战区赛博空间作战中心赋予的网电作战任务进行指挥决策。接受战区赛博空间作战中心网电作战资源调度,执行其分配的网电作战任务,实施网电作战指挥控制和协同,对网电作战过程进行实时监视和动态调整,提供限于在特定战场内的网络作战战术行动。

5.7.2 工作原理

赛博作战指挥子网在基础信息库支撑下,围绕战场赛博作战的侦、控、打、评闭环过程,展开战场目标搜索、目标协同定位与识别、目标综合研判、目标安全缺陷识别、确定攻击方式、实施赛博攻击、组织攻击效果评估,如图 5-15 所示。整个指挥控制模式采用扁平化指挥控制模式和中心化指挥控制相互结合的模式。扁平化指挥控制模式使得侦察单元、指挥控制和攻击单元之间的联系更加紧密,有助于借助战术网络中心化环境,实施对高价值目标的攻击;另一方面,在行动初期需要中心化的指挥控制来对整个我方行动资源进行合理部署和规划,在行动中对整个行动进行总体把握。

赛博空间作战中心从作战全局上统一筹划赛博空间作战行动,充分发挥信息网络监控、监测和监视功能,对配置在各领域赛博空间作战力量实施有效协调和控制。将赛博空间作战纳入战略、战役和战斗整体作战计划,围绕战略、战役和战斗总体目标,统一计划和协调赛博空间作战活动。将各种赛博空间作战要素和力量有机组合以形成合力,与空天作战、防空防天作战等不同领域作战行动相互融合,使之互相协调,最终形成陆、海、空、天、网五维战场空间作战的整体合力,夺取和保持作战的主动权。

在筹划与部署阶段,赛博空间作战中心控制全时段赛博空间作战,进行长期、全面的电子战斗序列和网络脆弱性分析,紧密贴近作战需求,组织、筹备和部署赛博空间作战力量,确定行动原则,指导战区赛博空间作战中心完成行动方案。

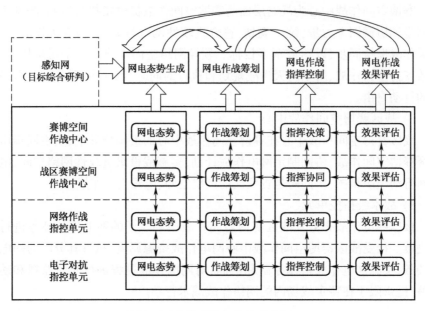

图 5-15　赛博作战指挥网工作原理

指挥决策阶段,战区赛博空间作战中心进行多级联动,筹划赛博空间作战完成行动方案,将赛博空间作战划分网络作战、电子对抗等任务组,对作战力量和武器平台进行编成。协调部署各任务组的行动区域,确定各任务组的行动原则等。根据网络电磁空间的战场态势、电磁情报等决策辅助信息进行辅助计算,制定网络电磁空间作战方案和计划,并对方案进行评估。确定行动目标后,各任务组中指控单元对作战方案具体化。

在目标搜索阶段,战区赛博空间作战中心主要为统筹和协调多侦察平台的协同工作,寻找机动高价值目标,同时形成战场赛博空间作战态势图像,调整各侦察平台的运行。

态势评估阶段,战区赛博空间作战中心根据战场实时动态网络电磁侦察信息、物理空间侦察或态势信息以及平时网络电磁侦察的目标信息进行信息融合,对电磁目标精确定位、网络脆弱性分析和态势分析预测等,建立全面的态势表征。利用网电空间态势信息以及来自物理空间作战指挥所的态势信息,进行网电空间态势判断和威胁分析,形成战场环境网络电磁态势。

在作战行动阶段,战区赛博空间作战中心协调网电作战资源,选取高价值打击目标,指挥控制作战行动。采用网络入侵、信息注入等手段进行攻击敌方目标,当以上手段失效时,与空天作战等力量进行协调,采用伴随攻击等手段实施火力打击,进行硬摧毁,实现"硬杀伤"和"软杀伤"的综合打击。

在传感器到射手一体化打击阶段,网络作战指控单元、电子对抗指控单元为实现对高价值目标的打击实施指挥控制,并通知战区赛博空间作战中心协调资源。赛博空间作战中心和战区赛博空间作战中心实时监控网电空间作战进程和作战行动,对打击效果进行评估,为下一次打击行动调整整个系统体系。

网络作战指控单元、电子对抗指控单元接收赛博作战指挥中心下达的计划以及分配的作战任务,针对当前频谱态势和威胁进行推理,在目标感知、识别、评估、预测的基础上,实时制定网电攻击策略和优化资源配置,细化我方网电子作战部署,协同制定战术级网电作战行动计划,并对网电作战行动计划进行推演评估。实时指挥和控制网电作战行动,引导网电作战武器单元有效执行网电作战行动,监控网电武器单元的作战情况和作战计划执行情况。

赛博作战十分强调网络对抗和电子对抗的高度融合,从而实现网电一体的攻击能力。在战场赛博作战中,电子对抗侧重于信号层次的攻击,即通过强电磁信号来淹没目标信号,而网络对抗侧重于信息层次的攻击,即通过向敌方计算机网络系统输入具有破坏功能的信息来达成攻击的目的;电子对抗侧重于通过无线的方式实施攻击,而网络对抗侧重于在入侵敌方网络后实施攻击;电子对抗侧重于对信息传输环节的攻击,而网络对抗则侧重于对信息处理环节的攻击。通过实现这两种主要攻击方式的互相补充、高度融合、共同作用,可为取得更好的整体攻击效果提供基础。

1) 赛博空间认知网电作战

面对当前日益复杂多变的战场电磁环境,组织进行多层次信息的探测与融合,进行测量、分类、特征提取和识别等信号处理分析,提取当前环境的核心参数特征,形成特征描述数据。针对存在跳频通信、捷变频雷达、新型未知信号等复杂电磁环境,近实时地截获目标信号,对其进行分析识别,获得目标信息。识别、定位频谱内所有信号、辐射源和用户;识别一体化防御网络的电子战斗序列,识别电子防护模式与自适应威胁对应策略(尤其是存在干扰情况下);识别通信或雷达网络结构,包括功能拓扑结构和指挥结构;识别未知通信或网络协议,实现电磁频谱截获与时域、频域、空域分析,链路、网络协议识别。实施节点网络属性探测、报文截获和信息挖掘,描述其特性,提供实时、现场的频谱和威胁环境直观结果。结合评估预测方法与动态知识库,快速、准确、全面地从战场周边环境中捕获目标的频率、重频、到达方向、带宽、波形特征、协议、电子防护模式、功能意图等,实时感知目标及周边战场的环境信息,生成战场网电空间综合电磁态势。赛博空间认知网电作战模型如图 5-16 所示。

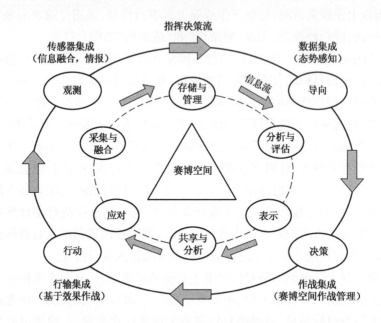

图 5-16 赛博空间认知网电作战模型

建立包括威胁描述、决策规则、攻击样本的自主学习动态知识库,提供目标感知、识别、评估、预测以及任务决策、规划的依据。对多种目标的各个工作状态,以及不同工作状态时的特征参数进行详细分析和总结,通过分析目标信号来推断推测目标当前所处的状态,甚至目标的意图,通过分析对比施加策略前后信号的变化,或者目标状态的变化来进行效能评估,根据目标受到干扰前后信号特征工作状态的变化来评估干扰有效性,指导优化干扰措施合成,取得最佳的干扰效果,融合多源感知信息,生成标准格式的效能评估报文,反馈对抗闭环的执行。

广泛融合网络、情报、认知等多领域对抗技术,进行多层次信息的探测与融合,生成综合态势,依据实时环境态势感知、作战效能评估以及知识学习、累积的结果,通过分析目标信号来推断其当前所处的状态,进而通过智能决策来实施最优的策略,动态地自主调整攻击与防护策略,进行进攻性网电作战、防御性网电作战,能够在网电空间内通过射频收发、信号/信息处理等方式实现环境态势感知与攻防策略执行,引导网电攻防,通过分析对比施加策略前后信号的变化,或者目标状态的变化评估作战效能,反馈任务执行,进而反馈到智能决策模块,进一步对策略的合成进行优化,实现智能、高效的信息对抗,支撑网电对抗的闭环作战,以达到最佳的作战效能。

2）网络中心电子战

网络中心电子战利用各种信息和网络技术把分散部署的陆海空天电子战进攻性(包括软、硬杀伤)武器装备或平台,以及态势与情报传感器、电子战指挥决策人员、电子战作战部队(作战单元)等集成到一个高度网络化的综合系统中,这种系统的最大特点就是采用先进的网络技术和信息融合技术,真正实现了整个战场电子战资源、传感器原始数据和战斗空间态势的共享,而且其组织结构完全可动态重构,其活动进程被精确地自同步和相互协同,最终达成战场战斗空间感知和电子战资源最优利用的目的。

如图5-17所示,综合态势感知、效能评估以及知识库信息,依据构建的网电认知对抗模型,在目标感知、识别、评估、预测的基础上,结合战场信息对抗资源部署情况,快速决策,制定作战任务,规划资源分配,调度任务执行,引导信息对抗有效执行。把不同种类、不同频段和不同用途的电子战设备和多种电子战手段通过网络集成在一起,将不同传感器获取的数据实现有效融合,进行态势及威胁评估,依据实时环境态势感知、作战效能评估以及知识学习、累积的结果,采用模式识别与推理算法,动态地自主调整攻击与防护策略,实时制定网电攻击策略和优化资源配置,融合分布探测信息感知威胁优先级,协调可用电子攻击资源,优化调度分布平台电子战资源,根据态势变化动态优化实施策略,赛博作战指挥子网上相关节点间实时按需信息交换,支撑电子信息侦察装备与信息攻防装备的实时耦合,支撑侦察单元与对抗作战单元间的信号级协同,支撑

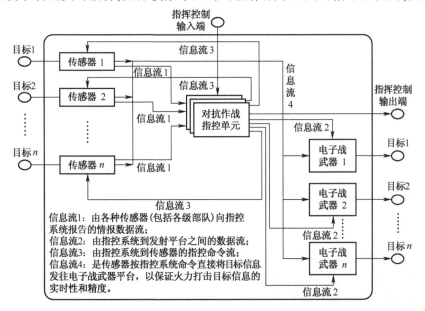

图5-17 网络中心电子战模型

远程多节点电子对抗指控单元对多电子对抗传感器平台、武器平台协同交叉控制。通过流程的闭环,实现智能、高效的信息对抗,实现网电空间综合态势感知与任务决策的串联,构成一个以网络为中心的网电空间作战体系。

5.7.3 典型应用

防空网络系统通过电磁频谱和网络空间进行综合电子进攻,包括渗透、拒绝服务、扰乱或欺骗等赛博作战行动,隐蔽渗入敌人防空作战网络系统,将误导算法和数据植入敌方防空情报传输系统末端的信号处理和通信系统,成为事实上的系统"管理员",制造虚假空中目标和发送虚假信息,使得敌方决策者获得的情报是完全错误的,误导敌方的防空作战系统,使敌方因得不到来袭威胁目标信息而难以组织有效的反击,如图 5-18 所示。

图 5-18 赛博作战典型应用示意图

以对敌防空网络系统实施网络攻击行动为例。敌方 3 个防空导弹营部署于某山地,3 个地面建筑物分别部署了敌防空导弹旅指挥所、防空指挥信息系统中心处理站等,敌防空预警雷达阵地部署于防空导弹阵地外围,防空导弹阵地呈品字形部署。

网络攻击行动在赛博空间作战中心总体指导下,由战区赛博空间作战中心组织电子对抗指控单元实施指挥控制,由 1 架侦察机、2 架电子侦察机、3 架电子战飞机、2 架作战飞机组成空中网络攻击行动编队。

战区赛博空间作战中心将电磁态势信息、我方兵力编成部署信息、任务信息、作战行动信息等进行融合,生成包含电磁对抗信息的赛博作战态势图。分析电子对抗情况,划分侦察机、电子侦察机为空中电子侦察任务组,电子战飞机划分为电子攻击任务组,作战飞机划分为空中护航任务组,组织电子对抗指控单元协同制定电子侦察和进攻作战计划。

电子对抗指控单元进一步细化电子侦察和进攻作战计划,生成作战行动计划和空中任务指令、空域控制指令,并分发到执行任务的侦察机、电子侦察机、电子战飞机、作战飞机等作战单元。对敌实施侦察、干扰、破坏、欺骗等网络攻击行动,瘫痪敌防空作战体系。

在攻击过程中,作战飞机在作战空域巡逻护航,侦察机侦察敌防空阵地,发现目标后进行定位并将目标信息发送至电子侦察机。电子侦察机依据侦察机目标位置信息,进入目标空域实施电子侦察,使用机载被动电子侦察设备和网络瞄准技术,搜索发现敌方防空情报系统关键节点的信号发射源,迅速确定该节点的位置,判定其性质,将所获取目标电磁特征、工作参数等敌情信息传递给电子对抗指控单元及电子战飞机。

电子对抗指控单元将获得的目标电磁特征、工作参数等信息与事先建立的敌方防空系统数据库进行比对,当确认无误后,向 3 架电子战飞机下达攻击命令,1 架电子战飞机采用反辐射压制干扰敌防空系统探测雷达,另外 2 架电子战飞机通过敌方防空通信链路渗入其防空情报网络系统,使用网络攻击软件和无线网络攻击设备向敌防空情报、指挥控制系统隐蔽注入误导算法(病毒软件),使其获得完全错误的空中情报。实际中的"最高威胁等级"被评估为"毫无威胁"、实时的"十万火急"被评估为"一切正常",从而误导其防空作战系统得出"平安无事"的结论,毫无察觉。同时修改、破坏敌方空防情报系统传输的情报信息或指挥控制系统的指挥控制指令,从而达到在一段时间内误导或瘫痪敌方防空作战系统的目的。

5.8 合成作战指挥子网

为应对不断变化的政治和军事环境以及不对称威胁,并适应作战样式和任务的不断演变以及信息技术日新月异的发展,基于军事行动所需的能力构建合成作战指挥子网,把空天作战、防空防天、赛博作战等指挥子网的作战指挥控制要素有机结合起来,在作战及支持行动过程中实现灵敏、决定性、一体化兵力运用所要求的态势感知和协作指挥与控制全过程的能力,使合成作战指挥控制向全域、全谱化集中指挥、分布控制和分散执行模式转变,形成一体化合成作战。

合成作战指挥子网融合来自陆、海、空、天、网的各类信息,生成共用空天图像,实现态势感知共享;统一分配打击目标,合理分配作战任务,把有限的力量用于关键的目标;利用先进的计划制定和执行控制系统,更快、更有效地进行任务计划管理、任务执行监控,实现各军种作战行动的协调一致性。确定任务分配和分发、任务执行监控、重新制定计划和兵力集成。提供自动化作战计划生成和执行管理,实现对作战计划、各种作战资源和要素与指挥控制过程进行有机地结合和一体化管理。

5.8.1 组成结构

合成作战指挥子网由空军作战指挥中心、战区空军作战指挥中心、空军战术合成指控单元组成,如图 5-19 所示。合成作战指挥子网指导、协调和协助作战计划制定,监控作战行动,评定是否符合作战意图(包括交战规则),统一指挥空天作战、防空防天、赛博作战等领域的合成作战。为适应战场态势的急剧变化,采用联动协作方式,快速地动态调整或重新制定计划并同步作战行动,必要时直接干预战术行动的指挥控制,以充分发挥空军作战力量的整体作战效能。

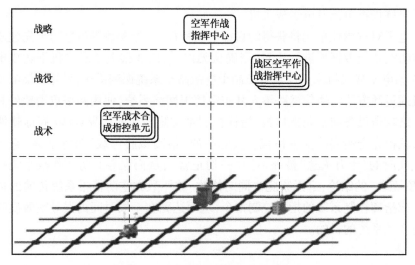

图 5-19 合成作战指挥子网组成结构

1) 空军作战指挥中心

空军作战指挥中心对联合作战、空天作战、防空防天、赛博作战进行总体的控制和协调。负责兵力资源调度、战略决策,根据作战意图,确定作战目标,分配作战任务,在战略层面开展作战筹划活动。向各战区空军作战指挥中心下达作战指挥任务,全程监视作战执行情况,指挥协调各战区作战行动和作战支援保障行动。

2) 战区空军作战指挥中心

战区空军作战指挥中心负责组织空军战役层面的作战筹划、指挥控制。根据空军作战指挥中心确定作战目标,分配作战任务,进行兵力编组、力量部署和使用。有效掌控战场态势,组织战役作战筹划、临机规划调整、合成作战指挥、兵种作战指挥、联合指挥协同等活动。全程监视、统一管控战区作战进程,可根据需要对执行任务的所有武器平台实施直接指挥控制。

3) 空军战术合成指控单元

空军战术合成指挥所根据战区空军作战指挥中心分配的作战任务和作战区域,负责战术层面的多兵种一体化作战组织筹划、作战态势掌握、临机规划调整、合成作战指挥、兵种作战指挥,指挥协同、武器铰链控制等,必要时直接指挥控制武器平台。

5.8.2 工作原理

合成作战指挥子网根据对战斗空间当前作战态势的理解,生成、共享和融合作战行动的态势,提出和传达战略、战役作战意图,建立交战规则,授予决策权,评估作战情况,跨越部队、任务、职能和地理位置,实现跨军种、跨职能、跨战区的横向及纵向的协作以及敏捷的目标指挥与控制,其工作原理如图 5-20 所示。

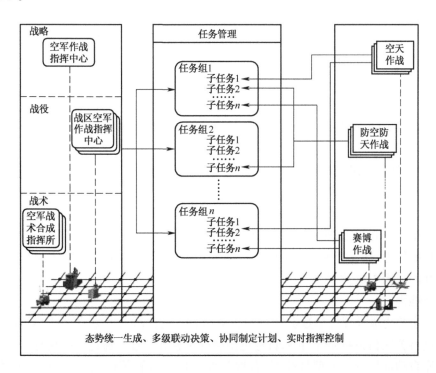

图 5-20 合成作战指挥子网工作原理

空军作战指挥中心作为决策类节点,以最有利于实现作战目标为着眼点,依据战略决策人员的战略战役构想、意图,预测敌方指挥官意图,综合考虑预期效果和可用兵力,进行兵力运用的战略设计,包括对所有指挥机构、参与部队的动员、部署、使用、保障和重新部署,按照战略设计,从战略层面划分任务组并进行任务分配,将战略战役构想、意图发展成为一个战略或战役作战计划。对作战过程进行监督和指导,评估作战过程中风险出现、可接受风险及作战效果。

战区空军作战指挥中心接受空军作战指挥中心下达的作战决心,围绕战役目标和意图,区分作战任务,提出兵力分配的建议,从战役层面将空天作战、防空防天、赛博作战等作战力量划分为任务组并进行作战任务配对。在掌握统一战场态势的基础上,使异地分布的各级各类指挥机构共享战场态势和联合定下决心、协同制定作战计划和行动方案,实现"体系联动"的作战筹划和实时指挥控制。通过计划和作战中的协调,对各兵种以及支援与被支援部队之间的行动进行协调,确保各种作战力量的集中控制。空天作战、防空防天、赛博作战等作战力量各自根据受领的作战任务,依据本兵种在作战理论、装备和训练方面的特点以及不断变化的作战形势,实时地对作战计划进行有利于实现最终目标的调整,达到"分散实施"作战效果。

空军战术合成指控单元参与网上协同决策和协同计划制定,接受战区空军作战指挥中心下达的作战计划,根据作战计划分配的任务,将多兵种战术力量进一步划分粒度更细的任务组,与参战各兵种战术指挥机构一道联动制定作战行动计划,将计划快速转变成部队或作战平台的行动指令,实施临机规划、行动调控、协同并同步作战行动、作战实时监控、武器铰链控制及多兵种合成作战战术指挥。

1) 分布式作战态势处理

战场态势指作战双方的作战要素的状态、形势与发展趋势。战场态势感知主要包括三个要素:信息获取、精确信息控制和一致的战场空间理解。态势生成基于一种有效无缝的信息管理基础结构,提供控制、表示、综合、融合和应用信息的能力,在各指挥层上生成并扩展战场感知能力,为联合作战人员提供一致性的战场图像,扩大并加深决策人员对战场的"观察",增强决策人员的战场决策能力。

态势生成处理包括数据融合和态势综合。数据融合对来自多传感器的数据进行关联相关和综合,获取目标更精确的位置和属性。通过查找目标情况数据库自动进行特征和型号匹配,获取目标身份和威胁等信息,生成统一航迹。态势综合在目标基础信息上,通过自动或人工匹配方法,附加任务计划进程能力环境状态和预测等信息,用以提供更加完整和翔实的描述信息,为作战决策、指挥和执行人员提供信息支持。

如图 5-21 所示,综合态势生成按照应用层次分为作战决策级、指挥控制级和武器打击级三类态势,体现了态势信息的实时性、元素种类和覆盖范围等差异,满足了不同作战应用和保障需求。分布式多级态势处理模型如图 5-22 所示。

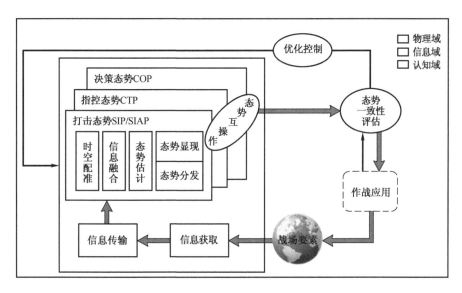

图 5-21 多级态势生成模型

武器打击级态势:武器打击级态势用于解决武器平台对高实时性目标的跟踪和打击,由兵力动态、战场环境和航路规划等信息构成,其中目标动态信息融合了多个实时传感器数据。武器打击级态势信息来源于平台装备的高精度传感器,将本地高精度传感器原始数据在联网成员间分发,同时接收其他成员分发的高精度传感器原始数据。成员间遵循通用处理原则,进行相同的对等通用数据融合和航迹处理,在本地产生相同的航迹结果,具有目标标识统一、航迹连续、实时性高和精度高的特点,可用于武器打击和远程协同交战。

武器打击级态势在各自获取信息的基础上,把来自多传感器和信息源的数据加以关联、相关、组合,以获得精确的目标位置和完整的目标身份信息以及对战场情况、威胁及其重要程度进行适度的估计,并将多平台多类传感器(本地、远程)对目标的测量数据与其他信息源(战役战术指挥系统)所提供的指挥控制态势信息智能、自动地进行综合,实施协同探测与侦察,支持战场空间感知范围的扩展,生成单一合成图(Single Integrated Picture, SIP)或单一合成空情图(Single Integrated Air Picture, SIAP),形成武器打击级态势。

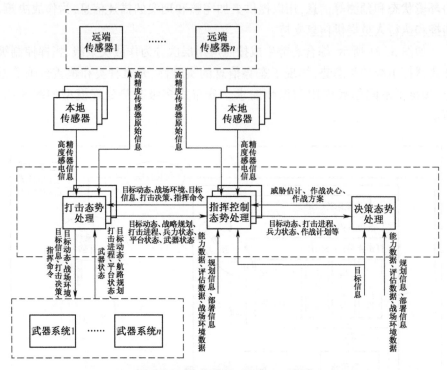

图 5-22 分布式多级态势处理模型

指挥控制级态势：指挥控制级态势以网上各个节点提供的武器打击级态势为基础，结合本地其他传感器、感知网提供的信息，经过数据合并和冲突消解后形成综合态势。主要用于战役战术等指挥机构了解任务区域、情况、战术规划和实时指挥，因需对兵力进行具体指挥，故该级态势要求对兵力动态情况近实时掌握以及指挥命令及时生成等。

指挥控制级态势充分利用战场空间感知资源，通过收集节点外信息源提供的信息和节点内提供的人工输入和判断信息以及数据交换，在节点个体认知态势基础上，通过相邻节点间不断的沟通和反馈，形成节点团体协同认知态势，互相通过同步进行态势信息沟通，依据观测态势和其他信息对敌/我作战企图、实际作战部署、作战行为、作战计划进行识别与估计。面对相关态势元素的时空，感知理解和预测保持一致，最终形成一幅相同的态势画面，产生和维持共用、一致的战场态势，生成公共战术图（common Tactical picture, CTP），集中处理后得到节点内统一综合态势并根据每个部门职责进行态势数据的选择性分发。

作战决策级态势：作战决策级态势综合网络各节点上报的指挥控制级态势信息，并结合感知网提供的综合情报、意图估计和威胁估计等信息，进行决策级态势处理而形成。用于战略或战区级指挥机构了解战场全局情况和进行战役决策,除了基本的兵力和部署外更重要的是敌意图与威胁估计,其重心聚焦于态势预测和分析。

作战决策级态势处理采用目标体系分析、目标价值评估、目标效能影响、关联目标分析技术,在栅格网分布、异构的信息环境下从纷繁复杂的信息海洋中发现、过滤、挖掘出与作战任务相关的有用信息并检索出其中的关键信息,从态势基础数据中发现敌方的组织结构、网络拓扑、威胁源的攻击路径等,分析潜藏在表象下的敌方的真实意图,综合应用知识推理、机器学习等方法实现高层的态势感知能力,将任务相关的信息进行灵活的组织、关联与综合,实现多层级目标体系构建、体系重点目标挖掘、重点目标关联分析等功能,实现多元态势信息跨领域统一融合,形成服务空军作战的实时态势,生成满足不同任务特点的战役、战术作战态势图——公共作战图(COP),通过信息按需主动推送和灵活拉取等手段,快速、合理、高效地将信息传送给用户,提高对空天战场多维实时态势掌握能力。

2) 基于云技术作战筹划

基于云技术实现战场资源整合管控,协同地域、空域、时间域分散的各级系统,通过战场资源的高效管控、目标数据的实时处理分发共享,从体系层面实现各作战域的战场资源整合,汇聚成"云",实现战场数据的网状交互。采用分布式协同规划、数据挖掘、知识管理、智能推理等技术,建立作战计划生成模型,支持分布式协同交互作业模式,在网络中心环境中,实现全方位一体化联合作战计划生成作业模式,如图5-23所示。

基于任务和效果在战役、战术、火力各层面统一规划使用空天作战、防空防天、赛博作战等作战力量,组织多级指挥系统和多种作战要素联合制定作战计划和保障计划。以任务组为基本执行单位,规划扁平化的合成作战行动,明确任务组内及任务组间的协同关系和内容。将分散在各级各类指挥机构中的作战要素、资源通过网络聚合形成一体,不同要素间相互融合形成新的要素及能力,将多级、相对松散的多兵种间各自作战筹划,转变为基于任务、作战模型、流程控制、协同规则、优先准则等动态协同的联合筹划。根据战略指导、资源或作战环境的变化对计划进行修改、审核和更新,快速并系统地创建和修订计划。

空军作战计划制定分为战略级联合作战计划、战役级联合空战计划及战术级任务规划。

战略级联合作战计划主要辅助决策指挥人员进行战略任务决策,提供政治军事评估、制定评价军事战略、确定政治和军事目标、分配兵力和资源等,主要面向指挥决策,核心是作战设计。战略级计划为适应条件变化、快速地创建和修订计划,将实现通用的自适应计划过程、协作工具、数据库与信息栅格,未来实现无缝的"端对端"自适应计划与执行。

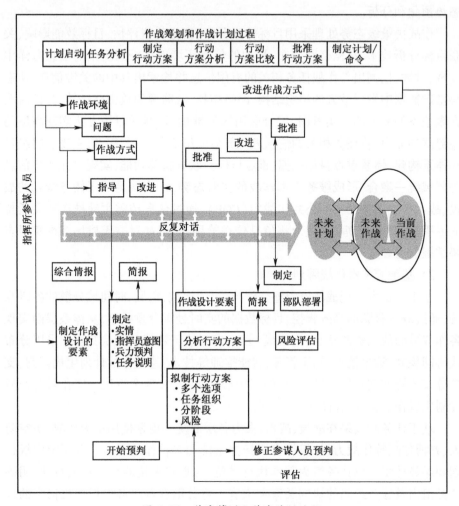

图 5-23 作战筹划和作战计划过程

战役级联合空战计划用于将战略思路转化为作战行动和具体任务,从而实现总的使命,表达战役决策指挥人员作战意图和决心,为达成在给定时间和作战区域范围内实现目标,制定多套行动方案计划,包括兵力资源的分配和协调,军事行动的规划和管理,形成用于联合作战的行动清单和计划执行细节等,主要面向部队行动,核心是行动设计。战役计划说明如何在时间、空间以及目的上筹划一系列大规模联合作战行动,以达成战略目标,由战区决策指挥人员负责制定。战役计划则以网络使能为重点,增强系统可部署性和可扩展性,实现连续的联合空战计划、执行、评估,从而提高发现、定位、跟踪、瞄准、交战、评估杀伤链的效能。

战术级任务规划用于对具体任务的理解、细化,在上级指挥机构确定的任务要求基础上,进行精细行动规划,包括战术战法、协同动作、武器平台使用等。从多渠道采集作战需要的各种情报信息,分析战场威胁环境,提供威胁分布、突防路径评估、数字地形、武器性能等决策依据,调度作战部队和武器平台协同攻击计划节点和时间控制节点,确定武器载荷和武器发射或投掷的时间节点和地点,评估作战效能和作战损伤率,以实现对敌目标的精确打击和低损伤率。

3) 合成作战实时指挥与协同

根据作战态势及协同计划、作战进程,基于事件、作战模型、协同规则及对作战意图的一致理解,广域分布的各类系统及系统资源分工协作,保持功能和行为协调一致,实现系统之间功能协同和应用互操作,支持跨兵种、跨层次、跨地域的作战行动同步,通过系统资源间的协作和同步,在时间、空间、功能上有序运作,组织战略、战役和战术行动以及兵种间的任务、目标、区域、时域、频域等协同,不间断地同步各要素作战行动,共同完成进攻与防御任务。通过智能决策,动态生成支撑全维协同作战方案,在统一指挥控制下,各作战力量基于任务、原则实现作战行动自主同步,如图 5-24 所示。

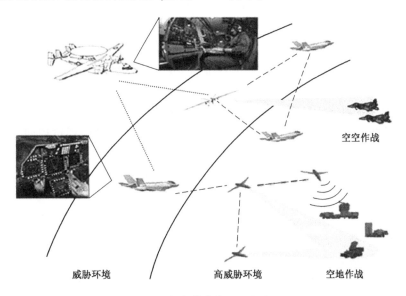

图 5-24 合成作战实时指挥与协同

在临机规划调整中,理清作战任务实时规划和临机调整运用要素组成,分析各个环节需要的决策支持数据,对实时的态势进行监视和扫描,判断协同关系和匹配关系。全程监视作战进程,对态势进行分析,提取相应的目标、做出威胁判断。根据作战任务执行情况和当前兵力资源,匹配相应的处置预案,基于能力数据、战法模型、目标优先准则,对各类作战行动进行实时规划,动态分配作战任务,生成、优选、调整作战计划,实时同步到相关的指挥信息系统、火力单元,生成相应的指令来控制作战行动。针对突发情况,按照预案库、结合交战准则,对当前的兵力资源进行动态规划,形成相应方案,由担负任务的部队实施指挥。在统一战场态势和精确协调手段的支持下,实现作战力量自适应临机协同,作战行动实时指挥和精确调控。

5.8.3 典型应用

以参加联合司令部组织的大规模联合火力打击行动为例,在联合火力打击行动背景下依据指控网,开展空军联合筹划。

联合火力打击行动针对敌5个营的防空导弹阵地、1个敌指挥中心、2个地地弹道导弹旅发射阵地。联合火力打击行动的战法是运用中远程弹道导弹和空中力量进行联合火力协同,由弹道导弹对主要目标开展先期火力打击,首先破坏和摧毁部分敌指挥中心、部分防空预警雷达系统和地地弹道导弹发射阵地,后续由空中平台实施对防空导弹阵地、地地弹道导弹发射阵地开展火力打击和摧毁。空军出动的兵力包括2架空中预警机、1架空中加油机、2架侦察机、1架电子侦察机、5架电子战飞机、5架无人机、20架作战飞机实施空中火力打击任务。

在联合司令部带动下,根据联合火力打击任务,依托指控网,组织网上协同、多级联动,完成空军作战行动的作战筹划。由战区空军作战指挥中心具体负责总体筹划,根据联合司令部确定的打击目标,进行目标分析,筹划总体兵力、空域使用、划分任务组,制定空中作战计划和保障计划,空天作战、赛博作战等任务部队负责计划细化等。战区空军合成作战子网典型计划过程如图5-25所示。

联合作战筹划主要包括:情况分析、组织筹划、计划制定、推演控制和计划输出五个步骤。

情况分析阶段,战区空军作战指挥中心获取与联合火力打击作战任务有关的多源情报,使用辅助决策支持工具,采用人机结合的方法,研究敌情、我情和战场环境,生成战场统一态势。

组织筹划阶段,战区空军作战指挥中心在所属任务部队作战能力计算分析的基础上,进行总体运用兵力计算分析,划分任务组,确立战役布势,调整兵力部署等。将总体兵力划分成突击、掩护、电子攻击、空中预警指挥、空中加油、空中侦察等任务组。完成任务组划分并确立战役布势后,与之有关的战役意图、作战目标、战役布势、作战任务等可以同步、实时、自动地下发给所属的战区空天作战中心、战区赛博空间作战中心等任务部队。

计划制定阶段,战区空军作战指挥中心组织战区空天作战中心、战区赛博

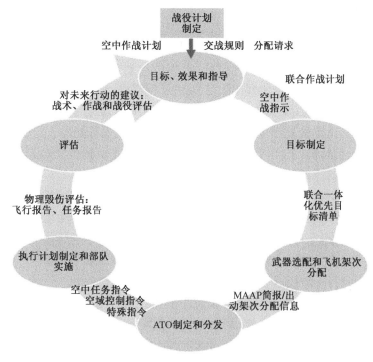

图 5-25 战区空军合成作战子网典型计划过程

空间作战中心及任务部队战术指控单元,联合制定作战计划和行动方案。进一步细化任务组划分至作战单元,其中突击编队(12架作战飞机)、掩护编队(8架作战飞机)、电子攻击编队(1架电子侦察机、5架电子战飞机、3架无人机)、空中预警指挥(2架空中预警机)、空中加油(1架空中加油机)、空中侦察(2架侦察机、2架无人机)。依据任务组任务、任务组之间协同关系,制定突击和支援掩护计划,根据我兵力部署、飞机挂载能力和空域使用,自动匹配生成最合理的机场、挂弹的机型和数量,并生成远程打击和防区外突击飞机或编队的航线。在突击航线规划后,围绕突击航线,规划护航、支援干扰和预警航线。计算护航兵力、支援干扰兵力、预警机兵力数量,确定集结会合地点、协同作战时刻,构建空中进攻作战大编队群。

战区空天作战中心、战区赛博空间作战中心根据战区空军作战指挥中心下达的作战任务、作战计划及任务组,在任务组的基础上细化成子任务组。

战区空天作战中心组织航空兵指控单元,根据战区空军作战指挥中心下达的作战任务、作战计划及兵力分配和任务组划分,进一步细化成子任务组,将突击编队分为远程打击(2架作战飞机)、防区外突击(6架作战飞机)和临空突击(4架作战飞机)三个子任务组。细化空中作战计划并生成空中作战行动计划,确定运用战法、选择合适的飞行员和飞机装备或设备,规划飞机装备或设备的加载参数,制定空中作战行动计划。

战区赛博空间作战中心组织网络作战指控单元、电子对抗指控单元,根据战区空军作战指挥中心下达的作战任务、作战计划及兵力分配和任务组划分。将电子攻击编队分为电子侦察编队(1架电子侦察机、2架无人机)、电子压制编队(2架电子战飞机、3架无人机)和电子干扰编队(3架电子战飞机)三个子任务组。计算需出动的航空电子干扰飞机类型、数量、飞行间隔、干扰频段、干扰压制方式、干扰时机、干扰持续时间,以及和被掩护飞机的位置关系等,生成电子对抗作战行动计划。

围绕空中突击、火力打击任务,网上各节点同步规划空中突击、护航、支援干扰和预警指挥,细化行动计划,同步接收空中突击和空中掩护出动航线、电子对抗作战部署、行动计划等相关作战数据,生成空中任务指令和空域控制指令,实时更新并同步共享。由此,从作战筹划、任务规划到末端任务执行,自动完成从战役筹划到行动控制的有机衔接,完成协同计划制定。

联合推演阶段,战区空军作战指挥中心组织战区空天作战中心、战区赛博空间作战中心及任务部队指控单元,在统一战场视图和统一时间轴上,对计划进行网上联合推演,分析查找冲突,组织协同,进行突防概率、抗击效果、毁伤效果预测,生成力量部署调整建议。

计划输出阶段,查看总体兵力运用情况、突防成功概率、我机战损和毁伤效果等,输出总体作战计划和详细行动计划等,上报联合司令部。

5.9 体系支撑运用案例

精确打击成为体系作战常见的样式之一,而指控网是支撑精确打击的物理基础。精确打击凭借指控网支撑的体系作战能力的整体威力,瞄准敌人作战体系的关节点,对敌要害目标和关键环节予以实时精确的打击,从而提高作战效益。

如图5-26所示,指控网发挥指挥信息系统的纽带和桥梁作用,使各作战单元之间实现"无缝隙"的协同与配合。将各种作战力量紧密地联结在一起,精确打击敌方作战体系和武器装备系统的关节点,瘫痪作战体系,破坏作战结构,特别是把对方指挥信息系统、通信中枢节点作为精确打击的首要对象,剥夺对方信息的控制权,使其作战体系丧失正常运转和有效控制的基本条件,从而以较小的代价迅速达成作战目的。

以对敌具有防空体系支撑的地面目标实施精确打击为例。敌3个防空导弹营部署于敌地面核设施(重水加工场)周边附近,构成对空防御体系。由战区

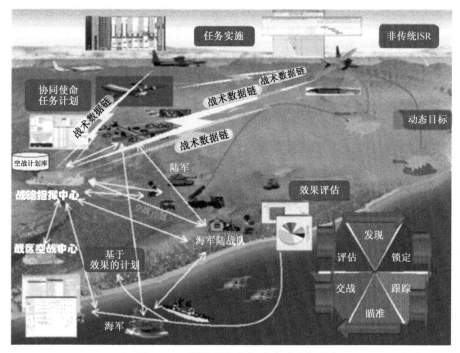

图 5-26 指控网体系支撑运用示意图

空军作战指挥中心组织对地面目标的空中打击行动。涉及的指挥单元包括航空兵指控单元、网络作战指控单元和电子对抗指控单元，参战兵力包括2架空中预警机、1架侦察机、2架电子侦察机、3架电子干扰机、4架无人机、4架攻击作战飞机、4架护航飞机和1架轰炸机。

大量侦察行动首先拉开战争的序幕，首先，通过这些侦察活动，密切监视敌军事部署，完成对精确打击目标的精确定位；其次，以敌方电子信息系统的雷达、通信系统的天线为入口，渗透进入敌方的指挥信息系统或通信枢纽，实施进攻性信息作战，瘫痪敌防空作战体系；最后通过作战飞机或无人攻击机对敌地面目标实施精确制导和精确摧毁。

针对具体作战行动，攻击方式有三种选择方案，第一种方式是通过数据链路将目标信息传递给电子干扰机后，由其对预定目标实施电子干扰；第二种方式是通过数据链路将目标信息传递给战斗机或无人攻击机，由其对预定目标实施反辐射攻击或精确火力打击；第三种方式是通过数据链路将目标信息传递给电子干扰机，由其对预定目标实施网络战攻击。三种方式既可独立运用，也可组合运用。战区空军作战指挥中心根据作战目的选择攻击方式为第三种方式和第二种方式的组合。

战区空军作战指挥中心统一调配和优化运用空天作战、赛博作战等作战力量和资源,确定作战企图、主要进攻方向、基本行动方法、作战部署、作战协同和作战保障等,对空中力量进行兵力区分和武器选配,区分作战任务,以任务组为基本的行动单位来规划整个作战行动。将空中预警机、侦察机、电子干扰机、攻击机、隐身轰炸机和无人机划分为三个任务组,第一任务组由空中预警机、侦察机、电子侦察机、无人机组成,主要担负空中侦察、预警和空中指挥任务;第二任务组由电子战干扰机组成,担负网络进攻作战、电子干扰掩护任务;第三任务组由攻击机、轰炸机组成,担负空中对地打击任务。组织航空兵指控单元、网络作战指控单元、电子对抗指控单元进行作战计划筹划,制定空中作战计划。

在战区空军作战指挥中心指导下,航空兵指控单元依据确定的作战目标、分配的作战任务和兵力资源,进行作战任务规划,细化任务组与执行单元之间的关联关系,制定出空中任务指令并分配作战任务。利用空中任务指令中生成的信息,发现和解决潜在的空域冲突,为参谋机构或指挥员提供空域的态势感知。

在战区空军作战指挥中心指导下,网络作战指控单元、电子对抗指控单元依据确定的作战目标、分配的作战任务和兵力资源,与航空兵指控单元协同制定作战行动计划。网络作战指控单元、电子对抗指控单元细化第一任务组、第二任务组任务分配方案以及与第三任务组之间的协同关系,进行电子对抗用频规划与频率冲突计算,基于网络空间态势、电磁空间态势,制定网络进攻和电子对抗作战行动计划。

第一任务组任务部队以航空兵指控单元主导,协同网络作战指控单元、电子对抗指控单元,结合战场地理、气象、电磁等战场环境,综合分析作战任务和侦察机、空中预警机的作战能力以及通信保障、雷达保障以及装备保障等作战保障能力,计算侦察预警兵力兵器,规划侦察预警航线和掩护航线,并组织电子对抗等力量,协同制定空中侦察预警行动计划。

根据作战任务要求和目标区网络空间、电磁空间的态势,第二任务组由网络作战指控单元、电子对抗指控单元组织,对电磁目标精确定位、网络脆弱性分析和态势分析预测,建立全面的态势表征,辅助制定网络攻击行动计划和电子对抗作战行动计划。

根据作战任务要求和目标地域对空防御部署和防御力量,航空兵指控单元组织第三任务组对作战行动计划进一步细化,确定力量部署、打击目标和攻击阵位、有人机和无人机之间及有人机之间协同关系,生成空中打击行动计划。

各战术指控单元和保障单元以空中作战计划为主线,按照任务组模式,在统一的时间轴下,完成各自的任务分析、兵力分配、兵力部署、行动序列、作战协同,从而生成空中任务指令和空域控制指令。根据承担的任务实时掌握计划执行情况,实现多级多要素作战计划的高效组织、快速制定和冲突即时消解并自动汇总、综合各分支计划,形成统一的作战行动计划和行动序列图,并进行推演评估。根据推演结果,修改完善作战计划,生成空中任务指令和空域控制指令并分发执行。网络化杀伤链如图5-27所示。

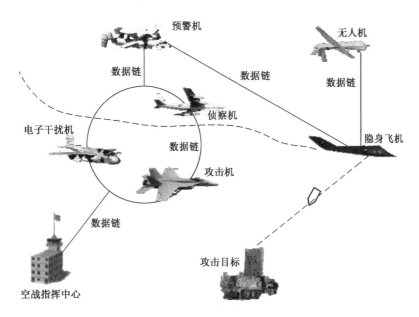

图 5-27　网络化杀伤链示意图

通过高空侦察机和无人侦察机对被攻击目标进行精确侦察、定位,并将目标区域图像和目标情报信息分发到战区空军作战指挥中心、各战术指控单元和空中预警机、电子侦察飞机。

电子侦察飞机依据侦察机获取的敌目标区情报信息,进入敌目标区附近空域,在敌防空区外进行信号和信息侦察,及时掌握敌防空体系的无线电联络内容,对侦收到的各类信号参数和信息进行分析、识别、处理,然后将有关信息传递给战区空军作战指挥中心。

当战区空军作战指挥中心决定电子干扰机对预定目标实施网络战攻击时,由电子侦察飞机通过网络中心目标瞄准系统,对敌方辐射源进行高精度定位,然后由电子干扰机向敌方雷达或通信系统的天线发射电子脉冲信号,向敌人脆弱的处理节点植入定制的信号,包括专业算法和恶意程序,渗入敌方防空雷达网络,或窥测敌方雷达屏幕信息,或实施干扰和欺骗,或冒充敌方网络管理员身份接管系统,操纵雷达天线转向使其无法发现来袭目标。

战区空军作战指挥中心通过数据链系统对空中突击编队下达空中任务指令,对作战飞机进行目标分配,传递指挥命令、引导指令、交接指令、协同信息、空中态势等信息,引导飞机对地攻击并接收空中平台回传的飞机状态信息。

无人机搜集的图像利用通信卫星传送到地面站,再利用光缆传输给战场前沿的航空兵战术指挥所,信息经过处理,在那里上传到卫星,被传送到战区空军作战指挥中心,同时有关目标的信息被分发到前方的空中预警机,空中预警机根据已有的战术、技术和规程为攻击飞机提供信息。

空中预警机通过数据链与有人作战飞机编队中的所有战斗机、无人机侦察机和无人攻击机实现联网,接收各飞机发送来的探测信息并将目标位置数据添加到编队飞机共享的雷达图像上,使每一架编队飞机都能了解到所有目标位置。无人侦察飞机监视地面目标,一旦发现目标,则导引其他无人侦察机到指定区域,对目标精确跟踪与监视并将地面移动目标通过数据链传送给空中预警机,空中预警机根据目标情况将目标分发给待命的攻击机或轰炸机,命令发起攻击,也可以直接操纵无人机攻击机发射导弹进行攻击。

空中突击编队围绕作战任务进行协同信息生成及协同信息传递,实现编队间信息共享、协同动作、协同空战,攻击机与电子干扰机的远距离支援、随队支援等空中多武器平台协同突防;通过机弹间数据链,实现突击飞机对空地导弹的精确控制,或通过卫星数据链和视距控制数据链,实现对无人机行动控制,对敌目标实施精确打击和定点清除。将作战指挥系统和空中进攻作战平台集成为一个紧密耦合、整体联动的网络化作战体系,基于作战任务、信息流程、协同规则,实现一体化自同步的空中进攻作战行动。

战区空军作战指挥中心依据侦察机提供的对敌目标打击情况图像开展打击效果分析和评估。通过效果评估,决定是否对目标再次实施打击,或者修正打击方案。将包括评估效果在内的情报传送给空中预警机,空中预警机根据情报重新进行精确定位,定位结果报告战区空军作战指挥中心,由战区空军作战指挥中心下达再次精确打击命令。

参 考 文 献

[1] 周光霞.美军赛博威慑和赛博韧性[J].指挥信息系统与技术,2017,8(5):76-80.
[2] 周光霞,王菁,赵鑫.美军赛博空间发展动向及启示[J].指挥信息系统与技术,2015,6(1):1-5.
[3] 姜军,李敬辉,陈志刚.赛博空间背景下指挥信息系统建设、运用与发展[J].指挥信息系统与技术,2014,5(4):1-4.

第 6 章
武器网

6.1 概 述

现代战争已转变成空、天、地、海、网一体化的信息化联合作战[1],要求安全、及时和高效地传输、处理战场信息,以使空、天、地、海、网等多方作战力量能无缝地融合、协调、同步、整体化,从而形成快速反应、精确打击和协同作战能力,成为掌握战场主动权的一方。现代战争的主要作战样式是信息化条件下的联合作战,其重要特点是武器平台横向组网,实现资源共享、协同交战,最大程度地提高武器平台的作战效能。因此,强调以网络为中心、将传感器与武器系统直接交联、支持火控级精确跟踪和火力打击协同控制的武器网,将成为信息化条件下作战力量的"黏合剂"和"倍增器"。

在现代战争中,由于作战平台的机动速度大大提高,特别是精确制导武器在现代局部战争中的广泛应用,使得预警时间越来越短,因而拦截攻击目标的重点是传感器能够早期发现并跟踪目标。依靠单个平台自身的武器装备,由于受到传感器的类型、精度及视距的限制,很难满足对抗现代精确制导武器的需要。而将整个作战兵力组成一个网络,作战资源和情报资源共享能发挥比各个平台简单累加更大的军事效益。在网络中心战思想下,武器平台和传感器互联组网,在武器平台之间共享作战目标和单一战场态势,使得武器系统网络化发展成为必然。

武器网将动能和非动能武器家族融合成一个包括无人系统、非动能武器、定向能武器和赛博空间武器的统一的、连贯的多平台武器打击体系。跨越多个空间域(空、天、地、海、网)对传统和非传统毁伤火力进行协调和同步,包括赛博空间作战、电磁干扰和定向能武器,在所有区域(海洋、空中、陆地、太空和赛博空间)支撑所有的作战任务和作战目标,并能跨越所有区域使用,聚焦协调杀伤链内的所有元素,以便在战斗中夺取并保持主动权,并限制敌人的机动和作战能力,实现实时陆、海、空、天和网络空间力量之间的协调,以及对目标的快速准确定位和精确打击控制。

6.2 核心功能

武器网的总体功能是通过对武器系统的传感器、火控、发射/制导单元进行组网及铰链控制,形成联合火力规划及网络瞄准、复合跟踪、接力制导等多武器体系交战能力,实现基于规则的自组织联合火力打击。武器网是空军网络化指挥信息系统通过体系能力遂行作战任务并最终以较小开销达成作战目标的重要途径。与传统的火力打击相比,武器网呈现出分布式、多维度、组网交战、精确打击等特点,同时,通过武器平台之间横向组网,并融入信息网络,促进信息资源共享,从而进一步提高武器平台的作战效能,其功能主要体现在以下方面:

1) 武器规划

武器规划单元根据指挥网下达的作战计划和作战指令,对各武器平台进行任务编组,确定控制和协同关系,制定武器平台运用的详细计划,并生成各武器的加载参数。

2) 信息分发共享

通过数据链系统将战场态势信息以及各战术单元形成的战术信息,根据武器平台的任务需要,及时分发给相关的作战平台,使得各个作战单元能够及时、准确地掌握战场态势情况,各作战平台可以按照协同作战要求进行信息交换,形成信息优势,为达成决策优势和交战优势提供条件。

3) 目标协同探测识别

通过数据链将战场环境中各武器平台的传感器进行紧密铰链,在精确的协同控制指令和统一的协同规则作用下,分区分时对目标进行定位、识别、跟踪,并将各传感器探测的目标信息在全网共享,达到协同探测的目的,消除各武器单元由于探测位置、探测体制等不足导致侦察信息不完整、不准确的弊端,提高目标探测的准确性和及时性。

4) 网络瞄准

网络瞄准充分利用各种传感器及武器资源,在作战平台间建立实时、高效的数据交换机制、高精度统一的时空体系,以及网络化、分布式的实时协同处理机制,实现对战术目标快速、连续的瞄准,达成对目标的准确定位跟踪和精确打击。

5) 协同精确打击

各个武器系统通过数据链密切协同配合、优势互补[2],基于武器网的目标精确定位跟踪、火力打击准确协同,获得精确的打击效果,并保持必要时进行再次打击的能力,形成良好的整体作战效果。

6.3 体系结构

武器网主要任务是通过网络化解决单一传感器对高机动太空目标、空中目标、地面机动目标、海面机动目标和辐射源等高危目标探测的不稳定性和单一平台武器及传感器资源的局限性,充分利用作战区域内的各种传感器及武器资源,在作战平台间建立实时、高效的信息交换网络,高精度统一的时空体系,以及网络化、分布式的实时协同处理机制,平台、传感器、武器和指控系统能以自动、实时的方式无缝地交换作战数据和信息,在动态灵活的网格内部甚至拓展到外部自由交换数据。

武器网采用信息栅格的思想构建总体架构(如图 6-1 所示),基于天、空、地一体多种通信手段结合的基础栅格网络,将空天武器平台、地面防空防天武器平台、电磁作战武器平台作为栅格网的节点组网运用,构建空天武器子网、地面防空防天武器子网和电磁武器子网器,在高效协同控制策略的支撑下,将网络中各协同武器系统的资源进行聚合,构成立体分布、纵横交错的信息平台,发挥多武器平台整体的"涌现性"作战效能。

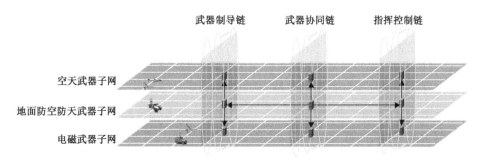

图 6-1 武器网体系结构

空天武器子网由空天飞机、高超声速飞行器、作战飞机、无人机、火控雷达、机载导弹以及能实现实时高效通信的高速无线 IP 武器协同数据链组成。利用高速数据交换网络和分布式协同交战处理功能,实现空天武器平台对威胁目标的联合跟踪、分布式武器控制和远程精确打击。

地面防空防天武器子网由多类型多个防空防天武器系统组成,包括探测单元、武器控制单元、跟踪制导单元和火力发射单元以及能实现实时高效通信的高速 IP 网络。最大限度地发挥探测和跟踪各种空天目标威胁的能力,实现对不同型号地面防空防天武器系统混编使用和集中统一控制,并与空天武器、电磁武器协同作战,提高地面防空防天战术单位的作战指挥效能和防空防天体系的综合作战效能。

电磁武器子网由多类型多个电磁作战武器系统组成，包括武器控制单元、目标指示单元、侦察引导单元、电磁火力单元及高速 IP 网络。实现电磁武器平台协同侦察、协同定位、异类情报目标融合识别以及分布式组网干扰，保持电磁空间作战活动进程精确地自同步和相互协同，最大限度地发挥电子战资源的整体作战效能。

武器网将传统的飞机及其他武器平台视为传感器系统的一部分，许多武器装备不再被视为简单的武器和弹药，而变成传感器系统的组成部分。武器制导链将地理或物理上分散的多武器平台的探测跟踪装置、火控雷达、侦察探测装置联系在一起，进行信息处理、交换和分发，快速采集、处理战场态势感知信息并将这些信息实时传给作战节点，实现多武器平台目标精确指示、复合跟踪、接力制导，产生具有武器控制级精度的单一合成图(SIP/SIAP)。

武器协同链综合协调使用多平台武器控制单元，通过数据链技术，将信息的获取、传递、处理、控制、预警等紧密地衔接在一起，解决多个武器平台的目标信息、火力资源共享等问题。多个武器平台相互之间达成复合跟踪识别、捕获提示、武器控制和协同作战，"发现—定位—跟踪—瞄准—打击—评估"杀伤链的全程时间大为缩短，提高武器协同和联合打击能力，从根本上改变以往以武器为单位组织交战的理念与战法，实现"发现即摧毁"。

指挥控制链实现指控系统与武器平台铰链控制、多武器平台协同打击控制，实现传感器、指控系统、武器平台间的紧密铰链，以及武器平台传感器与火控资源共享。根据多武器传感器探测信息形成的目标合成图像，基于火力协同运用规则，通过武器控制单元进行多平台信息与火力的智能组织，实现针对目标的网络瞄准、接力制导，达成天基、空空、空地、地空、电磁等多武器平台火力协同打击。

1) 网络中心协同瞄准技术

动态自组网的高速机动平台收集并融合来自不同平台传感器的侦测数据，识别、跟踪并定位敌方目标，将快速获得的目标数据进行交叉提示，采用自动相关处理技术，使多个平台之间快速完成协同目标定位和识别，实时交换探测到的移动目标信息，自动共享瞄准信息，形成敌方目标的连续和精确的监视信息，提高武器平台的超视距无源探测能力。根据战术任务和目标出现的位置、时间、威胁度动态地组成一个快速打击任务网络，处于最有利攻击位置和状态的武器平台将直接实施对移动目标的攻击，实现对时敏目标的瞄准定位、打击和作战评估。

2) 分布式"云杀伤链"

打破作战平台、传感器、武器系统之间的硬链接，以松耦合方式构建"探测—跟踪—决策—打击—评估"的完整"云杀伤链"。通过战场资源高效管控、目标数据实时处理与分发共享,在云端完成目标探测跟踪、数据融合、目标指派、火力分配、火控制导、制导交接、毁伤评估。云中任意一武器平台或多武器平台完成目标探测跟踪,数据上传至云端,融合为火控级目标航迹,由云端选择最适合的平台完成目标打击,各平台无需本平台传感器数据进行目标引导跟踪,也无需发射本平台武器即可完成目标攻击,从而实现对超视距目标的先敌发现、先敌攻击、先敌摧毁。

3) 多平台复合跟踪与协同定位

多平台复合跟踪与协同定位是武器协同作战应用的主要支撑技术,为移动中的武器平台或者武器,提供精确的、具有"火控级"质量的目标合成航迹。在精确的时空统一条件下进行分布式处理,每个平台上的复合跟踪处理器将来自本地平台和多个远程平台送来的点迹数据进行实时融合,通过关联多传感器目标以及各单元的精确相对定位,校准传感器的角度和距离测量误差等算法与融合模型,得到来袭目标运动参数火控级精度的复合航迹,经过一系列关联和滤波算法产生复合跟踪图像,充分发挥了多平台复合跟踪带来的高精确、快速共享的优势,实现网络化目标跟踪和跨平台武器引导。

4) 多平台协同精确打击

通过战场空间范围内的多个传感器之间的协调配合,由预警雷达先发现并跟踪空中来袭目标,当目标构成威胁时,开启火控雷达并根据预警"提示"的方位对目标进行扫描、精确跟踪和锁定。平台可以在本地传感器尚未或者无法发现目标的情况下,利用网内共享的航迹为本地火控雷达提示目标方位,从其他单元接收火控雷达数据来发射导弹并引导其拦截目标。在统一的战术目的下,多平台多类武器系统协调一致地执行战术行动,对目标实施精确打击和超视距拦截。

5) 自适应电子战行为能力

使用自适应学习技术,基于人工智能技术的智能干扰,能够快速检测并描述威胁信号、自动合成干扰该信号所需的最优波形,并在战场上实时分析干扰效能。能够感知电磁环境并能快速应对电磁环境的突发变化或将这种变化向用户告警,从而有选择地拒止或监听敌方通信,快速检测并拒止新出现的电子战威胁,有效且高效地干扰新出现的目标,现场精确评估干扰效能,提供实时的干扰效能反馈,支持单一节点运作或分布式多节点运作。

6.4 基本原理

武器网通过"网络跟踪→组网控制→协同打击"实现网络化火力打击。"网络跟踪"将目标瞄准节点一体化,实现对攻击目标的组网瞄准;"组网控制"将火力控制节点一体化,实现单一合成图像生成、融合轨迹和火力的组织;"协同打击"将制导、发射等节点一体化,实现空军对陆、海、空、天的火力协同打击。通过感知与指控节点以及武器网控制节点,形成目标的"网络跟踪、组网控制和协同打击"打击链,达成制导、发射等节点一体化的陆海空天火力协同打击能力,如图 6-2 所示。

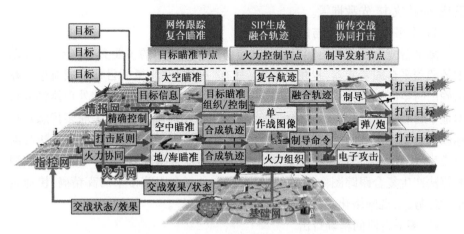

图 6-2　武器网运行机理

1) 网络瞄准跟踪

天基瞄准节点(如:卫星制导等)、空基瞄准节点(如:机载火控雷达等)、陆基瞄准节点(如:地面制导雷达等)一体化联网,基于感知网感知的目标信息以及指控网形成的火力协同原则、打击原则和精确控制原则,对目标进行瞄准组织和控制,将探测的目标信息以及自身作战信息在网内充分、实时共享,实现对打击目标的复合瞄准,为打击目标的单一合成图像生成、融合轨迹以及火力的组织提供充分精确的目标信息。

2) 火力组网控制

基于各个物理域中目标瞄准节点提供的精确目标信息,通过武器网中火力控制节点的一体化组网运用,融合各种目标信息,形成单一合成图像,实现对打击目标的火力组织,为打击网中的制导发射节点提供作战目标的融合轨迹以及相应的制导命令。

3) 武器协同打击

基于火力控制节点的一体化组网对目标形成的融合轨迹和制导命令,将武器网中的制导、发射等节点进行一体化组网运用,根据确定的打击目标的特征、特性、最佳准则和火力射击或信息攻击等需求,对制导、发射节点进行科学地组合,使得组合选择的制导、发射节点效果互补,并在合理的时间进行组合选择节点的协同打击。

武器网包括空天武器、地面防空武器、电磁武器等单一专业子网,以及融合各单一专业子网能力形成的综合武器子网,如图 6-3 所示,由各单一专业子网中的武器节点通过武器打击计划解析、网络瞄准复合跟踪处理、任务组单一合成图生成、各武器目标分配算法分析、武器单元配合决策、武器单元交战战法计算等处理,形成子网的武器协同打击能力;与此同时,综合武器子网在各专业子网处理的基础上,进行立体打击计算解析、综合交战能力分析判断、立体打击火力决策,形成综合武器控制命令,组织多武器协同打击,实现武器网的能力聚合。

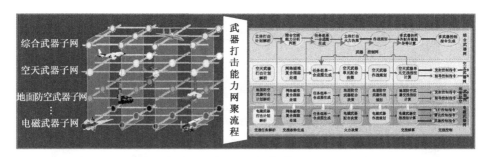

图 6-3 武器打击能力网聚流程

6.5 空天武器子网

空天武器子网以空天威慑、空天攻防作战和空天支援保障为基本手段,以夺取或保持制空天权、获得空天优势为主要目的,空中力量在空天武器子网中起主导作用,航天力量对空天战场起支援保障和辅助作用。空天武器子网利用空天相连、居高瞰下的地理位势以及无可比拟的速度优势和空间优势,发挥其便于进攻突击的力量优势。

空天武器子网以网络为中心,在高效协同控制策略的支撑下,采用无中心组网方式,将网络中协同作战的空天飞机、天基武器、空中作战平台等资源进行聚合,实现多目标选择、航路在线规划和传感器定位跟踪数据、火控瞄准数据以及友机状态参数等战术信息的实时共享与融合处理,有效缩短"传感器到射手"的时间,显著提高编队协同作战的态势感知、临机决策、目标跟踪以及武器控制能力。当攻击目标处于超视距范围之内时,利用高速数据交换网络和分布式协同交战处理功能,实现对威胁目标的联合跟踪、分布式武器控制和远程精确打击。

6.5.1 组成结构

空天武器子网由空天飞机、高超声速飞行器、作战飞机、无人机、机载火控系统控制单元、机载火控雷达、机载导弹以及能实现实时高效通信的高速无线 IP 数据链组成。

如图 6-4 所示,空天武器子网面向空天武器单元网络化瞄准与火力协同打击,将多个不同种类空天武器单元的传感器、制导设备等连接在一起,产生具有武器控制级精度的统一战场态势,综合协调使用多平台机载火控系统,多个空天武器单元的目标信息、火力资源共享,传感器定位跟踪数据、火控瞄准数据以及相关武器单元状态参数等战术信息实时共享与融合处理,实现空中多平台目标复合跟踪和协同打击。

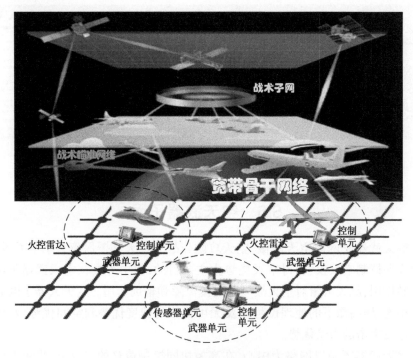

图 6-4 空天武器子网示意结构

空天飞机、高超声速飞行器、作战飞机、预警机、无人机:机载火控系统控制单元上报平台状态、接受作战任务,上报交战状态,共享网内多平台的火控信息,形成火控级目标融合信息用于制导,并可对发射的导弹进行分段制导。

机载火控雷达:对目标进行探测、跟踪,通过武器协同数据链实现网内共享目标信息。

机载导弹:接受作战飞机无线或武器协同数据的制导信息,可以是网内的节点。

高速无线 IP 数据链：采用点对点（AD HOC）技术的无中心、自组织网络结构、可动态重组的高速 IP 网络，根据作战任务建立不同的任务网络，为火控雷达的跟踪、瞄准信息共享、融合，多平台对导弹的分段制导等提供安全保密、低时延的高速传输能力。

6.5.2　工　作　原　理

空天武器子网通过网络化实现对战术目标快速、准确定位和精确打击控制，将所有空天武器单元配备成传感器以及"射手"，自动链接无缝数据传送，而不需要在作战节点内部或者之间持续的人工交互，将各种互补的能力整合成一个能够在动态的流动作战区域上空执行分解的分布式行动的单一联合"武器系统"。实现目标跟踪与识别、航迹复合、雷达信息捕获提示以及所有武器单元协同作战，取代传统的、各自为战的空战模式，实现真正意义上的协同作战。

空天武器子网从结构上可分为骨干网与战术子网两部分。

骨干网主要由宽带信息分发数据链构成，主要包括预警机、长航时无人机、侦察机以及邻近空间飞行器、空天飞机等。这些具有稳定移动轨迹及较强载荷能力的节点通过宽带、大容量的信息分发数据链相互链接并通过 IP 协议及分布式自组织路由功能实现网络化信息传输。

战术子网通常由各类战术数据链构成，同批次作战飞机通过机间数据链组成高吞吐量、延时敏感的协同交战网络，各批次作战飞机与预警机之间通过机间数据链组成态势感知与指挥控制网络。缩短从传感器到射手的信息延时，增强对时间敏感目标的打击能力。基于 IP 协议的战术子网可以连接骨干节点，并通过骨干网与其他子网节点建立端到端连接。

战术子网由多架作战飞机组成协同作战网络，采用无固定中心、无节点的运行方式，构成具有较好抗毁性的空中协同作战系统。当战术子网中成员作用距离超过范围时，选择合适的战斗机作中继以使网内所有战斗机视距连通性，为每个作战飞机提供精确、统一的态势信息。根据统一态势信息和威胁评估信息，形成战斗协同与武器控制策略，最后由战术子网中心作战飞机发出作战命令进行攻击敌方目标。一旦战术子网中心战斗机被击毁，马上自主选择战术子网中另外作战飞机作为中心作战飞机。

如图 6-5 所示，空天武器子网是一个动态自组网的高速机动平台，通过机载火控系统控制单元收集并融合来自不同武器单元传感器的侦测数据，识别、跟踪并定位敌方目标，将快速获得的目标数据进行交叉提示。采用自动相关处理技术，使多个武器单元之间快速完成协同目标定位和识别，在编队内实时交换探测到的移动目标信息，自动共享瞄准信息，形成敌方目标的连续和精确的监视信息,提高编队的超视距无源探测能力。根据战术任务和目标出现的位置、时间、威胁度动态地组成一个快速打击任务网络,编队中处于最有利攻击位置和状态的空中武器单元将直接实施对移动目标的攻击,实现对时敏目标的瞄准定位、打击和作战评估。

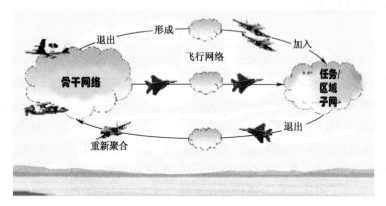

图 6-5　空天武器子网自组织工作原理图

在精确的时空统一条件下进行分布式处理,每个空中武器单元上的机载火控系统控制单元将来自本地平台和多个平台送来的点迹数据进行实时融合,经过一系列关联和滤波算法,产生复合跟踪图像,弥补单一平台跟踪质量较差的缺点,充分发挥多平台复合跟踪带来的高精确、快速共享的优势,为高速移动中的空中武器单元提供精确的、具有"火控级"质量的目标合成航迹,实时建立和更新包括航速、航向、目标方位、目标航迹号等关键要素在内的动态目标数据,其工作原理如图 6-6 所示。空天武器子网运用传感器组网技术,将单个空中武器单元传感器获取的不完整的相关信息可被有机组织形成合成航迹。因此一个空中武器单元探测到的任何目标,事实上所有空中武器单元都探测到了,并且一个空中武器单元能够获取的对目标射击参数,都能被位于打击射程内的每个空中武器单元所使用。处于最佳作战位置的空中武器单元能够更早地拦截敌方战机、巡航导弹等目标。

1) 空天作战分布式"云杀伤链"

"作战云"打破了作战平台、传感器、武器系统之间的硬链接,以松耦合方式构建"探测—跟踪—决策—打击—评估"的完整"云杀伤链",如图 6-7 所示。通过战场资源的高效管控、目标数据的实时处理分发共享,在云端完成目标探测跟踪、数据融合、目标指派、火力分配、火控制导、毁伤评估等,各平台无需本平台传感器数据进行目标引导跟踪,也无需发射本平台武器即可完成目标攻击,从而实现对超视距目标的先敌发现、先敌攻击、先敌摧毁。与传统的多平台协同相比,"作战云"概念采用类似"云计算"技术,从体系层面实现各作战域的

第 6 章 武器网

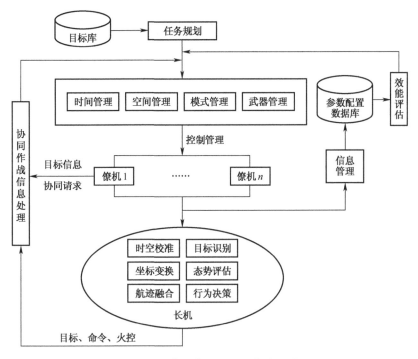

图 6-6 空天武器子网工作原理图

战场资源整合，汇聚成"云"，完成战场数据的网状交互，具备全域性、分布式、网络化特点，将对未来的空战体系产生深远影响。

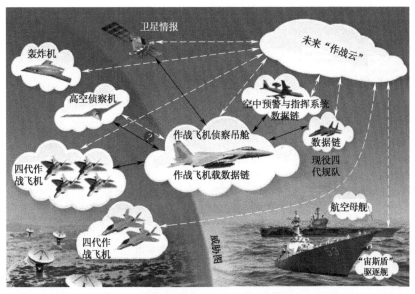

图 6-7 云杀伤链示意图

采用分散式空中作战,配以不断进化的数据链、抗干扰通信系统和新的瞄准工具,云作战体系呈现虚拟化、无形化趋势。与网络云相类似,作战云结合有人和无人系统,利用隐形飞机、精确武器和先进指挥控制系统的优势,确保敌人单一的点攻击不会瘫痪作战行动。

借助云协同技术,空战样式将呈现更加的多样化,包括精确提示、远程发射、远程交战、制导交接、云作战等,实现作战平台、传感器、武器系统等空战资源的聚合优化与空战效能的最大化。云中任意空中武器单元或多个空中武器单元完成目标探测跟踪,数据上传至云端,融合为火控级目标航迹。由云端选择最适合发射的武器单元完成导弹发射,随后云端分配另一空中武器单元全程制导或多个空中武器单元接力照射目标,更新目标数据,发送导弹修正指令,完成导弹接力制导。整个云作战体系具备自我修复功能,即使单个平台或局部平台被击毁,也不会造成整个作战体系的瓦解。

2) 多平台武器组网控制实现网络瞄准

网络瞄准技术可以迅速感知目标的机动和环境的变化,使打击快速机动目标的可能变为现实,如图 6-8 所示。一次完整的攻击行动分为发现、定位、跟踪、瞄准、交战和评估几个环节。完整的攻击行动所需时间不仅取决于各个环节所需时间,还取决于各环节连接所消耗的时间。网络瞄准技术集侦察、监视和评估等能力于一体,在信息网络支持下使杀伤链的各个环节快速闭环,完成攻击,改掉以往平台中心战中,环节和环节之间通过攻击的实施者进行衔接所造成的效率低下、难以满足快速打击的要求的缺陷。

图 6-8 网络瞄准技术示意图

充分利用各种传感器及武器资源,在作战平台间建立实时、高效的数据交换网络,高精度统一的时空体系,以及网络化、分布式的实时协同处理机制,实现对战术目标快速、准确定位和精确打击控制。面向武器单元网络化瞄准与火力协同打击，将多个不同种类武器单元的传感器、制导设备等连接在一起，产生具有武器控制级精度的统一战场态势，综合协调使用多平台火控系统，实现多个武器单元的目标信息、火力资源共享、武器协同打击以及传感器定位跟踪数据、火控瞄准数据以及相关武器单元状态参数等战术信息的实时共享与融合处理，提高多平台武器协同作战的态势感知、武器互操作能力和联合打击能力。网络瞄准技术以互联网络协议（IP）为基础，迅速瞄准移动目标及时间敏感目标，在多种平台间建立信息联系，实现快速的目标瞄准与再瞄准。使用分布式传感器平台，对战术目标进行迅速、准确定位，并提供实时火控支援。在目标探测、主动识别、瞄准、达到作战标准、打击和确认摧毁的全过程中，通过多个机载雷达接收机进行网络化观测来实现这些目标，只要检测到威胁信号的出现，数个天基武器单元或空中平台将会共同预定收听周期，并向承担临时定位处理职责的某一平台报告其观测值。在经过少数几个收听周期后，就可以确定威胁信号的位置，向火控单元报告，以迅速实施打击。

网络瞄准技术采用无中心的、自组网络体系结构。组网灵活、配置简单，可实时重构，因而能够很好地满足高动态的战术应用环境。在空天飞机、作战飞机、无人机等空天武器单元以及情报/监视/侦察平台、地面指挥所直至精确制导武器、超高声速武器之间构建一个高速、抗干扰、自组织能力强的武器协同数据链网络，提供宽带的"传感器—传感器"和"传感器—射手"的无缝连接。使用分布式传感器平台互相协作，快速提供准确的目标定位数据，形成以不同层次网络为中心的网络制导体系，不断修正目标位置并实时传送。对太空、空中、地面或海上活动目标或重新定位的目标实施快速精确攻击，通过网络实现分布式作战平台的互联以及传感器与武器的实时协同，提高打击目标的及时性和精确性，从而提高整体的作战效能。

3）无人机编队协同作战

无人作战系统渗透到战场空间的各个领域，对传统的对抗形态、作战方式、战术战法和战争伦理带来了一系列影响。研究表明，对抗形态呈现出由对抗重心转智能较量、对抗规模趋于小型可控、对抗空间拓入全域多维等特点；作战方式出现"人机一体""无人先导""持续打击"等多种变革，战术战法显现出"干扰阻断、捕获策反"的控制战，"混搭编组、整体协同"的集群战，"外部开刀、内部摘除"的手术战等多种创新。

如图6-9所示，通过机间高速数据链，多无人作战飞机平台共享机载传感器感知到的目标信息、平台状态信息和指控信息等，是无人作战飞机之间进行分布式自主协同作战的重要基础。无人作战飞机编队的分布式战术决策可以克服单个平台的资源、能力的有限性,通过平台间的信息交互,提供结构化的决策分析技术,从而解决非结构化的问题。分布式战术决策的内容包括威胁判断、目标优先权排序和武器、目标分配等任务分配与调度。

图 6-9　有人/无人机联合编队协同作战示意图

利用无人作战飞机机动性、隐身性好的特点,与编队内其他有人、无人飞机进行协同攻击,可发挥整体的作战效能。可以采用无人作战飞机照射定位,有人机投弹,也可采用有人机照射定位,无人作战飞机投弹方式进行协同打击。

感知与规避是提高无人机编队主动安全能力和生存能力的必要条件。无人机本身要具备机间局部环境感知能力,能对周围集群内无人机进行状态估计与跟踪,从而实现对编队内其他无人机轨迹的跟踪与避碰,保持编队构型,实现协同飞行。同时,对前方遇到的障碍要能作出有效反应,进行编队队形变换,通过障碍物后进行队形重构。

采用协同空域作战可实现无人机和有人机"同一基地、同一时间、同一节奏"的综合空域集成。协同空域作战可分为两类:无人机与有人机协同编队技术;安全、通用、自主空域作战技术。前者强调的是协同与协作行为,使多机平台作为整体有效执行任务;后者强调无人机接近其他有人或无人系统时的安全性。二者均需考虑无人机自主性,即单机在复杂的物理和战术环境下,以最少人的干预成功完成多种复杂任务的能力。有人/无人机联合编队协同作战涉及的关键技术主要有协同控制技术、协同态势感知、协同目标分配、协同航路规划技术、毁伤效能评估技术和智能决策技术。

6.5.3　典型应用

传统空战模式要求长机与僚机根据飞行员目测近距离编队,并通过语音及数传系统进行任务分配。而对于空天武器网络化协同交战,编队作战飞机、无人机直接通过武器协同数据链实现远距离、自动化的编队飞行,不但扩大了编队整体的探测打击范围,而且提高了编队成员的隐蔽性及生存性。空天武器子网通过武器协同数据链在编队成员中动态建立"战术共同体",成员间紧密的战术配合。实现机载火控系统任务信息实时共享、传感器协同探测与跟踪、协同无源定位和武器网络化瞄准与制导,如图6-10所示。

图6-10 空天武器子网典型应用示意图

以有人机、无人机混合编队进攻作战为例,描述空天武器子网的作战运用过程。敌目标2架轰炸机、4架作战飞机组成。我方兵力包括5架无人机,6架有人作战飞机,作战目标是对敌空中编队实施拦截和打击。2架无人机负责侦察探测敌空中目标并协同有人作战飞机攻击敌轰炸机编队,3架无人机配合有人作战飞机,负责拦截和攻击敌护航作战飞机,有人作战飞机主要担负拦截和攻击敌轰炸机编队,并协同无人机拦截和攻击和攻击敌护航作战飞机。

采用的战法是由2架无人机搭载传感器设备和3架无人机搭载攻击武器,突击到战场前方,4架有人作战飞机在后方与无人机保持一定距离。无人机把侦察到的空中运动目标信息实时传送到有人机,有人机进行决策,确定攻击目标,并控制无人机进行火力攻击。延伸有人作战飞机的探测和攻击距离,同时又降低了有人作战飞机被攻击的危险。

空天武器子网中1架有人作战飞机作为主控武器单元,通过机载火控系统控制单元,实现对其他无人机、有人作战飞机的雷达和武器的远距离操控,实时地处理远距离传输来的数据,控制各空中武器单元协同打击。当2架无人机任一个武器单元的雷达探测到了敌空中攻击编队时,通过机载火控系统控制单元将数据传送到主控武器单元,并由主控武器单元分发到3架无人攻击机和6架有人作战飞机。各武器单元的机载火控系统控制单元将接收到数据与本地雷达传输来的数据一起进行综合处理,生成综合的航迹图。一旦目标航迹达到了任一武器单元的作战评判标准,将启动捕获提示,在由机载火控系统控制单元对被攻击目标进行分析和评估后,主控武器单元控制分配3无人攻击机、2架有人作战飞机对敌护航作战飞机实施攻击,4架有人作战飞机、2架无人机协同对敌轰炸机编队实施攻击。攻击过程中无人攻击机之间、作战飞机之间及无人攻击机、作战飞机之间进行进行复合跟踪、接力制导,开展协同火力打击。通过武器协同数据链共享信息,迅速发现敌作战飞机、轰炸机空中机动和环境的变化,实时对目标进行修正,利用最新的目标信息改变发射的空空导弹飞行方向,不断连续跟踪敌"时间敏感目标"——敌护航作战飞机和轰炸机编队,实施精确拦截和打击。

6.6 地面防空防天武器子网

随着陆、海、空、天一体化的现代战争模式的逐步形成,空天打击武器系统特别是精确制导武器以及各种"软""硬"杀伤手段得到了迅猛发展。随着战场区域向外层空间的扩展,空袭体系已由各种作战飞机为主要打击装备,扩展成以弹道导弹、空天飞机、超高声速弹道(巡航)导弹、无人机的空天打击体系。在复杂电磁干扰掩护和空天信息系统的支援下,现代空袭作战力量可进行全高度饱和攻击、隐身突防、精确打击、防区外和超视距远程攻击,空袭对手体系化、网络化作战能力的提升,使得空袭与反空袭演变为空天打击体系与空天防御体系之间的对抗。

防空防天武器网络化作战是为适应整体对抗,打破传统的防空防天作战样式,减少由于单个防空防天系统的位置、环境或本身探测器和武器性能带来的局限性,综合集成各种防空防天作战资源,实现防空防天体系内各作战要素之间的信息共享和综合运用,形成的一个体系配套且多武器协同作战的新模式。

地面防空防天武器子网将多个不同种类防空防天武器单元的传感器、制导设备、武器控制单元等连接在一起,产生具有武器控制级精度的统一战场态势。综合协调使用多平台火控系统,解决多个防空防天武器单元的目标信息、火力资源共享等问题,实现目标跟踪、打击决策以及武器控制能力,为协同作战、精确打击目标提供技术支持。通过优化传感器—武器系统组合来实现最大杀伤率,实现以网络为中心的一体化、分层式空天防御体系,协同对各种空天目标实施分层式、超视距、分布式远中近程防御,提高联合防空防天打击、抗击和拦截能力。

6.6.1 组成结构

地面防空防天武器子网由多个防空防天武器单元组成,在武器单元由探测跟踪单元、控制单元、制导单元和火力发射单元以及能实现实时高效通信的高速 IP 网络组成,如图 6-11 所示。

地面防空防天武器子网将各自独立的地面防空防天武器武器单元联合起来,形成一个统一的作战实体,达到更大的作战能力。把各武器单元上的探测跟踪单元、控制单元、制导单元和火力发射单元以及数据传输系统等联成网络,每个武器单元在一个主控武器单元(中心控制节点)协同控制下,实现作战信息共享,统一协调作战行动。每个武器单元都可以及时掌握战场态势和目标动向,由主控武器单元选择处于最佳位置的武器单元拦截来袭目标或者对敌方目标进行打击,极大地提高了整个防空防天作战体系的协同作战能力。

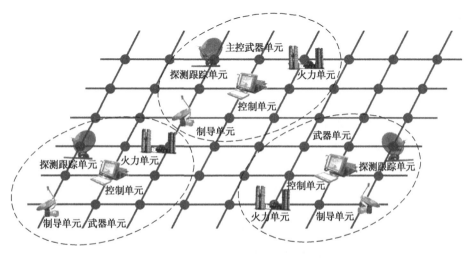

图 6-11 地面防空防天武器子网组成结构

探测跟踪单元:接收到控制单元发送的目标搜索提示信息后,在指定的作战空间范围内搜索目标;搜索到目标后,对目标进行捕获跟踪,向控制单元输出目标情报信息和跟踪数据;受控制单元的控制并向其输出状态信息。

控制单元:收到预警信息后,向探测跟踪单元发送目标搜索指令,接收各单元状态信息,向所属指挥结构提供各状态信息;接收多源传感器获取的目标信息和跟踪数据,进行目标信息的融合、跟踪和定位处理,与网内各成员目标信息。在主控武器单元协调下,同其他控制单元进行协同火力打击决策,选择制导单元进行拦截弹制导,向制导单元发送飞行控制指令,下达发射指令。

制导单元:受控制单元控制并向其输出状态信息;对拦截目标进行跟踪,向控制单元提供拦截目标飞行数据,进行制导计算,通过制导雷达向火力单元发出制导指令或杀伤拦截指令。

火力单元:从控制单元接收发射装订数据和发射指令,进行导弹发射;从制导单元接收制导指令、杀伤拦截指令等,完成惯性制导飞行、中段制导飞行、自主寻的、拦截、杀伤战斗部爆破等;向控制单元输出状态信息。

高速 IP 网络:由于火控信息具有数据量大、实时性要求高的特点,再加上同时要传送作战命令、武器状态、交战状态等信息,所以要求连接的 IP 网络要具有高速传输能力,以免造成信息淤塞和时间上的不统一,影响防空防天武器对来袭目标的打击能力。

6.6.2 工作原理

地面防空防天武器子网通过数据链将战区内的所有传感器组成一个协同互补的探测网络,在全部网内成员之间共享所有传感器的原始量测数据,对分布在战区不同位置的传感器进行集中式多传感器数据融合,运行数据融合算法得到战区范围内所有目标的复合航迹,实现对目标连续不间断地跟踪,并在网络成员之间实时地传输、共享精确的传感器数据,提供态势感知、近实时的引导和武器交战协同信息等作战信息,生成战区单一综合图像,扩大平台精确跟踪和锁定来袭目标的范围。

地面防空防天武器子网采取动态组网策略,包括拓扑发现、拓扑更新以及主控武器单元(中心控制节点)动态更替,具有抗毁能力的动态路由选择,时隙动态分配,包括业务量动态变化和拓扑变化引起的时隙动态分配,利用分布式网络的特点,进一步提高网络的抗毁性。为了保证系统的时延,每个武器作战单元在一个主控武器单元(中心控制节点)的引导下同步校时,然后发送控制信息进行自组织地建立网络,完成网络拓扑建立。

地面防空防天武器子网根据防空防天作战态势确定抗击来袭目标的主控武器单元和以该单元为核心的动态火控信息探测网,主控武器单元控制网内各适宜探测单元对目标进行探测,并能将所得信息实时传送到武器单元的控制单元,由控制单元对所得信息进行整理、融合,得到精确的来袭目标航路参数并确定开火时机和射击诸元,控制火力单元开火抗击,控制网内相关制导单元进行导引,组织实施多平台的分段及组合拦截,其工作原理模型如图 6-12 所示。

地面防空防天武器子网中任意一个武器单元发现敌方信息后通过主控武器单元分发信息给网中的所有武器单元。采用多平台复合跟踪、目标协同定位、分布式协同交战处理等技术和一系列关联和滤波算法,建立和更新包括速度、方向、方位、轨迹等关键信息在内的动态目标信息,交换精确的定位和传感器(对战场和作战目标得到的信息)信息,实现网内成员及其他武器子网之间的对目标的多平台协同发现、复合跟踪识别,以及传感器定位跟踪数据、火控瞄准数据以及网内其他武器单元状态参数等战术信息的实时共享与融合处理。

根据战术任务和目标出现的位置、时间、威胁度动态地组成一个快速打击

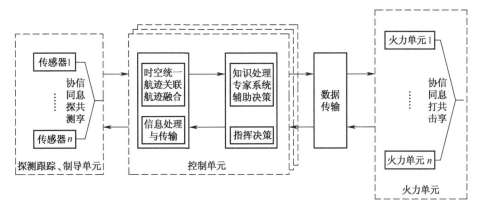

图 6-12　地面防空防天武器子网工作原理模型

任务网络,在统一的战术目的下,多个武器单元在主控武器单元控制下,协调一致地执行战术行动,多武器平台协同对目标进行复合跟踪、接力制导,通过武器控制单元自主组织火力单元对目标实施协同拦截和精确打击。

在作战过程中,主控武器单元(中心控制节点)监视着每个武器单元,如果某个武器单元遭遇毁灭,主控武器单元立刻通知其他成员弥补它的作战阵地。如果主控武器单元通信失效或被击毁,会在武器单元中自主或由防空防天作战指控单元自动选择一个武器单元作为主控武器单元完成网络控制、信息共享、数据传输和武器控制、打击决策等功能。

1) 多平台复合跟踪识别

传统的作战模式主要依赖本平台传感器实现对指定目标的跟踪、瞄准和打击。然而,单一的传感器对目标的探测是不可靠的,尤其是对高机动空天目标在复杂的战场环境及恶劣的电磁环境下,很难实现对目标连续、稳定、可靠的跟踪,需要多个传感器组成协同感知网络,通过协同测量、探测感知信息的实时共享和处理,实现对目标的复合跟踪,消除各武器单元独立探测造成探测位置、探测体制等造成侦察信息不完整、死角多、不准确的弊病,其模型如图 6-13 所示。不仅可以用于被动传感器提供确定目标位置,还可用于作战武器直接引导目标,为每个武器平台提供精确目标信息,充分发挥武器的作战效能。

由于单一作战平台的武器载荷种类和数量有限,各作战平台所处地理位置不同,因此在各平台间武器控制系统以及各平台决策系统间共享武器资源和决策信息,根据威胁目标属性优化选择武器资源,综合利用各平台武器资源,各武器系统可以在其自身传感器未捕获目标的情况下,使用从网络其他单元接收到的火控级精度的目标数据,实时计算和监控目标及武器平台与目标的相对位置情况,将控制制导任务转移到其他武器系统来执行,完成火力协同及分段制导,

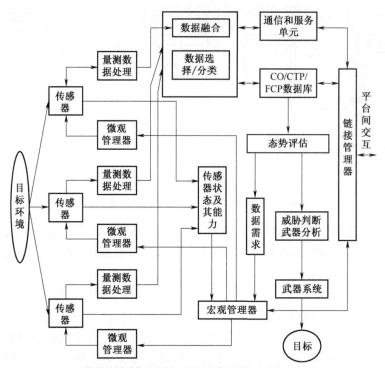

COP、CTP、FCP指的是通用作战视图、通用战术视图和火力控制视图

图 6-13 多平台复合跟踪模型

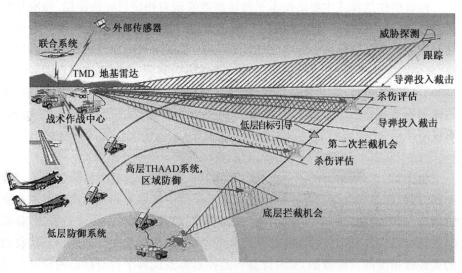

图 6-14 多平台复合跟踪拦截示意图

发射武器并引导武器拦截目标,实现一个平台向超出其传感器探测范围以外的威胁发射武器实施打击,如图 6-14 所示。

多平台复合跟踪与协同定位是武器协同作战应用的主要支撑技术,比使用任何一种单一的传感器所提供的信息更为精确,其本质是各平台在精确的时空统一条件下进行分布式处理,每个平台上的复合跟踪处理将来自本地平台和多个远程平台送来的点迹数据进行实时融合,经过一系列关联和滤波算法产生复合跟踪图像,弥补单一平台跟踪质量较差的缺点,充分发挥了多平台复合跟踪带来的高精确、快速共享的优势。

为实现协同感知与侦察,复合跟踪通过数据链将区域内所有传感器链接成网络,在网络成员之间实时地传输、共享精确的传感器数据,生成单一合成图(SIP/SIAP),进而实现协同作战和打击特定火力单元探测范围外的目标,为网内武器控制单元提供武器级精度的目标信息的能力。通过关联多传感器目标以及各单元的精确相对定位,校准传感器的角度和距离测量误差等算法与融合模型,得到来袭目标运动参数火控级精度的复合航迹,实现对机动目标准确、实时跟踪、瞄准和作战武器间的协同攻击。

2) 目标协同感知与定位

地面防空防天武器子网采用时间同步的时标传输延误估计与补偿技术、空间一致性非均匀分布误差估计和系统误差动态估计技术以及运动平台探测系统的空间配准技术,建立高精度统一的时空体系。所有参与者能根据需要获取特定区域的信息,而时间关键信息将被发送给对来袭目标进行拦截的同一地区协作的武器单元,或是当来袭目标从一个区域飞到另一个区域时,由这些武器单元将关键信息传递给跨区域协同武器单元,从而确保对目标的全程拦截。

网内多部探测单元的探测信息在精确的时空统一条件下,进行分布式航迹、弹道辨识、目标跟踪等信息融合处理,经过一系列关联和滤波算法与融合模型,产生复合跟踪图像,得到来袭目标运动参数火控级精度的目标信息。在网内实现火控级精度的来袭目标信息共享,消除原来各武器单元独立探测体制造成的探测距离近、探测死角多、探测到目标后反应时间短等问题,有助于防空防天武器的防空、反导以及抗击低空来袭巡航导弹的作战效能。

通过战场空间范围内的多个传感器之间的协调配合,由预警雷达先发现并跟踪空中来袭目标,当目标构成威胁时,开启火控雷达并根据预警"提示"的方位对目标进行扫描、精确跟踪和锁定。平台可以在本地传感器尚未或者无法发现目标的情况下,利网内共享的航迹为本地火控雷达提示目标方位,利用从其他单元接收到的火控雷达数据来发射导弹并引导其拦截目标。

对于一个突然出现的威胁,由于目标和威胁位置的不确定性,多个武器之间就需要协同规划。将多个武器感知探测平台组成协同感知网络,由武器网络成员以协同的方式大范围搜寻目标。一旦发现目标,部分作战武器立即通过协同测量的方法定位目标并在网络中分发共享目标信息,不仅可以用于被动传感器提供确定目标位置,还可用于给作战武器直接引导目标。根据需要采用诱饵在指定的时间分散敌人的感知系统,由多个作战武器以协同攻击的方式向目标攻击,多个作战武器同时达到目标地点,使作战武器的生存概率和武器打击有效最大化。

6.6.3 典型应用

地面防空防天武器子网内各武器单元在地理位置上分散部署,在信息流动上相互联接、相互反馈与控制,在功能上相对独立,构成统一的整体。根据目标特性、拦截武器特性、协同信息特性及精度特性确定协同交战的应用层次,包括远程数据发射、接力交战、外部信息交战。

以地面防空武器实施协同防空作战为例描述地面防空防天武器子网内各武器单元在协同抗击空中来袭目标的典型应用。敌空中目标——16架攻击机分为4个4机编队从不同高度进入我防空范围,我4个防空导弹营(1、2、3、4营)奉命抗击敌空中来袭目标,16个防空导弹武器单元实施拦截。4个防空导弹营,16个防空导弹武器单元组成地面防空武器网,将处于1营中心位置的防空导弹武器单元作为网内主控武器单元(中心控制节点)。

如图6-15所示,地面防空防天武器网通过感知网获取中远程目标情报,为开展多地面防空武器单元协同抗击作战提供大区域、远程目标情报支持。在敌方目标进入防空防天武器网有效作战范围内时,1营的地面防空武器单元制导雷达首先发现目标,将截获的目标数据,通过控制单元进入高速武器协同数据链网,在1营主控武器单元的协同控制下,通过武器协同数据链网,将目标距离、方位、俯仰等数据在16个防空武器单元射击通道之间高速、"零"延时地传输,从而保证不同地面防空武器单元之间,能用各自截获的目标数据通过高速武器协同数据网,达成稳定跟踪,实现多防空武器单元之间的网络瞄准、复合跟踪、定位。

1营主控武器单元的控制单元接收2、3、4营各个制导雷达及1营其余制导雷达获取的数据,分析来袭目标的各种参数,计算最佳的拦截点,引导制导雷达捕获与跟踪目标,下达发射拦截弹命令及修正的目标信息。在攻击过程中,拦截武器实时接收从控制单元发出的目标重定位命令和数据,对拦截弹的发射进行控制,协调远、中、近分层防御的杀伤链功能——目标探测、跟踪、分类、交战和杀伤评估,主1营控武器单元协同2、3、4营各个制导雷达及1营其余制导雷达并安排最佳武器单元进行拦截,控制其飞行姿态,依据目标变化和战场态势

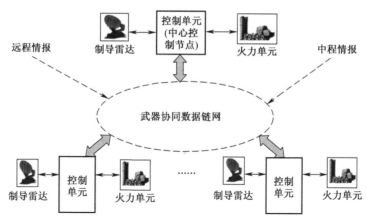

图 6-15 多地面防空武器实施防空的协同作战

变化信息,实施导航信息远程加载、指令接收、攻击目标再定位和改变等功能,提高命中概率和打击精度。

拦截过程中,控制单元根据 1 营制导雷达或数据链提供的目标跟踪信息和拦截弹飞行数据等,适时向拦截弹发出修正弹道和瞄准数据的飞行控制指令,利用网中 2、3、4 营武器单元提供的信息进行协同交战,实现完全网络化的多平台复合跟踪识别、捕获提示、协同作战和分布式远程防空防天以及高效的多平台协同火力打击能力。

6.7 电磁武器子网

在信息时代,夺取全谱战斗空间中的信息优势已经成为当前和可预见的将来战场的最高目标之一,关注重点不再仅仅是争夺物理空间的主动权,如制空权、制海权和制空间权等,而是首先要争夺全谱战斗空间的主动权,亦即信息利用权和控制权的信息优势能力上,并最终使其转化为决策优势和全谱军事行动的主动权。

由于赛博空间极大地依赖电磁空间,而电子战[4]是电磁空间的主要作战样式,是应对赛博空间的主要手段。随着反辐射打击、定向能等高新技术的发展,电子战已具备了很强的实体打击、压制式干扰以及欺骗干扰等进攻能力,可以有效地破坏敌赛博空间物理基础设施,降低敌赛博空间获取外界信息的能力,进而保证我方赛博行动的顺利实施。

随着战场电磁环境的日益复杂,以往那种彼此分离功能单一的电子战装备已无法满足作战需求。任何单一的电子战装备或多种电子战装备的简单叠加或连接,都难以保证对敌方战场信息网络的有效和可靠感知或压制。随着大数据分析、云计算、多源情报共享与融合等技术领域的飞速发展,电磁武器子网络化协同技术已逐步发展成为"必需品"。

电磁武器子网把不同种类、不同频段和不同用途的电子战装备、电子战平台以及多种电子战[5]手段通过网络有机地集成在一起。利用多平台协同侦察,综合利用多平台上的侦察资源,统一进行任务的动态分配,实现整个战场电磁武器资源、传感器原始数据和电磁空间态势的共享,达到快速获取全频段目标信号的目的,为引导目标信号干扰提供决策[6]。电磁武器子网的组织结构可动态重构,以保持电磁空间作战活动进程精确地自同步和相互协同,提高电磁空间作战的快速反应能力,大大增强电磁武器资源与电磁武器系统的协同精确打击能力,构成一个以网络为中心的电子战作战体系,最大限度地发挥电子战资源的整体作战效能。

6.7.1 组成结构

电磁武器子网由武器控制单元、目标指示单元、侦察引导单元、电磁火力单元(电子干扰、电子压制、反辐射武器、激光器、射频武器、粒子束武器等)及高速IP网络组成,如图6-16所示。

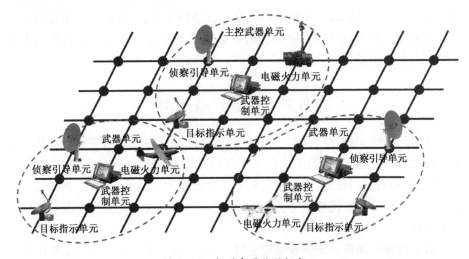

图6-16 电磁武器子网组成

武器控制单元:是电磁武器子网中的关键设备,具有对网络的控制管理及大批量数据处理能力。在接收到电磁武器子网中各目标指示单元、侦察引导单元发送来的目标信息时,武器控制单元要能够实时高效地将各种不同格式的数据进行整理、校对进而完成数据融合,得到精确的目标参数,生成适合自身武器诸元,控制电磁火力单元对目标进行干扰、压制和攻击。

目标指示单元:用以目标搜索、确定目标位置、目标频率参数,完成与上级或武器指挥单元的目标批次校对,为目标侦察单元提供侦察引导信息。

侦察引导单元:包括雷达侦察装置、通信侦察装置等,对目标进行侦察、跟踪及对武器的引导,可以实时接收来自主控武器控制单元的命令进行开关机,获取目标指示单元的目标信息,能够及时准确的探测跟踪分配的目标,并能将所得目标信息参数实时传递到主控武器单元的武器控制单元中。

电磁火力单元:由电子干扰、电子压制、反辐射武器、激光器、射频武器、粒子束武器等组成。从武器控制单元获取开机时机和诸元参数,接收武器控制单元的控制,执行干扰、压制发射任务和反辐射武器、激光器、射频武器、粒子束武器攻击行动。

电磁武器子网采取栅格网络、采用自适应技术等,将武器控制单元、目标指示单元、侦察引导单元、电磁火力单元作为网上的节点,充分利用网内各单元的传感器,进行全时、广域、宽谱的协同侦察,以及对重点频段、重点目标的侦察控守[7]。把战场所有电磁传感器和电磁交战能力综合在一起,各作战单元近实时地获取威胁信息,并将它们与其他传感器以及通过数据链传来的其他平台的信息数据相关融合,以实现协同作战,提高电子对抗和电磁武器作战的整体作战效能。

6.7.2 工作原理

电磁武器子网根据部署情况以及分布位置、作用距离,将作战地域划分为多个小区,在每个小区中心设置主控武器单元节点,整个作战地域的节点组成分布式电磁武器子网。哪里需要电子支援和电磁攻击作战,就使用该战区的指挥节点和就近的电磁武器单元,而不需关心这些电磁武器平台属于谁。大幅度提高战场电子支援和电磁攻击作战反应速度和机动性,提高电磁作战指挥的稳定性,增强电磁作战效果。

电磁武器子网根据任务及确定的主控武器单元、武器单元资源,以任务为驱动、主控武器单元为中心动态组网[8]。主控武器控制单元根据分配的任务和目标,组织网内多个武器控制单元、目标指示单元、侦察引导单元协同侦察及信息的共享与融合,引导电子对抗武器对目标的干扰、压制和打击,实时报告任务执行过程中的武器状态、交战状态、引导信息,其工作原理如图6-17所示。

通过多个目标指示单元、侦察引导单元实现对敌各种各类电磁目标快速、准确地协同侦察、探测和定位,对目标信号时域、频域特征进行高精度测量,精确识别和跟踪敌电磁目标。多个目标指示单元、侦察引导单元协同进行侦察、探测和定位,通过控制单元进行定位解算并向其他单元报告结果。

武器控制单元收集来自不同单元传感器的电磁空间目标探测数据,识别、跟踪并定位敌方辐射源,采用自动相关处理技术,主控武器控制单元对多个目标指示单元、侦察引导单元火控级侦察、探测信息分别进行融合处理,实现目标

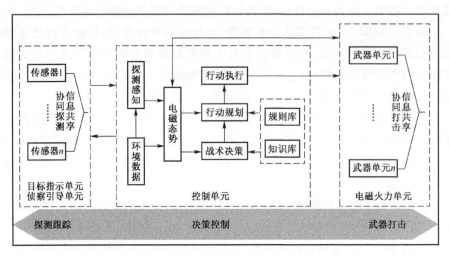

图 6-17 电磁武器子网工作原理

指示单元、侦察引导单元探测情报和引导侦察信息共享,使多个武器单元之间快速完成协同目标定位和识别。

武器控制单元根据融合结果统一调度电磁火力单元,在全时间域、全频域覆盖对敌方实施连续持久干扰、压制甚至反辐射武器、激光器、射频武器、粒子束武器等电磁火力单元的"硬"打击。

主控武器控制单元监视、分析,实时掌控各作战状态,根据态势变化及作战任务对各单元任务进行调整,动态调整各电磁武器单元的作战任务以认知电子战为例。当面对不断出现的新型威胁时,它将以一种"智能"的方式,自适应地感知战场电磁环境的瞬息万变,并能够在极短的时间内自适应调整到最佳性能。这类新型系统的出现,必将对电子战作战方式产生革命性变化,不仅给传统电子战带来严峻挑战,同时也带来了巨大发展机遇。

认知电子战通过先验知识探测感知未知或不明确的新型电磁威胁,快速分析威胁及动态实时采取对抗措施,并现场精确评估对抗措施效能,其工作模型如图 6-18 所示。与传统电子战不同,认知电子战系统是一个动态、智能的闭环系统,它通过自主交互学习来感知电磁威胁环境,可高效实时地调整干扰发射机与接收机来适应电磁环境的变化,极大提高了干扰的快速反应能力。

认知电子战通过自主学习,构建动态知识库(包括威胁描述、决策规则、攻击样本),采用基于知识的电磁环境统一架构和标准,对动态电磁环境进行描述。除传统的静态参数,更重要的是动态参数,如自适应行为、电子对抗模式等,作为目标感知、识别、评估、预测以及任务决策、规划的依据。

基于动态知识库,采用威胁学习算法和特征学习技术,将信号分类,分析出该信号的特征,生成战场电磁空间综合态势。依据实时环境态势感知、作战效能评估以及知识学习、累积的结果,按照动态知识库的"感知→识别→决策→行动→感知"的闭环学习处理流程,采用模式识别与推理算法,串联电磁空间综合态势感知与任务决策,结合评估预测方法与动态知识库,融合分布探测信息感知威胁优先级。

根据认知侦察结果及学习信息进行攻击策略搜索,推论对抗场景下最佳攻击策略,同时优化干扰波形,优化调度分布平台电子战资源,协调可用电子攻击资源同时对抗多个威胁,动态地自主调整攻击与防护策略,自适应分配干扰资源。根据威胁信号在我方干扰下产生的明显变化评估干扰效果,同时结合动态知识库自适应优化干扰策略。通过高度自主的认知技术,动态完成任务决策、资源规划与对抗作战执行,实现智能、高效的信息对抗。

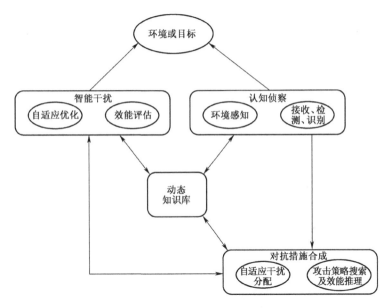

图 6-18 认知电子战工作模型

使用自适应学习技术,基于人工智能技术的智能干扰,能够快速检测并描述威胁信号、自动合成干扰该信号所需的最优波形、并在战场上实时分析干扰效能。能够感知电磁环境并能快速应对电磁环境的突发变化或将这种变化向用户告警,从而有选择地拒止或监听敌方通信,快速检测并拒止新出现的电子战威胁,有效且高效地干扰新出现的目标,现场精确评估干扰效能,提供实时的干扰效能反馈,支持单一节点运作或分布式多节点运作,实现精确干扰——不仅是位置精确瞄准、频率精确覆盖、调制样式精确一致,甚至还可以在信息层进行欺骗,增强电子干扰的灵活性、有效性。

由于网络电磁空间"无疆界、零距离、即时性"等特点，在以网络为中心的体系作战基础上呈现出高速、隐蔽、突然、全域、全时空等特点，战场信息呈现出海量、多样、动态变化、真假难辨。构建网电空间和电磁空间感知、评估、决策的闭环，引导网电、电磁攻防，评估作战效能，反馈任务执行，支撑网电对抗的闭环作战。

电磁武器子网具有对网内部分或全部侦察、探测单元的侦测信息进行辨识、信息融合处理的功能。通过一定的算法与融合模型，生成打击或压制目标的位置、频率等参数及引导电子对抗器压制目标的其他信息，得到目标各种参数及目标状态估计，为网内主控单元提供武器级精度的目标信息并在网内各节点共享，如图6-19所示。

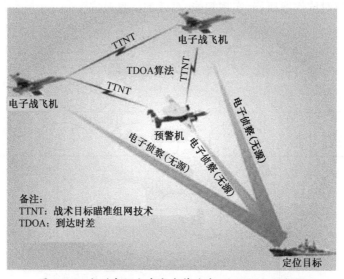

图6-19 电磁空间分布式态势共享、协同打击示意图

构建以电子武器对抗网络为决策主体的软硬杀伤武器协同作战体系，建立软硬杀伤性武器的有效作战使用空域、频域和时域模型，结合实时电磁态势，根据来自电磁武器单元和其他电磁侦察传感器探测到的信息进行态势变化和实时威胁估计预测，同步开展多维协同与动态规划，实时地动态规划、修改系统的任务路径，协同管理火控系统和电磁武器系统，实现软硬杀伤武器的统一、综合、协调使用。

为了避免攻击信号对态势感知传感器的影响，同时增强评估结果的可靠性，电磁武器网作战效能评估采用分布式架构实现，即攻击平台调度异地部署平台的探测资源，感知战场态势，融合多源感知信息，生成标准格式的态势评估报文，反馈对抗闭环的执行。

6.7.3 典型应用

任何网络都存在薄弱环节,无线网络也不例外,当使用大功率辐射源靠近战场无线网络时,辐射信号可进入到网络中去。实际上,渗入敌防空系统网络的途径有三种:一是通过传感器;二是通过敌指挥所和传感器或武器系统之间的通信链路;三是通过敌防空体系的信息处理设备[9]。

以对敌开展电子信息进攻作战为例。敌方一个防空雷达营的三个雷达站分别部署于敌某基地附近,我方出动 1 架电子侦察飞机、2 架远距干扰飞机、1 架反辐射无人机,以敌方电子信息系统的雷达、通信系统的天线为入口,渗透进入敌方的防空网,实施进攻性信息作战,干扰、破坏敌方防空信息探测系统。

将参与信息进攻作战的电子侦察飞机、远距干扰飞机、反辐射弹、反辐射无人机组成电磁武器网。根据信息进攻作战任务,将远距干扰飞机作为主控武器单元进行动态组网。由远距干扰飞机组织电子侦察飞机、反辐射无人机进行协同侦察及信息的共享与融合,引导电子对抗武器对目标进行干扰、压制和打击其作战过程如图 6-20 所示。

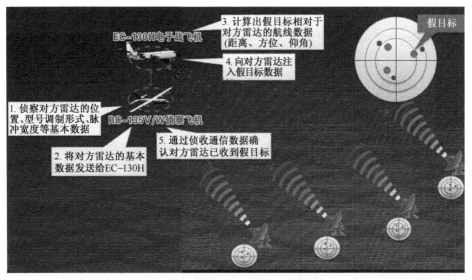

图 6-20　电磁武器作战过程

电子侦察飞机、远距干扰飞机使用机载 ESM 单元进行电子侦察,对各种辐射源信号进行侦听和测向,通过机载控制单元对侦收的信号进行处理、分析、识别后判断出比较完整的辐射源情报。远距干扰飞机通过机载控制单元收集网内电子侦察飞机、反辐射无人机、以及自身侦察引导单元获取的电磁辐射信号、信号参数和信号活动情况,进行相关、融合、识别、定位等处理以及异类情报目标融合识别处理,获取目标电磁特征、关键功能部件、工作参数、展开状态等信息,并通过机载控制单元在网内分发和共享。

远距干扰飞机根据融合结果,基于单一目标跟踪图,确定干扰频段、干扰样式等信息并进行方位引导,并实施电子干扰和进攻性信息战。远距干扰飞机发射航迹欺骗干扰信号及龙伯球反射的假信号,将敌防空雷达引导到空中假目标上去,引导敌雷达(天线)移向无法发现来袭飞机的位置,导致其在错误的方向上搜索,同时用假目标或信息"淹没"对方的系统,迫使其系统转换工作模式。

在控制敌方防空系统后,远距干扰飞机指挥反辐射无人机发射反辐射弹摧毁敌防空雷达系统,实现电磁武器网协同侦察、干扰和反辐射打击一体化信息进攻作战。

6.8 体系支撑运用案例

空军多平台的战术协同(如图 6-21 所示)主要依托武器网实现,不同的武器平台各自有特定的攻击目标与攻击方式,在各种层次上充分聚合武器系统资源,共享武器平台及传感器的数据,从而达到扩大作战空间,形成体系对抗优势的目的[10]。

以多火力平台协同实施攻势防空协同作战行动为例。敌出动 4 架隐身轰炸机、8 架无人攻击机在 16 架作战飞机护航下,企图对我地面重点目标实施空中打击行动。我方采取攻势防空作战,在 1 架空中预警机的指挥控制下,使用 12 架有人作战飞机、8 架无人机升空迎敌与 4 个地面防空导弹营 16 个防空导弹武器单元、4 个高炮营 12 个高炮武器单元协同作战,力图在较大的作战空间,有效拦截和摧毁敌空中来袭目标,限制敌在相关空域的活动和空中袭击行动。

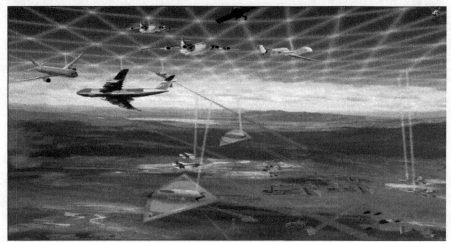

图 6-21 多平台战术协同示意图

参与攻势防空协同作战行动的有空中预警机、无人机、作战飞机前出战场前方组成空中拦截编队,空中预警机担负身兼两种职责,既作为指控网成员担负空中指挥控制任务,又作为武器网的一员,担负空中探测和侦察任务;无人机担负空中探测、跟踪和接力制导任务;作战飞机主要任务是拦截敌空中平台目标。

由多颗天基通信卫星组成分布式自组织路由功能的宽带武器协同数据链骨干网,主要用于空中预警机与地面指控网及地面防空武器网之间大容量的信息分发及可靠的功能网络化信息传输。作战飞机、无人侦察机通过机间数据链组构建吞吐量、延时敏感的武器制导链和武器协同链,采用无固定中心、无节点的运行方式。作战飞机、无人侦察机与预警机之间通过机间数据链组成态势感知与指挥控制网络。

参与攻势防空协同作战行动的地面4个地面防空导弹营(2个防空远程导弹营、1个中程防空导弹营、1个近程防空导弹营)16个防空导弹武器单元、4个高炮营12个高炮武器单元组成地面远、中、近多层防空拦截网。通过地面光纤通信网络、数据链组成武器制导链和武器协同链,通过天基通信卫星、地空数据链与空中预警机、无人机、作战飞机之间构建武器制导链和武器协同链。

为保证距离扩展的地空视距连通性,地面防空防天武器网采取动态组网策略,包括拓扑发现、拓扑更新以及中心节点动态更替。利用分布式网络的特点,采用具有抗毁能力的动态路由选择、时隙动态分配,包括业务量动态变化和拓扑变化引起的时隙动态分配等技术,提高网络的抗毁性。每个防空导弹、高炮武器单元在主控武器单元的引导下同步校时,然后发送控制信息进行自组织地建立网络,完成网络拓扑建立。

由多架无人机、作战飞机组成空中协同作战网络,采用无固定中心、无节点的运行方式,建立完备的基准转移机制,惟一的控制中心是中心作战飞机(空天武器网中作为主控武器单元的作战飞机)由空中预警机担负。一旦中心作战飞机被击毁,马上自主选择网中其他作战飞机作为中心作战飞机。

在攻势防空作战行动过程中,针对敌方包括空中隐身轰炸机、作战飞机、无人攻击机的多批次、多类型空袭行动,通过天基通信卫星、地空数据链构建的指挥控制链将指控网与武器网铰链,进行多平台信息与火力的智能组织,实现目标网络瞄准、接力制导等,达成空空、地空多武器平台火力协同抗击。

作为主控武器单元的空中预警机为每个作战飞机提供精确、统一的态势信息,在编队内实时交换探测到的空中目标信息并共享。根据统一态势信息和威胁评估信息,形成战斗协同与武器控制策略,由中心作战飞机动态分配目标,选择处于最佳作战位置的作战飞机拦截敌方战机,发出指令攻击敌方目标。作战飞机可以在雷达不开机的情况下，利用其他飞机或空中预警机传来的雷达瞄准信息发射导弹，同时可以对其他飞机发射的导弹进行中距制导。协同作战的作战飞机成员作用距离超过范围时，由中心作战飞机自主选择协同作战中合适的作战飞机作中继以达到所有作战飞机视距连通性。

空中预警机机载控制单元通过机间数据链控制无人机编队，由无人机编队前出，利用无人机机载传感器组成空中探测、跟踪传感器网络。编队内所有无人机同时进行探测，共享多部雷达点迹信息、航迹信息以及探测平台的位置信息，对目标进行实时、连续、稳定、精确的探测和跟踪，通过机载控制单元在编队内实时交换探测到的空中目标信息，自动共享瞄准信息，形成敌方目标的连续和精确的监视信息，并实时将目标信息传递到空中预警机。空中预警机机载控制单元采用自动相关处理技术，将来自本平台和多个无人机平台、空中作战飞机及地面防空导弹、高炮的探测跟踪雷达送来的点迹数据进行实时融合，经过一系列关联和滤波算法，产生复合跟踪图像，并自动在空中预警机、无人机、作战飞机和地面防空的防空导弹、高炮武器单元中共享，使多个武器平台之间快速完成协同目标定位和识别。

空中预警机实时掌握战场空中态势，优化分配拦截任务和空地一体总体拦截方案制定、射击策略制定和战法选择。实时监控作战状态和战斗过程，依据多传感器探测信息形成的目标合成图像，基于火力协同运用规则，在空中预警机、无人机、作战飞机和地面防空的防空导弹、高炮武器之间动态选择主控武器控制单元，统一调度和控制空中武器平台和地面防空武器平台，进行多武器平台协同控制，实施协同打击。

地面防空武器网主控武器控制单元根据预警信息、多武器传感器探测信息形成的目标合成图像，综合双方信息、机动、火力、当前关系位置和诸元优化拦截方案，进行敌我识别、威胁判断、告警、攻击目标排序，确定拦截时间，进行多平台信息与火力的智能组织，自动选择拦截远程防空导弹武器单元拦截和打击敌远方的高空作战飞机、隐身轰炸机，中程防空导弹武器单元对敌中高空作战飞机、无人机实施拦截，近程防空导弹武器单元协同高炮武器单元对敌接近的作战飞机、无人机实施打击和空面拦截，相互之间在主控武器单元的控制下实现目标网络瞄准、接力制导等，达成地空多武器平台火力协同抗击。

地面远程防空导弹武器单元对远方敌隐身轰炸机发射了远程拦截导弹，根据战场环境和远程地面防空导弹制导雷达作用范围，空中预警机判断该防空导弹超出地面防空防天武器网制导范围时，自主控制处于最佳位置的无人机实施接力制导，引导拦截导弹摧毁敌隐身轰炸机。

参 考 文 献

[1] 华峰. 虚拟"战斗群雷达"—美军协同作战能力(CEC)系统分析[J]. 国防科技, 2007, 28 (10): 26-28.
[2] 吴泽民, 吴忠清, 张磊. 美军武器协同数据链的分析与比较[J]. 军事通信技术, 2007, 28 (4): 117-120.
[3] 赵大胜, 何昭然, 张幼明. 编队协同防空系统通信网设计初探[J]. 舰船科学技术, 2008, B11: 71-73.
[4] 蒋盘林. 网络中心电子战概念及其体系结构探讨[J]. 通信对抗, 2007, 2.
[5] 沈妮, 肖龙, 谢伟, 等. 认知技术在电子战装备中的发展分析[J]. 电子信息对抗技术, 2011, 26(6): 22-26.
[6] 美空军战区作战管理中心系统大大提高指挥控制能力[J]. 外军电子信息系统, 2003, 22: 10-15.
[7] 李耐和, 王宇弘, 黄锋译. 网络中心行动的基本原理及其度量[M]. 北京: 国防工业出版社, 2008.
[8] 美国防部国防研究工程. 联合作战科学技术计划[R]. 2002.
[9] 美军空中作战指挥控制发展战略研究[R]. 中国电子科技集团公司第二十八研究所, 2008, 6.
[10] Network Centric Applications and C^4 ISR Architecture[J]. Command and Control Research and Technology Symposium, The Power of Information Age Concepts and Technologies, 2004.

第 7 章 空军网络化指挥信息系统主要技术

7.1 信息栅格支撑技术

信息栅格能够将情报侦察、作战指挥和武器控制等功能集成为一体,根据作战人员、决策人员和保障人员的要求来安全地处理、存储、分发和管理信息,从而支撑战场态势实时透明、作战力量动态组合和武器装备精确打击,有效提高空军基于信息系统的体系作战能力。由于军事应用的特殊性,信息栅格在可靠性、抗毁性、机动性和灵活性等方面有着更高更迫切的要求。①为了适应空军瞬息万变的战场形势,信息栅格需要采用高可用、高可靠的通信网络技术,实现随时随地且满足业务质量要求的网络通信。②数据融合、作战推演等需要信息栅格提供高性能计算机体系结构、并行算法和相关软件的技术支持。③信息栅格存储的信息资源包括文本信息、多媒体信息、数据信息等,信息的载体和存储格式呈现出多元化的趋势,信息量以爆炸性的速度增长,海量信息存储是信息栅格必须解决的技术问题。④未来的空军网络化指挥信息系统可以根据任务要求快速、动态地将分散在不同地理位置的、隶属于不同军事组织的资源快速组织,因此信息栅格需要解决服务技术,通过一系列规范将各类应用进行服务化封装和描述,使规范封装后的服务能够进行透明调用、交互和协作,支持信息系统基于能力灵活构建。⑤随着网络化系统和应用的飞速发展,军事信息栅格在实现信息共享、态势感知、快速指挥以及任务有效执行等方面发挥日益的重要作用,同时在军事对抗中也暴露出严重的问题,包括非法获取信息、篡改数据、植入恶意软件、拒绝服务攻击、电子攻击、软硬摧毁等,正面临着严峻的安全挑战,保障网络的安全可信成为信息栅格发展的迫切需求。

根据信息栅格能力需求,下面具体阐述信息栅格主要的支撑技术,包括通信网络技术、高性能计算技术、海量存储技术、服务技术与安全可信技术。

7.1.1 通信网络技术

1. 概述

通信网络是信息栅格的重要组成部分,为一体化情报保障体系、灵活高效作战指挥体系和精确武器打击体系提供传输的基础支撑。空军通信网络依托光纤、卫星、短波、超短波、散射、微波等多种通信技术手段,支持数据、语音、视频等多种业务传输,具有宽带传输、动态接入、灵活组网、按需提供网络服务等特点。

2. 现状分析

目前,美国依托在各国建设的空军基地与全球覆盖的卫星系统,基本实现了全球的通信覆盖能力,形成了以光缆、卫星通信为主,短波、超短波、微波通信为补充的空天地一体化通信网络,率先完成了网络体系能力建设。各国也在积极地发展各种通信网络技术,支持通信网络的广域覆盖、随遇接入、随时可用和服务质量保证。

随着信息栅格技术的不断发展,空军通信网络技术也在快速发展中。首先,空军通信网络的体系能力在不断优化,各国借鉴 GIG 的体系能力构建方法,进行空军通信网络建设目标的统一规划,形成统一的网络传输能力,解决了原有"烟囱式"的通信网络发展状况。其次,着重发展各类先进通信装备能力,采用各种先进材料与技术手段,从距离、带宽和可靠性等性能指标方面改进数据链系统和卫星通信系统,以提升整个空军网络中情报侦察、作战指挥和武器控制等信息的高效抗毁传输能力。最后,提升网络的统一组织运用能力,把地面网络、空中网络和卫星网络都纳入空军网络组织运用范畴,实现空天地网络的灵活运用、高效运作、有效控制。

3. 技术难点

1) 全维互联技术

随着空军"攻防兼备"战略转型的提出,空军作战空间的不断拓展,大规模航空平台前出作战成为常态,高机动平台的信息传输保障不仅需要 U/V 链、JIDS 等多种数据链、多种通信体制之间完全实现互联互通,还需要充分利用地基、海基和天基信息资源,实现地、海、天、空各种资源和作战单元自动识别入网。

全维互联技术主要研究如何把空军各型数据链和地面、海面、天基等多维异构通信设备组织成一个无缝全维互联网络,保障不可靠传输链路、高动态网络拓扑条件下预警机、电子战飞机、加油机、战斗机、轰炸机等各类高机动平台的随遇入网和业务数据传输要求[1]。

全维互联技术基于空军骨干平台的应用层网关或路由器网关,通过应用层数据的提取、信息格式转换和重新封装,或网络层分组格式转换,屏蔽了底层的异构性,并为上层业务提供统一的信息交互接口,实现了各类应用的便捷交互。

2) 空中自组织组网技术

空军前出作战过程中,移动平台无法依赖固定的基础设施进行组网,在复杂战场环境下各平台之间的互联关系往往无法预先规划,网络拓扑存在高机动性。此外,空中各类节点移动速度、链路特点以及物理传输能力等方面具有很大的差异,而且在对抗环境下容易受到物理损毁、电子干扰或拒绝服务攻击,因此给指挥控制信息、战场态势信息,以及火控信息的及时传送带来了巨大挑战[2]。

自组织组网技术是把一群在立体空间分布的、带有无线收发装置的节点组成一种多跳的临时性自治系统的技术。采用此技术组成的自组织网络不需要固定基站支持、各节点完全对等、具有动态变化的拓扑结构,通过临时组网可支持移动节点之间的语音、数据和多媒体信息交换。相比于不能实时重组且无法满足协同作战和打击时敏目标要求的通用数据链,具有多跳性、抗毁性强、自恢复部署迅速等特点的无中心动态自组织网络无疑是空军通信网络的最佳选择。

空中自组织网络技术区分拓扑相对稳定、具有完备态势信息的空中骨干网和运动轨迹与姿态难以预测的战术子网,前者采用基于态势信息的主动式路由思想,利用态势中的位置等相关信息进行网络拓扑预测,并在拓扑即将改变之前进行路由重算,来维护路由信息的完整性和准确性,后者采取被动式按需的路由思想,在路由查询中携带数据包的边寻路边发送,在对抗条件下尽可能提高战术子网隐蔽性和数据传输服务质量的前提下,快速的完成源、目的节点之间的双向路由建立与维护[2-3]。

3) 大容量可靠通信技术

大容量信息传输能力是空军通信网络满足各类信息系统发展的必要条件。由于空中数据传输信道存在程度较深的频率选择性衰落,多径效应引起的符号间干扰将非常严重,进而严重影响数据的传输质量,需要研究有效的抗多径可靠传输技术;同时,由于飞机运动特性比较复杂,运动的速度较快,始终处于变化之中,要求天线能够准确的捕获和跟踪飞机的运行轨迹,保证可靠的信息链路传输。

大容量可靠通信技术研究无线信道多用户接入技术、高速波形设计技术、基于模块化架构通用端机(含天线)设计技术,适应空空、空地多平台高机动环境,支持图像、视频、指令、话音等多种业务在内的高速数据传输要求。

大容量可靠通信技术利用先进的 QPSK 调制解调、可靠战术波形、相控阵天线和定向传输等技术手段,其中空空传输波形采用自适应预失真和盲均衡技术,主要解决幅频/相频响应不平坦性等问题,调制方式采用算法简单、解调门限接近 QPSK 理论值,空地传输波形采用多通道 SC-FDE 技术,在保证一定带宽效率及抗干扰性能的前提下,成倍提升数据速率,实现通信能力扩容[4,5]。

7.1.2 高性能计算技术

1. 概述

高性能计算(High Performance Computing,HPC)技术是实现信息栅格计算能力的关键,可为大容量信息处理提供支持。高性能计算本身并没有确切的定义,主要是指从体系结构、并行算法和软件开发等多个方面研究开发计算能力,获得比当前主流计算机更高性能的技术。通常来讲,高性能计算有两种实现方式:一种是提升单机的计算能力;另一种是通过网络连接多台计算机,进而提升计算能力。第一种方式多是指提升 CPU 的处理能力,而随着 CPU 主频的提高受制于制作工艺,CPU 的发展方向已经由单核向多核发展。事实证明,很多情况下 CPU 过多反而会降低处理能力。近几年出现的通用计算图形处理器(General Purpose GPU,GPGPU)技术已经成为提升单机处理能力的主要技术。第二种方式是通过整合多台网络计算机而提升计算能力,因此性价比较高,已经逐渐成为主流方式。

2. 现状分析

20 世纪 70 年代出现的向量机可以看作是第一代高性能计算机,以 Cray Research 公司开发的 Cray 系列计算机为代表。当时的并行向量机(Parallel Vector Processing,PVP)通过增加处理器个数、扩展存储器的方式不断提升计算能力,占领高性能计算市场达 20 年之久,其架构如图 7-1 所示。不过随着并行向量机处理器数目的增加,使得定制费用和维护费用越来越昂贵,性价比越来越低,已难以满足高性能计算机市场化的要求。

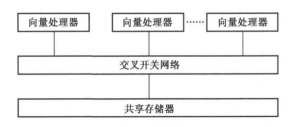

图 7-1　PVP 架构

随着大规模集成电路的出现,微处理器应运而生。随着微处理器性能的不断提高,对称多处理(Symmetric Multi-Processing,SMP)计算机取代了 PVP,直接导致并行向量机退出了高性能计算市场。这种技术在 ILLIAC Ⅳ 时代就开始尝试应用了,其架构如图 7-2 所示。

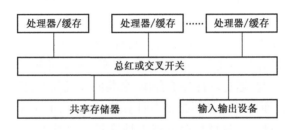

图 7-2　SMP 架构

但是 SMP 计算机可扩展的处理器数目有限,加之对 I/O 和存储器操作的不便都限制了其发展。

20 世纪 90 年代初,大规模并行处理(Massively Parallel Processing,MPP)成为 HPC 发展的方向,并以 ILLIAC IV 和 Cray I 为代表。MPP 架构下多个节点间通过网络进行连接,微处理器之间通过消息传递进行通信,如图 7-3 所示。MPP 系统使用专门的网络和操作系统。与此同时,随着个人 PC 的发展,集群出现了。

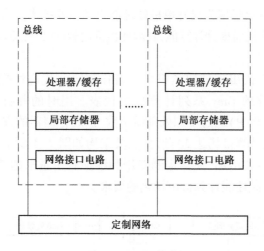

图 7-3　MPP 架构

集群是价格低廉并且方便的高性能计算方法,通过本地网络连接多台计算机来共同完成工作。集群中的计算机处于平等地位,通过相互协作完成计算。集群以较低的成本获得计算能力大幅度的提升,使高性能计算趋于平民化。集群的架构如图 7-4 所示。集群使得计算能力成倍的提高,与之相伴的就是并行与分布式计算技术。

并行计算(Parallel Computing,或称并行处理、平行计算)一般是指许多指令同时执行的计算模式。分布式计算(Distributed Computing)是一种把需要进行大量计算的工程数据分成小块,由多台计算机分别计算,上传运算结果后,将结果统一合并得出数据结论的计算模式。目前实现并行与分布式计算最常见的技术是并行虚拟机(Parallel Virtual Machine,PVM)和消息传递撑口(Message Passing Interface,MPI)。MPI 已经成为并行计算的标准。

网格本质上是计算机集群,但是与集群有所不同。集群只是将多台计算机通过网络连接在一起,通过软件分工合作,来共同完成任务,然后将结果反馈集中。对用户来讲,面对的好像不是多台计算机的集群,而是 1 台计算机。集群要提升计算能力,只有通过增加服务器 1 种途径。而对于 1 个集群来讲,能增

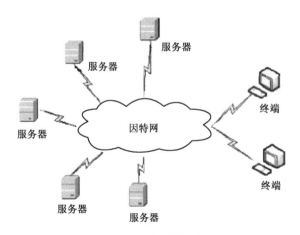

图 7-4 集群的架构

加的服务器数量显然是有限的,这也就限制了集群计算能力的进一步提升,而且随着服务器数量的增加,集群的性价比也会不断地下降。而对于网格来说,它面对的是整个因特网上的计算机,理论上具有无限扩展的可能,可以虚拟出空前强大的计算机。另外,集群在执行任务时要求集群中的每台计算机都是同构的,而网格则不需要。网格可以动态地获取限制资源并加以利用,也可以在任务完成后马上释放资源,合理使用负载,而这一点集群是做不到的。

近几年,出现了 GPGPU,即使用 GPU 进行通用运算的技术,并由此产生了 CPU+GPU 的高性能计算方式。在该方式下 CPU 专注于串行计算,而并行计算部分交由 GPU 来完成。GPU 参与并行运算后,将计算机的运算能力提升了几倍到几十倍,将 PC 转变成了高性能计算机。目前的 GPU 并行运算技术有 2 种,分别为 NVIDIA 公司的基于 Geforce8 以上显卡的 CUDA 技术和 AMD 公司的基于 ATI 显卡的 Stream 技术,Intel 公司也在开发自己的 GPGPU 技术[6]。

3. 技术难点

1) 针对海量数据的高性能计算技术

随着大数据时代的到来,军事数据正在成为重要的战略资源,敌对双方围绕夺取"制数据权",建立己方的数据优势,快速达成作战决策和行动优势,将成为战场致胜的重要一环。可见,其中数据处理的速度、效率、可靠性成为了善用数据者取得先机中的关键。针对海量数据的高性能计算技术,为实现战场数据的高效流动、高效研判、高效融合,发挥智能化战争中"数据红利"提供有效支撑。

针对海量数据的高性能计算技术主要研究如何对海陆空天海量传感数据进行智能处理与决策,如何通过构建大规模领域知识库进行大规模实例学习与统计,如何构建以数据为中心组织计算的计算模型、图编程模型等,同时对海量数据处理的高速性、精确性、容错性等提出了很高的技术要求。

在互联网应用领域,Fliker 和 Google Picasa 的图片服务,Google Earth 和 IBM Smarter Planet 的地理定位服务,谷歌的 CFS、BigTable 和 MapReduce,雅虎的 HDFS,微软的基于有向无环图的数据流编程模型 Drvad,谷歌的大规模图结构编程模型 Pregel,正成为事实上的工业标准和它们各自的核心技术。在信息栅格建设中,需要开发使用类似的技术以满足上述应用在高性能计算服务方面的需求。

2) Exascale 级计算技术

随着国防科技对超级计算机计算能力要求的不断攀升,Exascale 级计算技术成为巨型计算机重要研究课题,主要用来承担国防领域超大型计算及数据处理任务。如大范围天气预报,整理卫星照片,原子核物理的探索,研究洲际导弹、宇宙飞船等,项目繁多,时间性强,要综合考虑各种各样的因素,依靠 Exascale 级计算技术能较顺利地完成。

Exascale 级计算技术总体来说是要实现 Exascale 级系统所需的能力。其难度主要体现在:(1)如何提升访存延迟与带宽的性能来满足 Exascale 级计算所需的通信效率;(2)如何保证在额定功率下设计并实现包含上千个核的 CPU;(3)什么样的并行编程能使得超大规模并行(VLSP)成为可能,并行度达到百万、亿数量级。Exascale 级计算中的高性能持续通信、超大规模多核 CPU、超高并行度成为必需要解决的问题。

从算法和应用的角度,设计出与 Exascale 级系统体系结构适应的多层次细粒度的并行算法,是问题的一个实现思路。但是,随着系统规模的增加,问题规模也要增大,否则同步开销将抹杀并行效果,因此取得并行算法与同步开销的折衷是问题需要考虑的重要因素,而非规则访存也是要解决的问题。同时,需要开发能驾驭复杂层次并行系统的并行编程方法。由于 UPC、Co - arrav Fortran、Cray Chapel、IBM XlO、Sun Fortress、CUDA、OpenCL 等这些编程语言都还远不是一种理想的并行编程语言,还需要在技术需求的推动下持续发展。

3) 并行软件技术

并行软件技术是计算机系统中通过软件实现同时执行两个或更多个处理的一种计算方法。并行处理的主要目的是节省大型和复杂问题的解决时间。在过去的几十年里,单处理器的速度一直按照摩尔定律快速发展,但是未来将无法延续这种趋势;面向众核体系结构和发挥片内并行性的并行软件将成为未来提高性能的主要方向。战略性的、高水准的工业工程数值模拟,如大飞机设计,迫切需要高水平的自主开发的大规模并行软件。

并行软件可分成并行系统软件和并行应用软件两大类。在软件中所牵涉到的程序的并行性主要是指程序的相关性和网络互联两方面。程序的相关性主要分为数据相关、控制相关和资源相关,而网络互联将计算机子系统互联在一起或构造多处理机或多计算机时可使用静态或动态拓扑结构的网络。并行软件是未来高性能计算机使用的一种重要方式。如何定义、定制和使用并行软件是目前技术难点。

软件的并行性主要是由程序的控制相关和数据相关性决定的。在并行性开发时往往把程序划分成许多的程序段,即颗粒。在进行程序组合优化的时候应该选择适当的粒度,并且把通信时延尽可能放在程序段中进行,还可以通过软硬件适配和编译优化的手段来提高程序的并行度。可考虑采用显式/隐式并行性结合方式,显式指的是并行语言通过编译形成并行程序,隐式指的是串行语言通过编译形成并行程序,显式/隐式并行性结合的关键就在于实现语句、程序段、进程以及各级程序的并行性。

7.1.3 海量存储技术

1. 概述

信息是信息栅格中的重要战略资本,随着各类传感器的广泛应用,信息呈现指数级增长,海量信息的存储是军事信息栅格必须解决的技术问题。

通常来说,海量存储技术包括两类核心技术:一类是硬件技术,主要研究如何在固定单位的存储介质中保存更多的数据;另一类是软件技术,主要研究如何操作多个存储介质来实现大容量的数据存储管理能力。对于硬件技术来说,目前的海量存储器每立方厘米存储容量已可达 10T 字节,未来仍有很大的发展空间。软件技术方面,最主要的是网络存储和虚拟化存储。

网络存储就是各服务器通过网络设备与存储设备相连,有效整合分散部署的存储资源,使整个系统形成存储共享的有机整体。网络存储研究内容非常广泛,主要包括网络存储系统 I/O 性能、网络存储系统数据共享、网络存储系统标准、存储效用计算与信息生命周期管理、网络存储服务质量、网络存储安全以及网络存储系统管理等内容。

虚拟化存储是网络存储发展的新方向。所谓虚拟化存储,就是把多个地理位置可能不同的存储介质模块通过一定的手段集中管理起来。对所有存储模块进行统一管理,从用户的角度,看到的就不是多个硬盘,而是一个分区或者卷,就好像是一个超大容量的硬盘。虚拟化存储提供了一个大容量存储系统集中管理的手段,为存储资源管理提供了更好的灵活性,同时虚拟存储技术可以将不同类型的存储设备集中管理使用,保障了以往存储设备的投资。

海量存储技术在军事信息栅格中的应用,能够实现分布式、超大容量数据存储,有效提高整个战场上各个单元之间的信息共享和利用能力。

2. 现状分析

军事信息栅格存储的信息资源包括文本信息、多媒体信息、数据信息等,信息的载体和存储格式呈现出多元化的趋势,信息量则以爆炸性的速度增长。以往采用的本地直接连接存储(Direct-Attached Storage,DAS)技术,因其存在原始容量限制、无扩展性、存取性能受服务器性能限制、无法集中管理等缺陷,被以网络为中心的存储技术所取代。网络存储技术不断发展的过程中,随着数据资源的不断涌现,系统规模的不断扩大,网络存储架构的整个演变过程如图 7-5 所示。

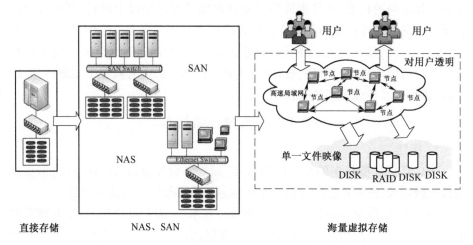

图 7-5 数据存储结构的发展

网络附加存储(Network Attached Storage,NAS)是可以直接联到网络上向用户提供文件级服务的存储设备。NAS 设备提供硬盘独立冗余磁盘阵列(Redundant Array of Independent Disks,RAID)、冗余的电源和风扇以及冗余的控制器,可以满足 7×24h 的稳定应用。用户可以将使用的文件在不同操作系统平台下共享以及不经过服务器将重要数据进行本地备份。NAS 是发展速度最快的数据存储设备,它具有良好的共享性、开放性、可扩展性,但数据的传输速度慢、数据备份性能较低、只能对单个 NAS 进行管理。

存储区域网络(Storage Area Network,SAN)是一种利用光纤通道等互联协议连接起来的可以在服务器和存储系统之间直接传送数据的网络。它将数据存储管理集中在相对独立的存储区域网内,并提供内部任意节点之间的多路可选择数据交换。SAN 可在多种存储部件之间以及存储部件与交换机之间进行通信,将网络和设备的通信协议与传输介质隔离开,使系统在构建成本和复杂程度上大大降低从而提高网络利用率。SAN 技术的存储设备性能高,可以提高数据的可靠性和安全性,但设备的互操作性较差,构建、管理和维护成本高,只能提供存储空间共享而不能提供异构环境下的文件共享[7]。

海量虚拟存储(Storage Virtualization)是指将多个物理上独立存在的存储体通过软硬件的手段集中管理起来,形成一个逻辑上的虚拟存储单元供主机访问,这个虚拟逻辑单元的存储容量是各物理存储体的存储容量之和,而它的访问带宽则接近各个物理存储体的访问带宽之和。虚拟存储实际上是逻辑存储,把物理设备变成完全不同的逻辑镜像呈现给用户,既充分利用了物理设备的高性能、高可用的优势,又打破了物理设备本身不可克服的局限性。从用户角度来看,它是使用存储空间而不是物理存储硬件,是管理存储空间而不是物理存储部件,用户可以通过各种手段对它进行透明访问和管理。虚拟存储技术可以向用户提供异构环境的交互性操作,保持操作系统的连续性,简化存储管理的复杂性,降低存储投资的费用。

军事信息栅格中的海量数据存储技术,就是利用先进的信息技术以一定的组织方式合理地对网络中各种军事信息进行整合、存储、管理,并提供较高的安全性、较小的冗余度、较高数据独立性和易扩充性,可为多种应用提供共享数据服务和相互关联的军用数据综合管理技术。它是不同类型、不同地域数据的集合,是军事信息栅格的中需要重点解决的关键技术。

3. 技术难点

为了使军事信息栅格中的海量存储技术得到推广应用,需要解决的难点和关键问题,主要表现在以下几个方面:

1) 分布式文件存储技术

军事信息栅格中的数据信息是海量、异构、无序的,它的数据管理和单一存储中的数据存储管理具有很大的不同,本地文件系统的文件管理不能满足这种海量信息存储服务的需要,需要使用分布式存储技术形成一个新的分布式文件系统,对整个网络底层存储磁盘进行管理,为大规模的数据管理提供底层的统一的文件系统支撑。

为了完成对军事信息栅格中大规模数据的存储,需要研究如何突破适合于军事信息栅格的分布式文件存储技术,构建的分布式文件系统需要提供方便的扩展能力和系统存储服务的高可用性能力。特别是针对各类异构数据,包括格式化、文本、图片等,研究如何设计开发大规模的、安全可靠的、具备高可用性、支持超高数据量的文件系统与文件存储服务。

常见的分布式文件系统有 GFS、HDFS、Lustre 、Ceph 、GridFS 、mogileFS、TFS、FastDFS 等,它们各自适用于不同的领域。分布式文件系统的数据存储解决方案,归根结底是将大量的文件,均匀分布到多个数据服务器上后,每个数据服务器存储的文件数量就少了,另外通过使用大文件存储多个小文件的方式,总能把单个数据服务器上存储的文件数降到单机能解决的规模;对于很大的文件,将大文件划分成多个相对较小的片段,存储在多个数据服务器上,提供应用级的分布式文件存储服务。

2) 海量存储容错技术

随着军事信息栅格中数据信息存储规模的不断扩大,存储结构必然从单个存储系统向分布式海量存储系统发展,单个存储系统中发生概率极小的故障,在军事信息栅格海量分布式存储系统中出现的可能性变大,加上会受到战争等各种因素的不利影响,军事海量分布式存储系统的风险很多,通常包括电子攻防、物理摧毁、黑客攻击、通信中断、设备失效、电力失效等,这就使得存储系统中的数据易受到诸多因素的影响而丢失,因此需要高效可靠的容错技术,来避免数据信息因各类原因所造成的丢失与错误。

海量存储容错技术研究的是如何使得大规模的存储系统在出现故障后避免立刻失效,并能加速恢复正常工作状态的。研究并设计一种适合于军事信息栅格海量存储的容错技术,必然能够大大地提高分布式海量存储的可靠性与可用性。同时由于军事应用对数据高可靠性的要求更为迫切,因此对容错技术的高效性、可靠性保障提出了更高的要求。

对于军事信息栅格的存储系统来说,容错的主要方法是采用副本技术,通过增加数据的冗余度来提高系统的容错性,通过为系统中的文件增加各种不同形式分布在不同地理位置的副本,保存冗余的文件数据,可以十分有效的提高文件的可用性,避免在地理上广泛分布的系统节点由网络断开或机器故障等动态不可测因素而引起的数据丢失或不可获取。副本还可以起到提高系统性能的作用。通过合理地选择存储节点放置副本,并与适当的路由协议配置,可以实现数据的就近访问,减少访问延迟,提高系统性能。

3) 数据一致性维护技术

随着军用网络存储系统的不断扩大,对数据信息的存放和迁移将会变的十分困难但又异常重要。由于军队战争的特殊性,对信息的一致性要求十分苛刻。如果在信息存储和迁移时破坏了数据的一致性,会直接影响到指挥失调和作战决策失误。信息不一致范围的扩大,还会致使军队失去信息优势,最终造成作战行动全面失败的严重后果。

数据一致性维护技术主要研究如何进行副本的组织与管理、更新传播和并发更新控制,流程中涉及到更新发布方式、更新传播内容、方向和传播方式、更新日志管理和异常处理等多个环节,而数据一致性维护的代价与数据可用性保障密切相关,在军事信息栅格高可用性的要求下,使得数据一致性维护的问题域规模更大,也更加复杂。

在解决一致性维护的问题上,可以采用优化一致性技术,又称为最终一致性技术,采用该一致性技术的系统不执行同步更新,更新消息首先传送给一个副本,然后异步地传送给其他副本,最终每个副本都会接收到修改消息,从而达到一致状态。优化一致性在保证对数据一致性的要求的同时,提高了系统包容通信失效和结点失效的能力,具有网络灵活性,并且结点间的同步协调要求低,从而提高了结点自治。

7.1.4 服务技术

1. 概述

信息栅格的一个重用作用是支持基于能力的网络化军事信息系统构建,为了达到这一能力要求,系统构建所需资源将不再局限在系统内部,可以跨越系统的边界,根据任务要求快速、动态地组织分散在不同地理位置的、隶属于不同军事组织的资源快速构建新应用,并实现跨军兵种的系统协同。

面向服务技术是支持基于能力的网络化军事信息系统构建的关键技术,面向服务技术源于面向服务的体系结构(Service-Oriented Architecture,SOA),其技术思想是将业务与技术分离,消除系统集成的各种障碍,通过一系列规范将各类应用进行服务化封装和描述,基于这些规范封装后的服务能够独立于软件开发语言、操作系统和网络平台进行调用。为完成一个任务,各服务间能够透明交互、协作,并实现新能力的动态生成。实现 SOA 的技术有多种,Web 服务技术是最常用的技术,已经成为主流的面向服务技术。

军事信息栅格采用面向服务技术,构建各类军事信息系统公共的"底板"承载这些服务的运行,借助服务的可描述、松耦合、互操作性强、位置透明、动态发现并可灵活组合等特点,支持应用的无缝集成、按需共享、动态组合,有助于构建出结构灵活、易于重构、适应性强的军事信息系统。

2. 现状分析

当前,面向服务技术的研究主要围绕服务的运行平台、服务互操作和服务组合技术等方面展开,它们共同构成了军事信息栅格的 SOA 基础支撑。

在服务的运行平台方面,传统的企业计算技术逐渐吸纳和融合面向服务计算理念与 Web 服务技术规范,形成了基于分布式构件及应用服务器技术的 Web 服务运行平台。服务运行平台是所有服务使用者和服务提供者共同依赖的公共基础。目前主要的 Web 服务运行平台有两种:基于.Net 和基于 J2EE 的服务平台,它们以 SOAP、WSDL、UDDI 等协议规范为核心,为网络环境中的服务提供构建、部署、运行、调用和注册等功能。

在服务的互操作方面,主要采用服务总线技术实现平台异构、语言异构、协议异构的服务互操作。服务总线技术是一种特殊的中间件框架实现技术,它的主要作用就是支持异构平台服务的互操作性,服务总线提供的典型功能包括服务透明访问、传输协议转换、服务消息格式转换、基于内容的服务路由以及遗留系统的适配。

在服务组合技术方面,比较有代表性的解决方案是采用"WSDL(Web 服务描述语言)+BPEL4WS(业务流程执行语言)"技术,基于流程编制思想实现业务流程的按需构建和动态重组[8]。服务组合技术是将业务过程看作一个流程,这些流程包括众多专用的业务功能。业务功能以服务的方式对外提供能力,当出现新任务需求时,可以利用现有服务快速、方便地生成新的服务以满足要求。服务组合技术需要在服务运行平台、服务总线的基础上,实现服务资源的可组合性和适应性。其中,可组合性是指通过重新配置现有服务,动态地产生新业务的能力。适应性是指能够适应作战任务变化的需要。

3. 技术难点

面向服务技术为服务资源的集成带来了多种优势,如高度的灵活性、可组织性和大范围的互操作。但是,要充分发挥这些特性和优势,仍然面临着一系列关键技术难点亟待解决。

1) 服务的实时性技术

由信息栅格支持构建的网络化信息系统,采用面向服务的体系结构与技术,由于军事信息系统对时效性要求很高,要支持根据任务迅速组织网络上的服务,跨系统的服务协同,以及支持服务技术向无线环境延伸,服务调用的实时性成为需要考虑的一个重要因素。

面向服务技术为了达到跨平台、松耦合和可扩展的目的,采用以可扩展标记语言(Extensible Markup Language,XML)为中心的实现机制,实现服务的描述、封装和调用,由于 XML 文本描述带来的消息内容扩展,需要大量的开销来传送和交互消息,造成服务调用的实时性不高。如何解决这一问题,是实现军用信息系统服务技术的关键。

服务的实时性技术主要有两种实现途径。一种是放弃使用 XML 技术,采用其他诸如二进制协议的方法,例如.NET Remoting 技术;另一种是提高 XML 数据处理的速度,例如,随着像 XOP(XML-binary Optimized Packaging)的二进制优化打包和简单对象访问协议(Simple Object Access Protocol,SOAP)消息传输优化机制(Message Transmission Optimization Mechanism,MTOM)的出现,都极大地提升了服务调用性能,同时采用在应用服务器中支持 XML 高速缓存也可以显著地改善性能。除此之外,目前发展起来的二进制 XML 技术能够有效利用以上两种解决途径的优势,既带来的传输和处理效率提高,也不会丢失 XML 技术所具有的通用性、扩展性优势。

2) 服务的安全技术

基于面向服务技术构建的军事信息系统面临着特有的安全挑战,采用面向服务技术构建的军事信息系统在实现灵活性的同时,也对服务的安全性提出了更高的要求,特别是属于不同的系统和组织的的服务使用者和提供者,需要实现跨系统与组织边界的服务安全。

军事信息系统中的服务由于松耦合、地域分散、网络互联、跨组织跨平台等特点,服务安全技术需要研究服务消息或文档数据的传输机密性、与用户角色和特殊访问权限相关联的服务访问控制、服务级安全语义、多安全域构建与组织、跨信任域安全、端到端的服务消息安全以及如何处理来自于不同目标和不同组织的网上威胁。

为解决以上问题,服务安全技术需要首先考虑建立完备的安全体系,包括传输安全层、应用环境安全层、数据安全层,以及系统边界安全和安全基础服务等。其中,系统边界安全层通过身份识别、强制访问控制、身份代理、安全隔离、单向隔离等机制实现平台与信息系统的边界安全。传输安全层保障消息或文档数据的传输机密性。应用环境安全体现应用系统服务之间交换的信息安全。数据安全层保证存储的数据内容安全与数据流控制。安全基础服务采用面向服务的架构研制一系列安全服务,包括监控、审计、预警、实时处置等服务。

3) 服务质量控制技术

在面向服务技术中,为了实现网络上分布服务的高效可靠访问,采用服务等级协议使得服务使用者和服务提供者双方对服务质量达成一致理解。服务级别协议向用户描述服务的质量,定义了服务的度量,比如优先级、响应时间、吞吐量、可用率、平均无故障时间等。服务质量的控制是将面向服务技术实际投入应用的性能保障。

服务质量是否能够达到协议的要求,与服务运行所依赖的网络与计算环境紧密相关。比如说,服务的响应时间在通常情况下达到了某个质量水平,但网络受到攻击不稳定后,服务的响应时间将达不到正常水平,在这种情况下,除了对服务提供者进行监控以外,还必须能够进行有效的控制。另外,服务质量控制还包括服务的可靠性,这里不仅需要解决复杂网络下可靠的服务消息传递技术,而且还要确保服务的持续不断。

服务质量控制通常是通过服务发现与映射、服务监测管理、服务调度等模块来实现。具体来说,服务质量控制会解析服务质量要求和调度参数,同时将参数传给调度模块。调度模块根据请求的相关参数,根据特定的调度算法得出服务需求,并提交给服务发现与映射模块,以找到符合要求的服务并实现服务的访问,并由监测管理模块对服务执行情况实时监控,同时可以采用服务集群、故障转移、自动重启等机制提高服务的可靠性。

4) 服务动态组合技术

当前军事信息栅格正进入实施阶段,随着军事信息服务的不断构建,需要有效管理运用这些服务使其支持多样化的任务需求。为此,美国防部信息系统局提出了重大加大服务工作流与服务组合等方面的投入,而我国军事信息系统同样需要通过组合服务满足复杂的应用需求。同时由于作战任务本身具有可分解、可组合的特点,在应用逻辑上对军事信息服务组合提出了客观需求。

目前的服务组合技术已经能在一定程度上根据业务流程要求,执行调度或组合分布在网络上的各类服务,但是针对军用信息系统构建要求,还需进一步研究如何将这些接口不相兼容的服务有效地组织在一起;如何根据任务需要动态生成服务间复杂的时序关系、信息交互关系、功能承接关系;如何在动态的环境和任务需求变化中,调整优化这些关系来尽量减少或消除变化所带来的性能抖动等。

实现思路包括建立消息依赖关系和接口连接关系,建立服务接口间的匹配模型和规则,表征服务在接口层相互兼容性。根据任务功能需求描述,建立任务流程中服务间的各种依赖关系,以便支持动态交互、协调,从而保证服务执行的合理有序性。此外,为了适应任务需求动态变化的情况,服务编排技术需要在运行时能够动态调整运行流程,对其中的信息、功能关系进行配置优化,以重新达到稳定的执行状态。

7.1.5　安全可信技术

1. 概述

随着网络化系统和应用的飞速发展,信息栅格在实现信息共享、态势感知、快速指挥以及任务有效执行等方面发挥日益重要作用的同时,在军事对抗中也暴露出严重的问题,包括非法获取信息、篡改数据、植入恶意软件、拒绝服务攻击、电子攻击、软硬摧毁等。因此,在网络中心环境下,获取信息优势和决策优势乃至行动优势的过程中,信息栅格正面临着严峻的安全和服务质量保证等重大挑战,保障网络的安全可信成为信息栅格发展的迫切需求。

安全可信涵盖系统处理、网络交换路由和服务调用等过程,包括信息、信息系统的保密性、完整性、可用性、可控性和不可否认性,以及可生存性、可管理性、可信性和服务质量保证。当前,网络技术的发展和网络规模的迅速扩大迫使人们必须从整体安全和可信的角度去考虑军事信息栅格的安全问题。一方面,借鉴社会学中可信的理念,对合法用户和合法系统的行为进行评估,统计分析其在可用性、可靠性乃至服务质量保证等方面的动态特征,预测未来的可依赖程度;另一方面,寻找一种可持续提供保护的机制,对信息和信息系统加以全方位的动态保护。因此,实现安全可信,还需要综合运用保护、探测、分析、反应和恢复等多种措施,建立系统的动态模型,选择可靠性更高的系统或服务,使得在被攻击突破某层防御后,仍能确保一定级别的可用性、完整性、真实性、机密性和不可否认性,并及时对破坏进行修复。

2. 技术分析

目前,美国的国防信息栅格初步形成了可综合运用认证授权、访问控制、密码、防火墙、安全审计、恢复重建等技术手段的防御体系,使其应对网络不确定性威胁的能力大幅提升。美国国防部采取嵌入式信息保障服务机制,已经在至少 5 个国防部级计算中心加装了具有漏洞自动探测、用户身份通用访问卡(Common-Access Card,CAC)卡识别等信息保障功能模块的"网络中心企业服务"1.1 版本软件,今后还将逐步在 14 个本土地区分中心以及海外的 2 个分中心的系统上加装。

未来,军事信息栅格将实现主动、综合化整体防御,可应对多种不确定威胁。美国的 GIG 的安全防御体系建成后,将嵌入 19 种基本信息安全防御功能,包括访问控制、监控、探测分析、响应、内容和属性管理、数字签名、密钥管理、安全体系、跨域信息协调等,这些功能可灵活调用、协同运用,从而确保信息和信息服务的高质量、高可靠性。网络防御将从目前的零散技术手段简单叠加模式,向功能更加集成、运用更加灵活的综合体系转变,主动探测、自主响应、零延迟等将成为网络防御的主要特征。利用自动跟踪和攻击响应、溢出攻击流抑制、异常入侵探测、病毒"零隔离"、网络态势感知等手段,攻击可探测率将提高到 80%以上;密码装备处理速度将达数十 Gb/s。

3. 技术难点

安全可信技术以密码技术、认证授权技术为基础,其难点主要体现在防护技术和可信技术的方方面面。这些技术的综合运用,可以构建自身的防护体系和外在的可信环境,保证信息使用和系统运行的安全性、可靠性和服务质量。

1) 防护技术

军事信息栅格的安全防护技术不仅包括不同行政域之间的边界控制技术,而且包括针对外部网络攻击的入侵检测和响应技术,以及针对系统自身健壮性的主动探测和防护技术。

(1) 边界控制技术。军事信息栅格为共享各种系统资源提供了可能,但不是所有的资源对所有的用户都实现共享。边界控制保证运行在基础设施上的系统只对外共享可以共享的资源,隐藏本地自用的资源。由于基于信息栅格构建的系统之间存在有线、无线等多条通信路径,拥有指挥、控制、数据等多种信息关系,而且相同域内的系统等级和数据密级不同,有时很难界定系统的边界、过滤的深度和隔离的层次,这些都使得边界控制成为安全可信面临的难点。

边界控制涉及到计算机网络技术、密码技术、安全协议、安全操作系统等多方面,其功能主要体现在检查并过滤进出网络的数据包、管理进出网络的访问行为、封堵被禁止的访问行为、记录通过网络边界的信息内容和活动、对网络攻击进行检测和告警等。防火墙是常用的边界控制工具。

边界控制技术可采用包过滤、内容过滤和代理服务器等方法实现。包过滤是在网络层对数据包进行选择,依据是系统内设置的过滤逻辑。通过检查数据流中每个数据包的源地址、目的地址、所用的端口号、协议状态等要素或它们的组合来确定是否允许该数据包通过。内容过滤是在网络应用层上建立协议过滤和转发功能。它针对特定的网络应用服务协议使用指定的数据过滤逻辑,并在过滤的同时,对数据包进行必要的分析、登记和统计,形成报告。代理型过滤的特点是将所有跨越边界的网络通信链路分为两段,外部计算机的网络会话只能到达代理服务器,从而起到了隔离边界内外计算机系统的作用。代理服务也对过往的数据包进行分析、注册登记,形成报告,当发现被攻击迹象时会向网络管理员发出警报,并保留攻击痕迹。

(2) 入侵检测与响应技术。信息系统的规模不断扩大,分布式拒绝服务攻击等联合攻击,以及针对新发现系统漏洞发动的攻击带来的威胁日益严重。由于原有的入侵检测系统只针对本地网络或主机,各个入侵检测系统间缺乏协作机制,而且大多入侵检测系统基于攻击特征分析,无法检测新型攻击,使得入侵检测的难度大大增加。

入侵检测用于发觉任何试图危及军事信息栅格上资源的完整性、机密性或可用性的行为,它通过从基础设施或系统中的若干关键点收集信息,并对这些信息进行分析,从而发现基础设施或系统中是否有违反安全策略的行为和遭到攻击的迹象。入侵检测在不影响网络性能的情况下能对网络进行监测。在发现入侵后,入侵检测系统会及时做出响应,包括通知防火墙切断网络连接、记录事件和报警等。实施入侵检测的主要手段是在内部与外部网的边界安装防火墙,在内部网络中安装入侵检测系统。因此,入侵检测系统是防火墙的合理补充,除了帮助系统对付网络攻击外,入侵检测还扩展系统管理员的安全管理能力(包括安全审计、监视、进攻识别和响应),提高信息安全基础结构的完整性,从而提供对内部攻击、外部攻击和误操作的实时保护。

入侵检测技术主要采用误用检测和异常检测这两种检测方法。误用检测从所有的入侵行为中提炼出可被检测到的特征,当监测到用户或系统行为与库中的入侵特征相匹配时,系统就认为这种行为是入侵。异常检测对用户的历史行为进行轮廓建模,当监测的用户活动与正常行为有重大偏离时,系统进行响应。除了模式匹配、概率统计、神经网络、模型推理等常用的检测方法,目前又提出了基于免疫模型、数据挖掘、机器学习、遗传算法和支持向量机的入侵检测系统。

(3) 主动探测与防护技术。由于很多的网络攻击源于信息系统内部,而且往往来自内部的攻击造成的损失更大,更难以防护。对于外部攻击而言,信息系统漏洞是军事信息栅格与系统的首要安全隐患,计算机病毒则是攻击军事信息栅格与系统的重要手段,它能携带各种恶意代码,蔓延于整个信息栅格和应用系统。由于军用信息系统覆盖战略战役战术、固定机动移动各类平台,如何监控系统内部网络行为、发现封堵漏洞、及时清除病毒成为难点。

主动探测与防护技术主要包括病毒检测技术、网络扫描技术和网络监控技术。计算机病毒的检测就是要自动地发现或判断计算机硬盘、内存以及网络中传输的信息是否含有病毒,主要采用的方法包括特征检测法、校验法以及行为监测法等。从病毒防护的角度,通常将病毒预警和防火墙结合起来,以构成病毒防火墙,并监视由外部网络进入内部网络的文件和数据,一旦发现病毒,就将其过滤掉。

网络扫描是一种检测本地主机或远程主机安全性的程序。网络扫描技术可以发现军事信息系统开放的端口、存在的漏洞等安全隐患,根据网络扫描的阶段性特征,网络扫描主要采用主机扫描、端口扫描以及漏洞扫描等技术,其中端口扫描和漏洞扫描是网络扫描的核心。主机扫描的目的是确认目标系统上的主机是否处于启动状态及其主机的相关信息。端口扫描最大的作用是提供目标主机的使用端口清单。漏洞扫描则建立在端口扫描的基础之上,主要通过基于漏洞库的匹配检测方法或模拟攻击的方法来检查目标主机是否存在漏洞,并对漏洞进行修复,以减少发生病毒传播和各种入侵的可能性。

网络监控的主要目的是监控基础设施所有主机的行为、主机间的流量,及时发现网络的攻击行为和网络节点的非法访问。网络监控是另一种内容过滤,主要是拦截并分析主机发出数据包的内容,通常用嗅探器软件拦截网络上的传输数据,并且通过相应软件处理,实时分析网络数据内容,发现危险内容及时截断,从源头遏制不安全因素。网络监控系统和入侵检测系统结合,能有效地阻止来自网络内部和外部的攻击,提高整个军事信息栅格的纵深防护能力。

2) 可信技术

军事信息栅格需要从全局角度对网络可信状况进行分析、评估与管理,获得全局网络可信态势。另一方面,通过可信终端系统的接入,构筑可信网络安全边界,并通过可信传输技术实现可信网络的扩展,有效降低不可信终端系统和不可信网络传输带来的潜在安全风险。

(1) 可信计算技术。计算平台是创建和存放重要数据的场所,军事信息栅格的绝大部分攻击事件都是从计算平台发起的,因此基于硬件、面向平台安全并向网络安全扩展的可信计算得到了前所未有的关注。

可信计算平台以可信平台模块为核心,把 CPU、操作系统、应用软件、网络基础设备融为一体,形成完整的体系结构。可信计算组织(Trusted Computing Group,TCG)可信平台体系结构主要可以分为三层:可信平台模块 TPM (Trusted Platform Module)、TPM 软件栈 TSS (Trusted Software Stack)和应用层。TSS 处在 TPM 之上,应用层之下。TSS 提供了应用层软件访问 TPM 的接口,同时对 TPM 的进行管理。TSS 分为四层:工作在用户态的 TCG 服务供应层 TSP (Trusted Service Provider)、TSS 核心服务层 TCS (TSS Core Services)、TCG 设备驱动库 TDDL (TCG Device Driver Library)和核心态的 TPM 设备驱动 TDD(TPM Device Driver)[9]。

可信计算主要关注平台可信,通过密钥和重要数据的安全存放与使用,实现平台运行环境的完整性度量与证明,以及平台的身份认证,其主要手段是进行基于硬件的身份确认,使用加密进行存储保护以及使用完整性度量进行完整性保护。

(2) 可信传输技术。军事信息栅格主要依托地面大容量光纤网、通信卫星系统、联合战术无线电以及其他有线、无线网络实现高速传输。根据不同用户的需求,有可能需要在这些网络上传输从公开到绝密各种安全级别的信息。如何通过现有的公用网络来建设军事信息栅格而又保证信息传输的安全性正是可信传输技术要解决的问题。

军事信息栅格的通信网络从安全可信层面大致可以分为两个部分,即可信的边缘网络以及由其他可信和不可信的网络部分组成的一个大的中枢网络。后者包括陆基骨干网、卫星通信网、战术互联网等一体化通信网络,前者包括用户局域网甚至是单个主机,它们通过网关接入后者。为了达到数据的保密性和完整性,边缘用户网络将借鉴虚拟专用网的思想,即通过综合运用加密等手段在公用网络上形成能传输涉密信息的专用网络,使用网关加密向外传输数据。

美军正在开展多项研究,试图解决可信传输问题,比如美国国防部全球信息栅格路由工作组正在开发的黑核路由体系结构。

(3) 可信评估技术。可信评估通过对评估对象以往各种行为的分析,确定其在各个方面的可信程度,建立直接交互的两个实体的信任关系[10]。可信评估可以提高军事信息栅格的可靠性,降低因不信任带来的监控、防范等系统的开销,提高系统的整体性能。同时,动态行为的信任可以提供比身份信任更细粒度的安全保障。

信息栅格同人类社会一样,主体对客体或一件事情的信任与否依赖于许多因素。因此,信任关系的不确定性是可信评估和可信性预测的最大挑战。

通常,可信评估需要考虑信任的非对称性、信任的可组合性、信任的传递性等。典型的可信评估算法包括基于信任传递的简单迭代法、基于原子传递的矩阵迭代法和基于主观逻辑的迭代计算法等。

另外,审计也是可信评估技术的手段之一。审计确保任何发生的交易在事后可以被证实,发信者和收信者都认为交换发生过,即所谓的不可抵赖性。目前主流审计技术有数字摘要、数字信封、数字签名、数字时间戳、数字证书等。

7.2 网络化信息融合技术

随着通信技术向综合一体化、宽频带、高灵敏度、高截获率、高实时性、能适应复杂战场电磁环境方向发展,情报处理技术也朝着实时性、高速性、精准性、并行性等方向发展,因此,只有依赖网络将各个传感器和各种技侦手段联结起来形成一个有机整体,才能实施全维、全时、全空间地侦察,获取可靠的信息,实现对特定目标或对象的情报侦察[11]。而在联合作战战场环境下,随着各种传感器形式的不断增多,获取的各种信息容量的不断增大,各种载体所使用的通信信号的升级以及更高级通信雷达系统的出现,情报处理问题自然也将变得越来越复杂,因而情报信息的人工处理难以满足需求,只有具备信息融合、数据挖掘和大数据处理功能的情报处理系统才能完成高技术条件下我军对敌作战的艰巨任务。

7.2.1 概　　述

1. 概念内涵

多传感器数据融合处理[12]的结构经历了集中式结构、分布/集中混合式结构和"网络中心战"的分布式结构三个发展阶段。所谓网络化信息融合技术,即指通过分布式网络将不同体制、不同功能和不同频段的多平台多传感器优化组网,实现对区域内多传感器的统一指挥控制,进行目标信息的融合处理,以形成更大区域的战场情报态势,从而提高联合作战的情报保障能力。

2. 目标和意义

网络化信息融合技术的目标,旨在以现代通信技术为纽带,将广泛分布于陆、海、空、天等不同领域的战场侦察感知力量进行科学编组、统一调配,融合处理,提升其组成元素的集成化和智能化水平,以及协调性和一致性,从而实现作战力量的无缝链接和作战效能的整体飞跃。其作用意义主要体现在:

(1) 追求作战整体性。由于单个情报作战装备只是负责"个体化"的预警侦察、情报攻防等任务,其本身的效能是有限的,无法与敌方的大系统对抗。而网络化情报信息融合系统将多种作战力量和各种武器装备紧密结合、相互协调,有机聚合成一个整体,从而形成了整体合力,以整体力量来与强敌抗衡。网络化信息融合系统的整体性主要表现:一是系统结构的整体性。构建网络化信息融合系统实际上就是通过现代通信传输技术,将广域分散部署的各种种类繁多、型号多样的战场侦察感知装备进行综合集成,构成范围广、立体化、多手段、自动化的综合情报信息系统。从结构上看,网络化信息融合系统将表现出"1+1>2"的整合效应,其功能会远远超出各个组成部分的简单相加。二是系统功能的整体性。网络化信息融合系统所要遂行的预警侦察和情报攻防等作战任务并非相互孤立,而是互为前提,相互依存的。只有充分的预警侦察才能保证情报攻防的有效展开,同时,也只有强有力的情报攻防才能保证预警侦察的顺利进行。

(2) 实现覆盖范围广阔性。为了能够最大限度地感知联合战场作战态势,实现对战场的全方位、多维度情报侦察,网络化信息融合系统中的各个组成单元会向高、中、低相结合,以及空中、空间、地表为一体的立体化部署的方向发展。具体地说,就是陆地上要有各种地面侦察站组成的地面侦察系统,海上要有隐蔽部署的间谍船,高空要有战略侦察机、预警机组成的机载战略侦察系统,低空要有电子侦察机、无人侦察机组成的机载战术侦察系统,太空还要有类型多样、功能强大的卫星侦察系统,等等。可以说,网络化信息融合系统基本上全面覆盖了整个作战空间,战场上的任何"风吹草动"都将在它的实时监控之下。除在空域上具有广阔的搜索和覆盖范围之外,网络化信息融合系统在频域和时域上同样也得到了极大的扩展。它不仅能在白天实施侦察,而且还能在夜晚和不良乃至恶劣气候条件下实施侦察;不仅能用目视和可见光手段进行侦察,而且还能用声频、微波、红外及多种电磁波谱进行侦察。

(3) 具备突出的系统抗毁性。各种反侦察武器的出现,对网络化信息融合系统的生存和安全构成了严重威胁,因此,系统的抗摧毁能力也就成为其发展所必须要考虑的问题。实际上,只要在构建过程中将系统各个组成要素按照结构可调整的原则进行链接,并强调各个节点的广泛性、无级别性,就算是系统局部遭受攻击和破坏,也只是整体作战功能的一部分受到影响,并不会形成全局崩溃的结局。另外,也要加强发展网络化信息融合系统对周围可能存在的威胁进行实时监控、实时判断、实时应对能力,一旦发现敌方发动进攻,就能够及时采取应对防御策略。对敌实行规避或主动打击,这在一定程度上也会增强其抗摧毁能力。

7.2.2 现状分析

目前科学技术的发展对于分布式网络化融合处理[13]带来很多方面的能力

提升,主要包括如下几个方面:

(1) 计算速度的飞速发展增强了信息融合算法的时效性。传统意义下,受领任务的战斗人员在整个执行使命任务期间偶尔甚至不与其他作战部队发生任何联系的方式已经变得不可接受了。相反,在网络中心战模式下,各级作战单元都要随时做好访问网络数据资源的准备。这就意味着分布式网络化的信息融合算法必须能够以近实时的速度运行,而且为了更加有效地支持战术单元的作战行动,它必须能够为适应用户的需求而作适当裁剪,换句话说,要满足各种不同层级用户的应用需求,信息融合的算法规模自然要有相适应的规模,而这完全得益于计算技术的高度发展。

(2) 大数据分析技术的应用增强了融合算法的多态性。在分布式网络环境中,用户不仅有能力访问数据信息,而且能够收集和传输图像、音频和文本消息等信息。伴随着这种能力提升自然带来了数据容量和复杂性的增长。这就要求为了支持联合战场感知,融合算法必须能够处理结构化、非结构化和半结构化的数据源。另外,随着大数据分析技术的不断进步,数据源的访问不再是确定不变的框架结构,可能因随时发现的对于军事决策过程十分关键的数据源而把数据处理的重心转移到这种新数据源上,从而改变数据处理的框架以适应这种变化。

(3) 网络技术的进步实现了信息源和用户节点接入的动态性。随着各种移动传感技术和无线网络技术的突飞猛进,使得数据源和用户的动态变化显得更加突出,因此信息融合算法具备适应这种不确定性的能力,同时由于这种动态性的存在也带来了对数据源和用户可信任评价的问题,以避免受到恶意的入侵。

因此,在设计融合系统时就必须要考虑到如何使得算法能够在问题如此复杂,数据源如此繁杂,以及仍然要满足近实时的计算约束?虽然分布式、非中心化的信息融合技术为此提供了一个解决方案,而且该方案能够很好地适用于云计算环境,但是取得的进展仍是初步的,还有大量的技术难题有待进一步发展和完善。

7.2.3 技 术 难 点

常用多传感器多目标跟踪的融合结构,从信息流和综合处理层次上看,主要融合结构有集中式、分布式和混合式融合结构。这常见的几种融合结构,已用于雷达组网系统、单平台上的多传感器数据融合处理等。但是在网络化联合作战环境中,网络是由具有信息优势、地理上分散的作战平台(力量)组成,每个作战平台既是信息的提供者,也是信息的处理者和使用者,其战斗力由网络中所有作战平台(力量)的传感器系统和武器系统形成整体探测、整体交战的能力[14]。由此带来了各个作战平台(力量)之间的信息传输、信息处理结构及处理方法技术的新变化,导致已有的融合结构和处理方法技术不能完全适用于网络化多军兵种联合作战的环境条件。下面从结构、识别(分类)、态势感知等方面描述网络化信息融合技术的难点与挑战。

1. 带反馈的全分布式融合结构

带反馈的融合结构实现了上一级融合节点与下一级融合节点在信息与功能上的相互支持关系,从而向分布式融合结构迈进了一大步。

全分布式融合结构实现了融合网络中诸节点之间在信息和功能上的完全相互支撑,它将带反馈的融合结构推广到同级节点间或不同级节点间的信息与功能交互,即在融合功能上已无层级的概念,所有节点具有相同的融合功能,能融合生成一样的信息。因此,这是互联通信网络能支持的典型分布式(全分布式)融合结构,它在多武器平台共同(协同)打击同一目标时,具有重要应用价值。两级全分布式融合结构及其信息流程如图7-6所示。

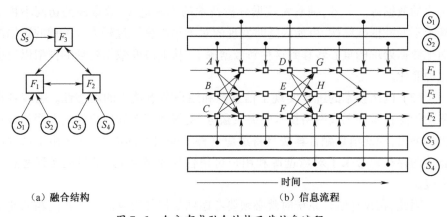

(a) 融合结构　　　　　　　　　　(b) 信息流程

图7-6　全分布式融合结构及其信息流程

从图7-6(a)可以看出,在全分布式融合结构中,任一节点都能成为其他节点的共用节点,共用维度为 n ,冗余路径数 $\leqslant n-1$ (n 为节点数量)。例如,对于图7-6(b)中给出的3个节点全分布式融合结构,从其信息流程图中可看出 F_1 之 A 节点、F_2 之 C 节点、F_3 之 B 节点都分别是 D、E、F 的共同节点,A、B、C 节点分别到达 G、H、I 节点的路由数皆为3(冗余路由数为2)。在带反馈的全分布式融合结构中存在的难点与挑战主要包括:

(1) 信息重复使用。由于分布式信息融合网络是动态和自主的,因此信息可能从多路径到达任一代理。除非记录信息的出处以消除冗余,否则通过代理的融合处理就存在重用公共信息的风险。这就可能到处出现不一致的态势感知,以及随后的错误判定,这是分布式融合系统中存在的一个技术难题。

(2) 传感器协作关系。如果一个分布式信息融合网络中的每个代理在确定其行动(例如向哪个节点或用户传递什么)时,没有考虑其他代理的行动,那么他们的集体行动最多是次最优的。除非网络充分连接并且传输时延为零,否则这些代理显然必须通过相互通信来协调其行动以达成一致性,因此建立恰当的协作关系也是一项十分具有挑战性的技术难题。

(3) 平台的自利特性。在一个异构的分布式信息融合系统中,这些代理可能代表不同种类的平台,肩负感知不同战场目标的任务。如果听任各传感器的自利判定,而不进行系统的干预,那么分布式信息融合系统的总体目标就很可能是这些代理进行资源竞争而产生的折衷结果,无法达到系统整体性能的最优化。

(4) 代理的信誉度。一个分布式信息融合系统中的一个或多个代理可能由于故障、偏移或蓄意而不受信任。如果未识别出这些代理,则分布式信息融合系统的开放性使得它们的错误数据传播给其他代理并且会很快地污染整个融合系统。这样就存在一个关键的问题,这些代理就必须取得自己作为可信赖信息源的信誉度,同时还必须给出其提供信息的估计置信度。

2. 目标分类技术

在军事应用中,目标分类是在目标识别的基础上对目标是人或车辆的区分,车辆的类别或特定的型号甚至序列号的识别。传统的敌我友中立分类是带着决策与行动的分类[3],因此具有重要的军事价值。在网络化分布式目标分类中存在的难点与挑战包括:

(1) 显性二次计算问题:如果连接结构和消息处理协议没有以非常详细的方式规定,那么在这样的环境就会涉及到"双重计算"问题,无论发送消息中的附加信息出现在哪里,在接收新消息时都要用看上去是新的补充信息返回给初始发送节点。如果这样的消息具有描述其处理历程的一个"族"或"谱"标签,那么接收者就能够理解该消息确实是前面发送出的同一个消息。这个双重计算类型(也称为"数据混杂"或"传闻扩散")称为"显性的",因其实际上是将先前发送和处理信息的接收结果简单地回送给发送者。这一过程如图7-7所示。

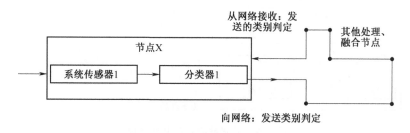

图 7-7 显式双重计算

(2) 隐性二次计算问题：统计数学通常含有分类器或 ID 融合运算,所涉及的一个基础性问题是互通或共享信息的统计相关性。存在的主要问题是,若融合的信息是统计相关的,则要考虑所需要的建模和数学方法的复杂性;若独立性假设不满足,就会产生处理模型误差。该问题称为"隐性"双重计算,其中融合信息的冗余部分是感知与分类运算的一个特性并且是隐含的,如图 7-8 所示。在图中,局部/发送节点使用两个特定的传感器分类器,这些单一分类器的性能采用混乱度量进行量化,其归结为用概率,即 Prob(ID|特征),表示的统计量并与判定说明一起发送给融合节点。注意,每个传感器都提供一个共用特征/属性 F_1,为两个特定传感器分类器使用,导致每个单一分类器的输出是相关的。该接收融合节点基于这些概率运算运用贝叶斯方法进行融合估计,但却错误地假设所接收的信息的独立性,从而两次计算特征 F_1 的影响。

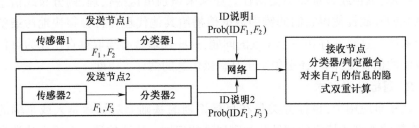

图 7-8 隐性双重计算

(3) 采用硬判定的传统系统：如果分布网络包含"传统"系统节点(即由预先建造的部件构成,事先没考虑将它们嵌入到一个融合网络中),于是可能出现两种情况:一是 ID 分类器是硬判定分类器,产生没有信任度量的 ID 说明(实际上是表决结果),二是所采用的信任度量与其他网络分类器采用的信任度量不一致。在第一种情况,仅采用一类表决策略进行融合,并且很可能没有正式考虑统计相关性。如果这些 ID 说明的排序起作用(见图 7-9),则能够对这个融合方法进行改进。在第二种情况,需要进行一些类型的不确定性度量转换以将不确定性表示归一化到融合运算的同一不确定性处理框架中。

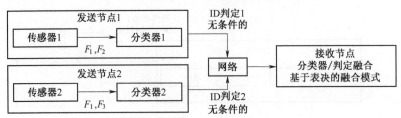

图 7-9 采用硬判定的传统系统

典型地,目前的传统传感器——分类器系统产生"硬"ID 判定结果,即缺少确认——有效地"表决"。融合方法包含简单的基于表决的策略(过半数或多数等),其明显地忽略所给出的可能相关性(前面例子中的共用 ID 特征 F_1)。然而,如果训练数据具有实际代表性,就可以在经验上说明相关参数的影响程度,于是就能够开发(从训练数据导出)表决模式。

(4) 混合不确定性表示:在此情况下,分类器采用不同的不确定性方法进行量化,即采用概率统计的和证据分配的类型(如图 7-10 给出的不确定性类型 1 和 2)。这时,仍然存在相关观测的混合影响问题。融合过程依赖于归一化的不确定性,即若将证据形式转换为概率形式,则完全可以利用贝叶斯方法进行融合处理。这里,必须对每个分类器评估模式使用的不确定性类型进行标识。

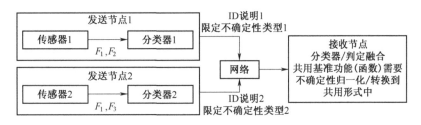

图 7-10　采用混合不确定性表示的分类器

实际的系统或网络中,很可能会使用多个传感器分类器系统作为系统输入,或归结为某些共享/分布式框架,以及出现以上情形的组合,这对于某些接收节点融合运算增加了综合不确定的复杂性。因为在整个系统结构中,包含所有可能的影响因素中,有些是有标识的而有些的标识可能是空的(没有给出取值)。

3. 态势感知技术

在分布式网络化作战环境中,敌我双方的作战实体和部队物理空间上散布在一个广阔的地域之内。我方及友邻部队将一起作为一支联合/任务部队进行联合作战以达成联合作战使命任务的目标。显然在这种配置之下,指挥员要完成对作战部队的指挥控制行动,自然涉及到对分布于空中、陆上和海上部队单元之间的相互协作行动的掌控。当然,这也意味着一项全局任务必须要被分解成为若干项子任务,同时还要建立完成这些子任务作战部队之间的通信通道和协同机制,以便这些子作战单元可以分散、同步且有效地进行协同作战,共同完成上级赋予的全局作战任务。

1) 冲突态势感知信息整合技术

信息化条件下的现代战争,其参战部队的多元化与多层次性、以及军事冲突环境的不确定性和偶然性,使得各级指挥员很难掌握准确的战场态势信息,从而对敌方的目标威胁程度、作战企图和行动策略可能产生不同的理解和认知。以目标威胁评估为例,当我方多个作战单元作为一支联合/任务部队参与作战行动时,对于敌方的来袭目标很可能也会对联合/任务作战部队的多个作战单元造成威胁,因此,这就带来评估威胁目标的影响时必须要考虑到多个参照点。可以想见,从各个作战单元自身的角度评估为最高优先级的威胁目标并不等于该目标是从整个联合/任务作战部队角度看也具有最高优先级,正因为如此,自然可能会在响应该目标的威胁时,在使用防御力量上造成各作战单元冲突。此类问题也会出现在敌方意图估计和作战行动推断等态势感知问题之中。这说明分布式态势感知也会像一切群体决策问题一样,面临着冲突消解的挑战性。

对于这类不同指挥员对战场态势信息有着不同认知的问题,运用群决策方法对不同层级指挥员的态势认知信息进行有效整合,然后基于整合后的态势信息建立军事冲突超对策模型,并应用超对策稳定性分析过程对模型进行求解,进而根据超对策均衡结局确定单方局中人的最优策略,以获得敌方较为准确的信息,不失为一种十分有效的解决方案。

2) 态势信息智能汇聚与展现技术

随着人工智能与计算机技术的发展,指挥员与指挥信息系统的交流将逐步拟人化,草图、口语和手势交流将会成为指挥系统人机接口的标准配置,虚拟现实和增强学习等将成为指挥所重要的人机交流装备。共用态势图(Common Operational Picture,COP)可以快速地实现态势信息的可视化,成为指挥员和态势信息用户真正需要的有价值的知识,从而发现解决问题的办法,做出适当且快速的决策。但是,由于指挥员或态势信息用户的层级与角色不同,导致他们所关注的态势信息往往也不相同,用户定义作战态势图(User Defined Operation Picture,UDOP)来源即基于此。所谓UDOP就是将分布在网络中心环境中的分散数据源组织起来,通过选择信息(信息源和信息过滤器)使得用户可以创建他们自己的作战图,以提供更为精准的态势感知和及时的决策支持。

战争的复杂性告诉我们,指挥员或态势信息用户事先知道他们一切可能的需要是不可想象的或难以做到的,也许只有身临其境时人们自身才最清楚他们确切想要什么,这就需要人机融合智能提供帮助,要综合运用人的综合思维优势和机器计算能力优势,建立高效的人机智能协作机制,快速精准地生成UDOP,从而提升指挥员对整个战场态势的认知速度,取得指挥控制上的敏捷性优势,掌握战场上的主动权。

7.3 分布式辅助决策技术

7.3.1 面向网络化联合筹划的群决策技术

1. 概述

信息化条件下的空军作战行动,战斗节奏加快,组织工作日趋复杂,如何以各级各类指挥所作为网络节点,科学有效地筹划这些作战行动是形成体系作战能力的关键[15]。

为支撑空军多兵种合同作战,网络化的空军指挥信息系统必然使其作战指挥人员置身于网络中,这为适应多类多级指挥机构的作战方案联合决策提供重要支持。根据参与单位的不同,联合筹划既要支持单个指挥所内各部门参与的单指挥所筹划模式,也要支持上级指挥所带领下级指挥所/部队共同参与的多级协同筹划模式,因此需要通过网络将广泛分布配置在信息化战场上的各级决策机构集成在一起,紧紧围绕鲜明的整体作战意图,基于有效的决策机制实施"合目的"的决策,达到充分发挥各决策机构能力的一种综合性决策活动。

未来空军大规模作战中,军事管理决策的规模往往较大,需要在情况分析研判、作战目标选择、决心方案制定、方案评估优选等方面进行协同决策。由于涉及许多决策者和代表同一机构的决策群,因此不便于甚至不可能以集中的方式进行制定。群决策支持技术就是把每个独立的决策者或决策群看作一个独立的节点,为这些节点提供个体支持、群体支持和组织支持。它保证节点之间顺畅的交流,协调各个节点的操作,为节点及时传送所需的信息以及其他节点的决策结果,从而最终实现多个独立节点共同制定决策,是空军联合筹划决策中最为重要的技术之一。

2. 现状分析

空军多兵种合同作战强调航空兵、地防、电抗等各种作战力量组网运用,在一体化合成作战筹划、多兵种火力协同优化使用、网络化计划联合制定等方面亟须网络化的协同决策环境为其提供支撑。从 80 年代开始,我国的学者开始对群体决策理论从不同的视角结合我国的国情进行研究和应用,对群体决策理论、理论模型建立方法进行较深入研究,取得了较好的成果,并投入到实际应用中,如军用综合集成研讨大厅、电子会议系统等。但从理论和实际应用方面来看,较少涉及群体决策的实证研究,还迫切需要进一步对相关热点和方向进行深入研究,主要包括混合型多属性群决策、基于优化计算的群决策、基于知识转移的群决策、群决策过程中的随机理论与经验知识、多智能群决策、多重不确定性偏好的群决策、不完全信息群体决策、网络环境下的复杂大群体决策、动态群体决策、群决策效果的评价和比较、各种群决策支持系统的开发和应用、个体偏好在群体偏好中如何反映、反映的程度如何等。因此随着决策理论的发展、多学科的交叉、信息技术的应用,群体决策将在各种领域中的重大决策问题中发挥越来越重要的作用。

3. 技术难点

当前,局域决策网、虚拟会议和远程决策网等一些群体决策支持系统已经得到了一些应用,但主要还是局限在通信技术和网络技术的使用上,决策方法和模型的研究和应用不够完善,且提供的定量分析决策工具较少甚至没有,部分群决策系统虽然利用了一定的智能技术,提供一定的推理和定量分析功能,但是很少联合利用其他的决策支持技术,不能高效处理复杂决策问题,需要对相关技术进行深入研究。

1)伴随筹划过程的决策知识智能问答

决策者在整个多轮决策过程中,应从方案的目标信息到决策者的偏好选择信息有全面掌握,因此首先应提供对信息完备化支持。筹划过程需要大量知识支撑,涉及面广泛。传统的做法是靠人工预先搜集大量相关资料并进行整理,并在筹划过程中对于指挥员和参谋随时可能提出的问题,针对性的搜集答案,过程十分耗时。

利用情境感知推荐、自然语言问答等技术,有望显著缩短找信息的时间。重点突破作战任务关联信息智能汇聚及组织展现、基于筹划作业环节感知的决策知识点信息智能问答等关键技术,实现伴随筹划业务全过程、紧扣指挥员和参谋决策关注点的主动、精准信息支持。

通过在筹划作业系统内嵌入多样化的智能监听程序,实时采集用户筹划作业相关信息,全面掌握用户筹划作业进程,准确推测用户当前的关注点,并根据历史积累的数据训练用户的偏好模型,精确生成用户当前的决策信息需求,并从全完搜索汇聚相关信息,主动推送给用户,以显著缩短筹划作业过程中"找信息"的时间,大幅提升作业效率。具体包括以下方面:一是要形成群的互补知识结构,即基于人类有限的认知能力,在考虑决策体构成时,注意选择对决策问题领域富有经验的个人,并考虑互补知识结构;二是主动信息挖掘,即决策过程中要能根据需要启动模型库、方法库和集成的主题型数据搜索工具,提供数据挖掘支持和模型库定量分析方法;三是动态决策过程支持,即决策成员在不断交互过程中,逐步消除决策者之间的信息不对称,通过交流研讨逐步形成判断标准和方案认知的一致,最后得出某种群体一致性决策方案序列。

2) 人机协同作战指挥智能辅助决策

群决策实质是多目标规划问题,往往要基于大型数据集采用数据挖掘方法来找出决策信息。指挥信息系统已经完成了网络化、中心化,随着各源数据的汇聚,知识抽取与关联分析,从海量、异构、多源、相关的"信息海"中获取对于当前指挥决策有辅助作用的能力,成为军方的迫切需求。对于目前的系统的信息数据规模,通过传统的人工分析方式已无法满足现实需求。

随着人工智能再度崛起,包含机器学习、深度学习、自然语言处理等在内的核心智能化技术在商用与民用领域都得到了广泛应用与验证,基于智能化方法、基于知识的支撑能力,在联合指挥系统中采用学习算法自适应分析判别分析战术级意图,自动提出可能趋势预测,关联分析各个领域信息,智能化推荐给指挥员,辅助指挥员做决策。

利用数据挖掘与知识发现方法来构建决策模型将是一种群决策模型模拟支持技术,主要包括决策树方法、层次分析法、人工神经网络法以及遗传算法等。综合应用机器学习、深度学习、自然语言处理等智能化技术,结合作战指挥控制中的辅助决策问题,选取典型对抗场景,选取战术意图识别、战术对抗趋势预测、攻防作战要点研判、战术级行动计划生成等技术点,开展针对性的应用分析研究,提出技术解决方案。

3) 基于虚拟化身的分布式研讨环境

交互式群体决策方法是决策者和多个决策分析人或计算机进行多次的探讨、对决策问题进行深入分析、明确决策偏好的结构,直至达到满意解决策略的一种方法。通过决策者不断的相互沟通和对问题不断的深入分析,使个体的偏好达成一致,从而形成一致的群体偏好,且决策方案可以使群体利益及效用尽可能地达到最大化。办会是交互式群体决策较为常见的一种形式,是一种集中专家智慧的手段。战时主要是针对具体的作战问题,召集军事专家为指挥人员出谋划策,也常常用于协同作战指挥中在不同指挥人员间达成一致。平时主要是针对部队的能力建设和日常运维,也常常需要开会讨论。受到传统技术以及保密的制约,通常需要确保参会人员在同一个时间段集中在同一个物理场所,在战时主要是时效性问题,在平时则会产生大量的经费开支,而人凑不齐也是老大难问题。

群体决策的主要任务就是将各个决策个体的偏好集结成为群体偏好,以便决策群体对备选方案进行偏好判断及排序择优。常用的群体效用函数包括线性加权和、乘积形式等,还有基于群体价值判断的效用函数、基于委托过程的效用函数等。远程虚拟化身技术可以让身处异地的人产生"面对面"的交流感受,而区块链技术可以让这种通信的保密性得到更好的保障。这些技术发展成熟,将彻底颠覆参谋办会的形式,通过打造虚拟的分布式研讨"大厅",实现随时、随地、随人的高效研讨。

决策者偏好的确定和决策方案的排序离不开评价。群体决策中决策者偏好结构确定的复杂性和问题本身的复杂性。目前,涉及群体决策问题评价的方法很多,其中主要有:模糊灰色物元空间(Fuzzy Grey Element,FHW)决策系统方法、灰色评价法、模糊综合评价法、层次分析法等。利用虚拟现实(Virtual Reality,VR)/增强现实(Augmented Reality,AR)、电子沙盘、全息投影、区块链等新型人机交互及智能化相关技术,将异地人员及所处环境的影像信息通过网络和加密手段远程传送到本地,通过眼睛或投影等技术让本地人员可视,从而使之产生一种"面对面"的交流感受,再通过模拟白板等研讨环境物体,打造虚拟研讨"大厅"。

7.3.2 面向协同空战自主规划的群智能技术

1. 概述

为适应未来高技术局部战争,各军事强国都在积极发展能够主宰未来空中战场的无人作战飞机,无人协同作战以及有人/无人协同作战已成为作战能力倍增的重要途径。单架无人机具备一定的自主规划能力,但对于多变的环境、复杂的任务以及在信息获取、处理等方面其能力的不足,必须由多架无人机通过协调与协作才能完成。

多无人机系统是一个人工智能系统,是对群体智能的一种模拟。在协同空战过程中,无人作战飞机之间必须通过自主式的协同规划才能实现有效编队,基于群体智能快速、灵活地响应任务及环境的变化,从而高效可靠地完成任务[16]。

2. 现状分析

作为一种新型的仿生类进化算法,群智技术近年来成为许多学者关注的焦点,其基本原理是以生物社会系统为依托,即由多个个体构成的群体与环境及其他个体的互动行为,这种模拟系统利用局部环境信息可能会产生不可预测的群体行为。生物学家通过观察及研究发现,群居生物可以看作是一个分布式系统,虽然个体智能不高,但是整个系统却表现出一种高度结构化的群体组织,个体之间能协调工作,完成一些单个个体无法或难以完成的复杂工作。群智算法是模拟自然界中生物群体的这种行为而构造出的随机搜索算法。

群智算法具有较强的鲁棒性,采用分布式控制,且算法实现简单,在组合优化、函数优化、网络路由、机器人路径规划、无线传感器网络性能优化、数据挖掘等领域获得了广泛的应用,并取得了较好的成果,显示出强大的优势及潜力。基于群体智能的思想,研究者提出了许多种群智算法,其中最为典型的有蚁群优化算法和粒子群优化算法。

3. 技术难点

无人作战飞机协同作战决策主要包括任务分配和重分配、任务序列生成以及编队飞行规划等问题,最终使多无人机从一个杂乱无章的状态,形成一个具有规律性或符合要求的稳定状态,充分发挥各种无人作战飞机的效能。

1) 无人机集群自主编队飞行规划技术

由多架无人机构成集群编队由于成员众多,容易发生组织混乱,碰撞误伤等现象,给大规模机群航路规划带来了极大的挑战。无人机集群自主编队飞行规划涉及自动化控制、空气动力学、网络通信、信息融合、协同任务分配、协同航迹规划等多个领域,是一个约束条件众多而复杂的多目标优化与决策问题。

当无人机集群实施协同作战时,单价无人机将自主决策采用何种战术,并充当集群的一员与其他成员协作完成任务。整个集群规划的目标是在满足单架无人机规避威胁区域、禁飞区域、动力学约束、群组要求、燃料限制等条件,使得整体代价最小,并安全抵达目的地。求解这个最优协同规划问题就是要获取到合适的飞行速度以及被探测概率最小的飞行航迹,最终形成满足安全性和任务目标的无人机集群飞行航路。

无人机集群自主编队飞行规划技术以提高无人集群对环境的动态自适应性为需求牵引,构建基于决策树的任务分层模型及其基于监督决策的任务再分层模型,形成基于进化算法的任务分配模型,并基于图论和计算几何学相关理论,研究战场空间快速划分技术,在此基础上,通过加入模拟生物种群聚集、觅食等行为表现出群体智能的优化技术,降低在线航路规划的复杂性,提高算法效率,并研究基于认知科学的航迹规划方法,如"向人脑学习"的认知航路规划技术,提高航路规划技术的智能化程度。

2) 无人机集群作战指挥控制技术

无人机作战集群由上百架具备一定自主能力的无人机组成,在有限集中指挥的情况下,在自主完成子任务的同时,参照生物集群效应、依托集群成员间信息交互和行动自组织,涌现全局的群体智能,实现了无人化优势与系统族群优势的有机整合,从而使无人机作战集群具备了全方位攻击、突防能力强、打击力度大的特性。

无人机集群的运用,凭借其数量和作战空间上的绝对优势,可实现从"兵力集中实现火力集中"向"兵力分散实现火力集中"作战模式的转变,通过将大型的多任务的传感器和武器系统的功能分散部署在大量小型化、低成本的无人作战飞机上,依托平台智能化和集群自组织能力,可达到比传统有人系统更密切的协作水平并形成作战能力的涌现,而无人机集群配置精简、功能分置、任务多样、能力涌现的特征也赋予其复杂多变战场环境下的高适应性和强鲁棒性,而其相互感知、意图一致、共同博弈的特性也使集群行动的协作性、战法战术运用的灵活性、敏捷性得以跨域式提升。

无人机集群作战指挥控制技术应面向未来无人机集群作战需求,基于高速、高动态拓扑变化的集群作战网络,构建集群战斗云,形成智能集群自组织机制,突破集群作战 UDOP 生成、动态自适应的集群任务协同规划、集群自主编队飞行控制、集群行动自主协同和全局优化和低人机比集群任务管理等关键技术,构建无人机集群作战演示验证系统,验证集群态势感知、自主编队飞行、自组织协同作战等关键技术,并进行基于实物的无人机集群协同作战实验,推进我军无人化非对称战略威慑和制衡能力的快速生成。

3) 有人无人平台跨域作战协同技术

在有人无人平台跨域协同作战中,由有人平台作为作战编队中的管理单元,负责处理复杂的战场信息、完成对目标的识别和分配、对编队中无人平台的监视和控制,而无人平台将按预定的任务方案完成侦察、干扰、对地/对海打击的作战行动。这种"主从式"的协同模式,可将有人平台环境感知、态势认知和指挥决策的优势与无人平台行动优势的优化整合,实现基于自主智能的任务式指挥和启发式控制,是紧扣近期无人平台技术发展现状的提升无人平台战力的有效途径。

有人无人平台跨域作战协同技术将重点研究有人无人平台跨域协同作战概念与运用模式、体系架构、协同机制与信息关系,建立作战行动管控协议标准,突破知识驱动的武器系统协同任务分配、任务组分层自主优化调整、编队分布式协同侦察控制与攻击控制等关键技术,实现协同侦察/攻击/的综合协调控制与管理。

有人无人平台跨域作战协同技术将面向陆海空无人系统智能化发展趋势,以快速形成战争高级形态中各类无人作战平台的体系作战能力为目标,分析研究智能化无人平台跨域作战协同典型作战样式、组织运用方式和能力需求、构建无人平台网络化集成体系架构,实现对陆海空无人平台、传感器的一体化管控能力以及联合战场中智能化无人平台作战行动自主协同能力。

7.4 武器协同控制技术

联合火力打击是分属于不同军兵种的作战平台为发挥其武器的优势,在上级联合指挥所的统一指挥控制下,为实现共同的作战目标,横向跨域协同,实现火控级目标信息共享,并依据目标的防护特性、地理位置、移动特性等进行目标分配,进行联合打击的过程。

武器协同控制是实现联合火力打击或联合电子攻击的核心技术,主要包括多平台协同探测、单一集成图像(SIP)实时共享、复合跟踪、统一传感器管理和交战管理等技术,支撑跨域多平台一体化交战的能力。

空军武器协同控制大致可分为空军编队协同控制和跨域(跨军兵种)协同控制两类。目前的3代半战机、4代机,依靠武器协同数据链实现编队间的雷达图像数据、电子侦察数据、作战指挥数据的实时共享,支撑编队的协同作战;通过多平台的协同目标指示、接力制导,实现空军武器平台的协同应用能力。美军正在开发的海军综合防空火控(Naval Integrated Fire Control-Counter Air, NIFC-CA)系统,实现了空中作战飞机、海面舰艇及其他传感器、武器平台的协同控制,能够支撑编队联合防空[3]、联合反舰、联合电子战等能力,如利用空中作战飞机形成的SIAP支撑编队多层次的防空、利用作战飞机为舰艇远程攻击导弹接力制导等,支持跨域(跨军兵种)多平台联合作战,实现作战平台和信息系统一体化管理和控制,形成统一武器网。

在通信层,依靠武器协同数据链的支持,实现实时、大容量、隐身的数据通信能力。在整个作战过程中,首先要进行多平台的协同探测,包括多平台雷达协同探测、无源电子侦察、光电侦察等,先敌发现目标,并进行目标识别;其次在发现目标并决定进行打击后,空军飞机编队需要在保证我方平台隐身的条件下,协同对敌方目标进行连续、稳定跟踪,实时获取敌方目标的精确位置,即复合跟踪;再次在进行复合跟踪过程中,编队必须对各平台的传感器进行集中管控,并根据敌机的不同位置和隐身性需求,进行传感器工作状态、工作模式的控制和管理。

7.4.1 协同探测技术

1. 概述

传统的空军作战模式基于地面雷达探测系统、预警机和机载雷达。在进入战区前,主要依靠地面雷达和预警机的引导;接近本机中远程导弹攻击范围后,作战飞机平台依靠本平台火控雷达实现对指定目标的探测、识别、跟踪、瞄准和打击,最终完成作战任务。

但是,单一的传感器(如雷达)对目标的探测是不可靠的,在敌方进行电子干扰的情况下尤其如此。同时,单一火控雷达难以识别敌方目标的具体类型和挂载武器,也难以攻击其他飞机平台发现、锁定的目标或者攻击超视距目标。

在隐身飞机出现后,攻击平台开辐射后必然暴露自己的位置和行动企图,为保证攻击平台的隐身性,采用电子侦察、光电侦察可以在不暴露自己的情况下首先发现敌机。通常可以利用无源侦察首先发现敌机,在敌机进入本机攻击范围后,利用其他平台的传感器进行目标的搜索、定位、识别、跟踪和攻击(中制导),在攻击的同时保持自身的隐身性。

多机协同探测和多元传感器协同探测已成为辅助雷达进行预警、侦察、识别的重要手段。发挥新型传感器的能力,实现多平台、多元传感器的协同探测,是未来空中平台作战的重要保证。

2. 现状分析

目前,传感器技术的发展使得无源电子侦察和光电侦察的能力大大增强。无源电子侦察已摆脱了没有定向能力,仅作为敌机锁定告警器的角色。据部分外国资料报道,无源电子侦察已经可以对敌机进行定向;通过时差,多机电子侦察已可以对敌机进行探测、定位和跟踪,感知范围可达雷达侦察范围的1.5倍,但定位精度较低。光电传感器探测能力已达到雷达探测能力的一半左右,可以作为雷达侦察的有力助手。

目前,常用的编队有源协同探测方式包括:基于地面雷达/预警机雷达的协同探测,4机轮询闪烁式协同探测,单机探测(该机将暴露),收发分类协同探测。常用的无源探测方法主要是多机时差定位协同探测(该方法对武器协同数据链的传输时延有很高的要求)、多机光电定位协同探测。

在未来作战过程中,敌方地面、海面防空系统和机动目标的雷达对空中作战平台构成致命的威胁。依靠单一传感器不能对目标进行定位,需要通过多个传感器联合进行多维探测和侦听,通过交换数据对目标实施协同定位,实现对其精确跟踪、瞄准和打击。

3. 技术难点

1) 高精度时统和帧内数据传输

高精度时统是多作战平台协同侦察、定位、识别,以及复合跟踪、交战管理的基础,时差不仅会导致探测、定位精度的误差、甚至会产生多余目标导致虚警。在多平台联合探测时,雷达组网协同探测采用了和GPS定位相似的原理,即采用目标到多探测点传输时差来进行定位,因此时差将直接影响探测的精确度;帧内完成传输、处理可以确保目标的时—空关系不会引起混乱,导致不同时间点位置的混淆,从而引起假目标或虚警。

高精度时统和帧内数据传输,使各平台实现所有探测数据的实时共享,包括距离、方位和高低角等,进行实时融合形成航迹,即使作战平台雷达未捕获目标,也可以利用其他平台的雷达数据,引导导弹去拦截目标。

高精度时统利用武器协同数据链本身的数字传输同步机制,并采用一些先进的守时技术,使得各平台的时间同步处于纳秒级,同时要求武器协同数据链有极高的数据通信流量,实现火控雷达探测数据的实时传输。

2) 恶劣环境下红外探测手段的补充

在敌方实施电子战或在严重电磁干扰条件下,雷达可能性能变差或无法正常工作,此时需求利用无源探测、红外探测等手段进行替代;同时在隐身作战条件下,为了减少己方电磁辐射,降低被探测概率,有时也需要通过红外等探测手段替代传统的雷达探测方式。红外探测除了抗干扰、以被动方式工作、隐身能力强之外,同时还兼有探测敌方隐身目标的能力,通过多平台组网提高探测和定位精度的能力,在下一代作战飞机中被广泛应用。

多红外探测器组网的优势表现在以下几个方面:分布平台多,角度和方位信息的综合可有效地提高信噪比;多个红外探测器的混合应用有利于提高探测的性能指标;多平台的联合可形成覆盖面积较大的实时探测区域。多红外探测设备组网的优化配置通常采用的配置结构有三角形、四边形和一字形等。红外探测设备组网带来的系统性能提升包括:增大空域覆盖范围、提高目标发现概率、增加最大作用范围、提高重叠系数、提高定位精度。

新一代的空军平台装备了焦平面的红外探测设备,具有较高的空军分辨率,可以支撑辐射源目标的无源探测,但红外探测的精度,相对于雷达探测的精度,通常会低 1~2 个数量级,因此,利用红外探测可以为飞行员指示目标的方向,却难以满足火控制导的需求。

7.4.2 复合跟踪技术

1. 概述

多平台复合跟踪,是以一定的方式将作战部队的不同平台组网,在感兴趣的区域内对所关注的目标保持连续的跟踪。在复杂的战场环境及恶劣的电磁环境下,对高机动空中目标很难实现目标连续、稳定、可靠的跟踪,需要通过多部雷达数据共享,对目标进行复合跟踪,为每个平台提供精确目标信息,并以不低于本平台传感器的精度直接用于武器瞄准[17]。

多平台复合跟踪的主要过程是,各平台在精确的时空统一条件下进行分布式处理,每个平台上的复合跟踪处理器将来自本地平台和多个远程平台送来的点迹数据进行实时融合,经过一系列关联和滤波算法,产生复合跟踪图像,从而弥补单一平台跟踪质量较差的缺点,充分发挥多平台复合跟踪带来的高精确、快速共享的优势。

2. 现状分析

目前,美军典型的复合跟踪系统如协同作战能力(Cooperative Engaget Capability,CEC)、NCCT,采用将单个平台的原始探测数据注入协同处理机(Cooperative Engagement Processor,CEP),经过格式化处理后,将数据传输至数据分发系统(Data Distribution System,DDS),经加密通过武器协同数据链分发给其他作战单元。同时 DDS 接收其他作战单元提供的数据并传输给 CEP 处理机,CEP 将所有未经处理的原始数据进行融合,形成 SIAP。由于融合处理在各个作战平台上分别进行,因此属于全分布式数据融合。

由于各平台的 CEP 将接收所有其他平台的传感器信息,因此理论上输入各平台 CEP 的信息完全相同,同时处理程序也是相同的,因而保证了最终产生的 SIAP 也是完全相同的。因此,对于整个编队的各个平台,利用工作在不同频率、仅从一个角度对目标进行探测的传感器数据,就可以形成整个作战空间具有高可靠性、稳定、连续的复合航迹。

复合跟踪极大地提高了整个作战编队跟踪、打击目标的能力,即使是具有一定隐身能力的目标;和传统的跟踪方式相比,复合航迹质量近似于编队中最优传感器的质量、复合航迹的时延近似于系统中延时最低的传感器的时延,明显扩展打击纵深,打击能力不再受制于本平台的探测能力、打击能力。

3. 技术难点

复合跟踪是通过对多个平台、多类传感器跟踪信息的综合处理,实现对目标的连续、精确跟踪。由于传感器性能差异及战场所处位置不同,其发现及捕获目标的位置、距离和精度也不尽相同,以及参与平台的随时进入和退出,传统的集中式信息处理方式难以满足复合跟踪的战术技术要求,通常采用分布式融合方式。

分布式融合方式具有无中心化、各节点相对独立、同步处理进行融合处理等特点,减少平台间来回传输数据传输容量,降低跟踪目标的时延,提高航迹质量,达成随遇入网的目标。

技术实现过程为,当编队中任一平台发现的目标,均发送给其他所有的平台,任一平台均可接收到编队所有平台发现的目标信息,在此基础上,每个平台独立进行数据融合,采用点—航融合的方式,进行分布式统批,实现统一的空中态势。

7.4.3　传感器管理技术

1. 概述

传感器协同是指根据作战任务,合理组织传感器资源,对探测空间、时间、频域进行最佳分配、控制和管理,实现目标发现、识别、定位、跟踪和信息分发等协同,满足武器打击对火控级态势信息共享的需求,达成最优信息获取的目的。

在编队协同探测、复合跟踪、协同攻击的过程中,编队中各平台的传感器需要根据不同的作战任务,进行统一的管理,预先设定不同传感器(雷达、红外搜索跟踪、电子战)的开机时间、频率、空域、工作模式以及载机飞行轨迹,以达到快速、高效且以有利态势发现敌目标的目的,并减少飞行员对传感器的操作负担,提升协同探测、防御与攻击效能,使得作战编队成为一个整体作战单元。传感器管理包括传感器资源管理、传感器工作方式管理、传感器辐射控制和射频隐身控制管理、传感器协同调度管理等。

2. 现状分析

传感器资源管理包括硬件、频率、时间管理等;传感器工作方式管理包括传感器工作模式、波速指向、扫描中心管理等;传感器辐射控制和射频隐身控制管理包括满足目标探测以及通信需求的传感器能量、信号波形、功率、占空比管理等。

传感器工作方式管理主要分宏观管理和微观管理两个部分,宏观管理主要是确定某一传感器执行什么任务,微观管理主要是确定某一传感器执行任务的过程。宏观管理的任务包括:(1)选择设计各种不同的传感器来满足不同的任务需求,包括不同型号传感器的探测能力特性、位置分布特性、探测距离特性等;(2)利用其他传感器的探测结果对传感器进行指示,减少目标搜索发现的时间;(3)确定探测方位角、距离等属性,使其能在特殊区段进行搜索或对轨迹进行跟踪。微观管理的任务包括:(1)根据任务的战术要求确定跟踪质量(精度、重复率)目标;(2)确定传感器所采用的战术模式,并进行动态管理;(3)对跟踪质量管理进行管理,适时调整工作方式;(4)自动进行跟踪最优化控制;(5)必要时自动进行降级处理并通知操作人员。

3. 技术难点

传感器管理的核心是传感器管理准则,即在满足任务要求的条件下,如何分配不同平台传感器的开关机时间、任务分配、功率控制、传感器间的协同等原则。采用最优的管理原则,可以推迟传感器的开机时间(延迟被敌方发现),控制传感器的功率(缩短敌方探测距离、减少被发现概率),最优协同探测和复合跟踪的方式。

在一次电子干扰作战中,传感器管理系统需完成下列工作:(1)选定一组干扰(有源干扰和无源干扰)集合;(2)确定这组干扰使用的逻辑和时序;(3)确定干扰使用的合适时机和持续时间;(4)选择合适的干扰频段,避免与自己的雷达和导弹的频段重合;(5)确定连续进行干扰的周期数;(6)确定发射导弹和发射干扰的协同逻辑。

传感器协同调度管理是在其他传感器管理的基础上,根据作战要求和敌机位置,合理分配各个传感器的工作时间、工作方式、辐射控制等,实现协同探测和复合跟踪的工作时序,提供功能冗余互补等。传感器协同调度管理需确定4个方面的问题:(1)各传感器的最佳测量时机;(2)各传感器的最佳位置分布;(3)传感器—目标的最佳配对;(4)传感器—传感器的最佳搭配。

7.4.4 协同交战管理技术

1. 概述

协同交战管理是指作战编队在遂行作战任务的过程中,根据威胁目标的综合态势和编队整体的作战资源,选择最大价值目标,制定最优整体作战方案,合理组织、分配编队范围内各种类型的武器和传感器快速执行相关任务。

在传统作战模式中,一个平台只能单独对本平台的武器进行投放和控制;然而,单一作战平台武器载荷种类和数量有限,战区内各作战平台所处地理位置又不相同,很难根据威胁目标类别和位置来优选武器资源实施打击。因此,需要在各平台间实现跨平台武器投放和控制功能,以便共享武器资源。

为实现远程精确打击,精确制导武器在空中飞行或巡航阶段,根据不断变化的目标位置对制导武器的运动参数进行修正。然而,由于位置限制,一个平台很难完成整个引导过程,需要处于最佳引导位置的平台对制导武器进行接力引导和控制,实现跨平台武器制导。

2. 现状分析

在整个作战过程中,编队内各平台的位置、传感器的工作状态、雷达开/关辐射的时机、电子干扰设备的管理,均根据战前的作战预案,由协同交战管理系统提示,飞行员具体执行。

例如,在一次编队协同作战中,需将作战过程划分为4个阶段:进入战区阶段,协同探测发现目标阶段,复合跟踪和干扰掩护阶段,导弹打击阶段。在进入战区阶段,主要利用地面雷达/预警机或其他反隐身手动雷达进行目标探测,作战编队基本保持雷达关机状态;进入战区后,进行协同探测,发现敌方目标,可以首先采用无源定位、光电定位的方法,然后编队开辐射,利用闪烁探测、单机探测等方式,在尽量保证我军编队隐身的情况下,实现对敌方目标的精确定位和识别;在指挥员决定进行攻击后,进行作战队形调整,确定复合跟踪和干扰掩护的方式,如利用编队的一架飞机进行连续探测和跟踪,两架飞机进行电子干扰和掩护,另一架飞机执行攻击任务,当目标进入其他平台的探测跟踪范围、或目标采用电子/光电干扰手动或有隐身需求时,可启动其他平台的雷达,接替原来承担探测跟踪任务飞机,进行接替制导,直到导弹击中敌方目标。

3. 技术难点

协同交战管理难点在于对多平台的统一规划和管理。首先是管理模式的确定,采用分布式管理体制或集中式管理体制。在集中式管理体制中,中心平台必须获取整个作战编队的平台位置、状态和能力,同时实时、精确感知敌方目标态势,并迅速进行作战规划,分配到各个相关的作战平台,对信息感知精度、信息处理时间均有很高的要求,同时中心平台成为整个编队的"瓶颈",制约整体作战能力,影响编队的抗毁性。在分布式管理体制中,各平台的交互、协商机制是协同管理的关键,一种优秀的协商机制使得出现"冲突"的可能最小,平均的交互次数最少。

良好的协同交战管理能力,不仅可以提高对敌的杀伤概率,同时可以有效地提高自身的生存能力,是提高多平台协同攻击技术的关键。为了实现这一目标,必须通过多次作战对抗推演,实兵作战演习,乃至真实战争过程的检验,通过不断地修改完善,才能逐步成熟。

多平台协同武器攻击计划根据本次任务的攻击目标,对多个平台的武器火控攻击模式、敌我杀伤包线、目标与武器配对、武器使用频率、制导范围、投放路径、多机协同批次攻击等一系列有关攻击过程进行规划和参数预置。多机协同批次攻击计划要对参与攻击的各批次飞机的到达时间、进入区域、攻击路径、信息共享预案等进行预置。

参 考 文 献

[1] 黄松华,梁维泰. 基于 Mesh 和 NEMO 的天空地网络体系架构研究[J]. 中国电子科学研究院学报, 2015, 10(1): 37-42.

[2] 黄松华,王俊,钱宁,等. 面向前出作战的空中信息网络体系架构研究[J]. 指挥信息系统与技术, 2017, 8(4): 38-43.

[3] Wei Jiang, Songhua Huang, Heng Wang, et al. Research on Cross-Layer Optimization for Intra-Flight Ad Hoc Networks[C]. In proceedings of IEEE International Conference on Computational Intelligence and Communication Technology (CICT 2015), Ghaziabad, India, Feb. 13-14, 2015: 427-431.

[4] 景中源,曾浩洋,李大双,等. 定向 Ad hoc 网络 MAC 组网技术研究[J]. 通信技术, 2014, 47(9): 1041-1047.

[5] 闫迪,王元钦,吴涛,等. 基于数据分解的高速 QPSK 并行解调方法[J]. 系统工程与电子技术, 2018, 40(7): 1600-1607.

[6] 肖汉,肖波,冯娜,等. 基于 CUDA 的细粒度并行计算模型研究[J]. 计算机与数字工程, 2013, 41(5): 801-804.

[7] 郎为民,陈红,姚晋芳,等. 现代数据中心存储区域网络技术研究[J]. 电信快报, 2017, 12: 1-5.

[8] 钱海忠,沈苏彬. 基于语义检索树的服务动态组合算法[J]. 南京邮电大学学报(自然科学版), 2013, 33(2): 72-79.

[9] 蓝羽石,丁峰,王珩. 信息时代的军事信息基础设施[M]. 军事科学出版社, 2011.

[10] 常朝稳,徐江科. 终端行为可信评估及其访问控制方法研究[J]. 小型微型计算机系统, 2014, 35(3): 493-499.

[11] 邓剑勋,熊忠阳,邓欣. 基于信息融合的空中弱小目标检测[J]. 电光与控制,2018,25(2),5-10.

[12] 张樱凡,楚红雨,常志远,等.基于多传感器融合的飞行器室内自主导航设计[J].电光与控制,2018,31(1),71-72.

[13] 赵宗贵,李君灵.信息融合发展沿革与技术动态[J].指挥信息系统与技术,2017,8(1),1-8.

[14] 赵宗贵,李君灵.面向网络中心战的分布式信息融合[J].指挥信息系统与技术,2017,8(2),15-19.

[15] 金华刚,颜如祥.作战方案筹划中不确定性问题建模[J].指挥信息系统与技术,2016,7(5),78-82.

[16] 张臻,王光磊.航空兵任务规划系统验证技术[J].指挥信息系统与技术,2014,5(3),44-48.

[17] 聂光戍,刘敏,聂宜伟,等.机载激光武器跟踪瞄准精度、误差源及控制分析[J].电光与控制,2014,21(1):73-77.

第 8 章
空军网络化指挥信息系统技术发展趋势

8.1 支持前出作战的联合信息环境

8.1.1 发展需求

相对于空军正在建设的共用信息栅格而言,支持前出作战的联合信息环境是共用信息栅格发展到一定阶段的产物。为支持前出作战,联合信息环境应能够适应恶劣的战场环境,形成统一、协作、安全可靠的信息环境支撑跨军兵种联合作战,实现端对端的信息共享以及无缝、高效、可互操作的企业服务,可及时响应作战人员的需求,使授权用户在需要的时间、需要的地点、使用各类移动终端设备实现连接。其军事需求表现为:

(1) 探索满足空军分布式作战的灵活适变信息服务的需要

支持前出的一体化联合作战要求在军种、任务领域、作战域和机构之间实现全域一体化作战所需要的信息共享和协作能力,增强部队针对不确定性、复杂性和快速变化等因素的整体应变能力。与此同时,作战形式已经从战略、战役层向战术层、火力层延伸发展,这就更加要求军兵种各级作战单元间信息能共享,实现战略、战役、战术以及武器打击环节的横向交联与信息共享能力。目前,空军通过共用信息栅格网络中心化建设,可以支撑一定程度的系统信息互操作能力,但是在多维度的信息互操作能力尚且不足,在前出作战过程中,集成服务域、任务域和作战域,提供多维的信息共享能力较弱,不能有效组织联合作战行动。针对空军信息系统建设的现状和问题,有必要探索适合空军联合作战的联合信息环境,支撑未来指控信息系统的构建与优化。

(2) 提升移动环境下信息栅格支持前出作战信息服务能力的需要

商业信息技术的改革创新和现代化发展速度已经超过了军用信息技术的发展水平和速度,特别是功能强大的智能手机、平板电脑和其他移动计算设备的创新和现代化,正在迅速超过军事系统的发展。商业信息技术的创新速度,为打造一体化计算环境能力带来机遇和挑战。信息栅格可具备将军事网延伸到战术前沿的能力,提供移动环境下的智能、高效的海量实时数据处理与分析能力以及聚焦任务的信息服务能力。但目前信息栅格还无法很好的支撑移动设备,缺乏针对战术移动用户的信息实时共享能力。因此,有必要综合云计算和移动计算技术,研究联合信息环境的构建机理,支撑战术移动环境下信息交互与共享的实现,提升信息栅格整体信息服务能力。

(3) 提高在赛博对抗条件下信息服务高可用性的需要

随着信息栅格网络中心化建设的发展,网络规模和复杂度的不断增大,导致敌人有更多的机会对数据进行破坏、阻止数据传输,限制和影响指挥官对战场态势的掌握以及作战意图的传递,影响作战指挥相互信任度的建立和维持。而未来战场环境赛博威胁不断增强,复杂的网络规模势必成为空军的薄弱环节。有必要研究面向联合作战的联合信息环境构建机理,提供数据中心的解决方案,实现整体应变能力,以应对不确定、复杂和快速变化的战场环境,提高信息服务在赛博对抗条件下的高可用性。

8.1.2 发展思路

以支持前出作战的联合信息环境能力要求为输入,包括跨组织、跨领域、多系统、多任务、动态性、多变性、支持战术移动环境等,利用 JIE 的企业云基础设施组成架构特性和顶层应用模型,提出一套基于云计算的联合信息环境体系架构,揭示联合信息环境核心数据中心的运作与多级联动机理,并基于核心数据中心提供的能力,建立联合信息环境移动终端信息交互与实时共享机制,构建支持前出作战的联合信息环境。

(1) 建立支持前出作战的联合信息环境体系架构:围绕联合作战需求及新技术发展对联合信息环境提出的新要求,研究联合信息环境能力需求和应用模式;确定联合信息环境各部分作战要素,形成联合信息环境作战视图;研究联合信息环境的组成架构特性,对各级功能活动、信息活动进行分析,分析联合信息环境总体的应用模型和业务流程,形成联合信息环境系统视图;研究联合信息环境统一的安全架构,给出一体化的身份认证和系统安全防护机制。

(2) 提出支持前出作战的联合信息环境运作机理:根据联合信息环境能力特征需求,参照空军技术体制,结合云计算、软件定义数据中心技术,分析数据中心各类节点的特征和联合作战任务特点,研究数据中心的组织模式和一体化联动运作机制,建立面向联合作战的任务—资源需求模型,构建资源综合管控机制,形成面向作战任务的资源最优化利用策略。

(3) 建立支持战术前沿的信息共享机制:围绕战术前沿用户及作战决策对战术前沿信息的需求,研究支持战术前沿的信息交互体系结构,提出"前沿到中心"的信息智能服务机制和"中心到前沿"的信息主动推荐机制,为构建支撑智能信息交互能力的联合信息环境提供方法和手段。

8.1.3 技术方向

联合信息环境可在现有的以网络为中心的项目和系统基础上,通过引入新技术,特别是云计算和移动计算等技术,通过集成现有的网络信息系统,统一标准,统一体系结构,分步、分阶段、各部门齐头推进,实现联合信息环境的发展。其中,以小型化、微型化的手持移动智能计算设备为载体的移动计算技术,是联合信息环境支持前出作战最直接的外在表现,以云计算、大数据为基础的信息服务设施是信息栅格提供前出作战信息共享能力的内在核心。赛博安全技术形成的单一安全体系,是联合信息环境提供统一安全能力的核心保障。

1) 云计算技术

通过信息栅格服务层直接向用户提供计算、存储、网络资源,通过平台服务层提供支持应用开发、部署的平台环境,通过软件服务层提供通用用户服务,支持前出环境下战术平台资源的虚拟化与分布式共享方式。从而提供一整套优化的、一体化的核心服务,确保整个信息栅格对作战用户的动态需求做出更有效的响应;提供全域作战服务和能力,小的如临时通知的对前沿阵地的地面作战支持,大的如长期任务规划;提供灵活的部署环境和快速交付环境,利用商业移动技术建立创新型应用,为支持作战人员不断变化的需求的创新型应用建立一个灵活的部署环境;持续交付安全的、高效的、可随处访问的服务,实现信息栅格的高效性、有效性和安全性,提供用户在任何时间、任何地方,使用任何设备都能有效获得所需的信息服务,支撑传感器与武器控制的能力。

2) 大数据信息处理技术

前出作战最紧迫的需求之一就是对信息获取与信息决策的需求。传统的数据采集来源单一,且存储、管理和分析数据量也相对较小,大多采用关系型数据库和并行数据仓库即可处理。对依靠并行计算提升数据处理速度方面而言,传统的并行数据库技术追求高度一致性和容错性,难以保证其可用性和扩展性。传统的数据处理方法是以处理器为中心,而大数据技术下的联合信息环境,需要采取以数据为中心的模式,减少数据移动带来的开销。因此,传统的数据处理方法,已经不能适应大数据的需求,大数据的出现也必然伴随着新的处理工具和新的技术出现。大数据时代的计算机信息处理技术主要包括:数据收集和传播技术、信息存储技术、信息安全技术、信息加工、传输技术。

3) 移动计算技术

针对支持作战人员在任何地点、任何时间、任何地点、任何设备上安全地访问正确信息的需求,采用小型化、微型化的手持移动智能计算设备,对移动应用进行支撑与开发,使用层次式的管理与分发技术建立中心应用库(App Store),共享公共应用,完善认证过程,使得这些应用可以通过授权与认证进行安全的访问。除此之外,需要建立支持移动的基础设施,通过移动设备管理系统来管理、控制以及增强移动设备的安全,通过无线费用管理来监视通信开销,通过螺旋式的测试策略来不断优化完善应用。最后,提供移动环境下的信息保障,通过远程扫描、持续监听、对个人身份卡的严格认证、对 Wi-Fi 访问的强制控制等措施,提供移动环境下安全的信息访问。

4) 安全防护技术

针对空军信息栅格的安全防护,重点开展信息栅格全过程防御技术研究,从整体层面对赛博攻击事件进行跟踪和分析,找出各环节异常事件间的联系,对攻击开展全过程防御和反制,有效增强信息栅格抵御赛博攻击的能力;针对空军典型网络化信息系统,重点开展系统漏洞挖掘技术、体系脆弱性评估技术,特别是"渗透测试"技术研究,达到以攻促防的目的,并在此基础上,研制空军的赛博空间安全和控制系统。韧性已成为赛博安全发展的新方向,在赛博韧性技术研究方面,重点开展主动目标防御技术研究,并争取在基础设施虚拟化、软件定义网络、可信计算技术、软件迷惑等赛博主动防御技术方面取得突破,支持空军信息栅格和信息系统的赛博主动防御能力的形成,为进一步形成任务保障能力提供支撑。

8.2 基于大数据的情报处理

8.2.1 发展需求

当今社会已进入大数据时代,大数据技术正以前所未有的速度影响着正在全面推进战略转型的空军指挥信息系统的发展。基于大数据的联合情报处理是将大数据技术引入到空军联合情报处理中,对传统的情报处理架构、处理模式、处理方法和处理流程等进行相应的技术改造和完善,提升情报处理的时效性、准确性,为空军指挥员快速做出科学有效的决策提供支撑。当前,联合情报处理面临以下发展需求:

(1) 综合电子信息系统的大数据时代已经到来,未来空军作战大数据处理需求迫切。

网络化综合电子信息系统的建设、传感器技术的发展、以及网络电磁空间对抗的兴起,宣告了军事电子领域大数据时代的来临。遍布战场空间的侦察监视设备,从地面、水面、水下、空中获取海量的预警探测、侦察、电抗、飞行、气象、地理等各类情报数据。这些情报数据具有实时性高,数据量大、种类繁多、结构与非结构化并存、不断递增的特点,空军迫切需要采用大数据思维处理这些海量的战场大数据。

(2) 大数据是保证战场(尤其是空战场)制信息权的关键因素,大数据的处理能力将决定未来战场的成败。

未来空军作战是快速、多维立体、网络化、多系统集成的,制信息权必然成为获取战争胜利的关键因素。但由单一平台提供的情报已远远无法满足现代战争的作战需要,只有利用多平台多传感器、历史侦察信息、丰富的背景数据以及相关知识来提供"全源大数据情报"才能在最大程度上保证"制信息权"。

而大数据在为指挥信息系统带来海量情报的同时,也给指挥信息系统带来巨大的挑战,为避免战场信息的数据量急剧增高而导致数据过载,需要及时处理战场大数据,提取出对作战指挥有用、实时、准确的情报,协助指挥官和分析人员以百倍于当前的速度来理解传感器收集的海量数据,使指挥员从海量信息分析处理的烦琐、困扰中解脱出来,并增强作战决策的及时性、正确性和可靠性,成为大数据背景下战场信息处理的当务之急。

(3) 指挥信息系统"情报潮"和"情报荒"两方面窘态凸显,情报大数据的应用需求迫切。

目前,情报系统面临"情报潮"和"情报荒"两方面窘态。一方面,传感器类型多,数量多,遍布海、陆、空、天,信息量大,面临"情报潮";另一方面,敌方目标分不清、辨不明,情报指挥人员陷入信息困境,面临"情报荒"。究其原因在于:指挥信息系统的情报保障和指挥决策是以实时感知信息的综合为主,分析推理能力弱,急需利用情报大数据进行有效的规律分析与组织利用,实现跨时间维度的感知信息综合分析,对信息海洋中的价值信息进行联合发现和挖掘,通过计算机的速度和精度以及人的敏捷性,进行碎片化价值信息的组合与推理,来提升目标特征、能力和意图的识别能力。因此,通过基于历史分析挖掘的、跨时间维度的实时大数据融合,有效分析敌方目标的活动航线、协同关系、编队组成等作战规律,从侧面分析我方探测薄弱信息,提升当前指挥信息系统情报分析和决策支持能力的应用需求迫切。

(4) 支持空军指挥信息系统的全源情报大数据的共享管理、高效计算处理、智能检索和价值分析挖掘的服务能力仍然缺乏,急需开展面向情报分析与决策支持的大数据处理架构及关键技术研究。

目前,军事领域,尤其是空军指挥信息系统,数据检索仅以简单的数据库查询和关键词检索为主,面向军事任务,快速辅助情报或指挥人员得到所需要数据的能力弱;在情报分析与决策支持方面,以实时航迹信息共享为主,历史与实时结合进行情报分析与决策支持的能力弱,缺少海量侦察数据的自动分析挖掘,各类数据之间、以及与相关背景数据结合,提供态势与威胁估计的能力弱。因此,从数据沉浸中实现价值挖掘,提升情报侦察与指挥决策能力的需求迫切。

8.2.2 发展思路

根据大数据发展趋势、发展需求的科学规律,结合空军全面推进战略转型需求,采用需求牵引和技术驱动双轮推动,按照循环渐进发展步骤,引领大数据技术、产品、应用三位一体同步发展,打造先进的空军联合情报处理大数据整体解决方案和大数据整体技术服务能力,为空军构建信息先导、体系联合的组织形态,形成倚天制空、倚天制海、倚天制地的战略优势提供坚实的保障。

(1) 在消化吸收大数据开源技术的基础上,采用开源产品或项目搭建大数据平台,选定若干工程应用项目作为大数据技术发展的驱动力,以满足该当前应用需求为宗旨,在统一的大数据总体架构的指导下,基于大数据平台进行示范工程项目研制,重点突破示范领域的大数据相关的工程应用技术,产生新的大数据应用技术和应用模式。

(2) 整合各方面在大数据上的技术力量、资源力量,重点突破大数据基础共性技术,对大数据平台总体架构进行全面升级。一方面全面掌握大数据开源技术并进行修改,另一方面研制新的大数据通用共性技术,逐步替换到大数据平台中,形成在大数据领域上成体系的技术序列和大数据平台。

(3) 同外部研究机构进行深度的交流合作,开展大数据基础理论、前沿技术的研究,提出新的大数据基础理论和前沿技术,引领大数据技术的发展,驱动大数据工程技术的突破。深刻理解空军领域大数据应用需求,提供全套成熟、先进、自主的包括技术、产品、应用在内的整体的、一站式的大数据行业整体技术解决方案,包括大数据系统平台和应用平台。

(4) 注重大数据技术顶层设计,梳理技术成果现状、业界技术发展趋势,明确重点关键技术,开展专项研究。充分利用既有技术成果和业界开源平台,面向典型应用形成大数据产品。依托大数据创新机构,通过研究大数据关键技术,具备核心竞争力的大数据产品和解决方案。采用迭代发展的模式,不断增强大数据技术能力,基于服务化、轻型化的思路,围绕大数据运营模式研究相关关键技术,形成大数据平台。

(5) 在大数据技术研究的基础上,结合空军战略转型需求,进行大数据应用产品设计。一方面将关键技术研究成果作为产品设计的实现途径依据;另一方面,大数据产品开发将遵循软件开发的工程化规律,在总体设计、总体组织的基础上,与各产品研发单位开展产品需求分析、产品开发、产品测试、产品试用的开发周期过程。

8.2.3 技术方向

传统的联合情报处理向基于大数据的联合情报处理的过渡不是一蹴而就的,实现这个过程必须解决好下列关键技术。

1) 空军联合情报大数据处理与应用参考架构

以空军联合情报大数据的自身处理为出发点,通过从系统层面对联合情报大数据处理系统的组成结构及运行机制进行研究,形成实时、非实时兼顾、多模式计算统一调度的联合情报大数据处理与分析参考架构,数据存储、计算和分析处理的参考运行机制,面向服务的情报分析挖掘应用参考架构,从而为大数据在情报分析与决策方面的应用提供架构支撑。

2) 空军联合情报大数据分布式存储与多模式计算

针对全源情报大数据,通过对文字、语音、图形图像等非结构化情报数据的信息抽取与标注,实现全源情报数据的集成管理,建立数据的高效索引与并行查询机制;针对不同的数据特点及空军高时效性应用处理需求,通过对现有计算模式的优化、扩展及功能增强,建立统一的任务调度与资源分配机制,实现各类数据的多模式高效计算调度与处理。

3) 空军联合情报大数据智能检索技术

以空军作战侦察中的目标为中心,在研究知识图谱的建模与表征方法的基础上,通过对结构化和非结构化情报信息知识图谱构建方法的研究,建立统一的基于全源情报的目标知识图谱,进而围绕知识图谱,实现对军事人员检索意图的理解,以及情报大数据的多维关联关系分析,从而实现检索结果的精准聚焦。

4) 目标特征、意图及关系的知识挖掘

深度分析挖掘海量历史数据,针对目标静态特征和行为特征,深度分析挖掘海量历史数据,形成知识沉淀,构建战场目标特征知识库,并在此基础上,快速分析处理实时战场信息,结合作战目标的实时行为动态,实现敌方目标作战能力、意图和关系的精准研判估计,突破战场全源情报多维深度挖掘,将信息凝练、知识沉淀和实时信息分析结合起来,形成对作战指挥高效决策的有力支撑。

主要包括以下技术:

- 基于海量点迹/航迹的目标特征与行为挖掘技术
- 目标作战活动的时空关系挖掘技术
- 基于海量侦察数据的雷达辐射源特征与行为挖掘技术
- 基于长期观测数据的雷达个体特性分析技术
- 电磁信息的关联关系挖掘技术
- 基于海量侦察数据的通信辐射源特征与行为挖掘技术
- 通信信号关联分析挖掘技术
- 图像情报信息的智能分析挖掘技术
- 海量文本情报的智能分析挖掘技术

- 基于情报大数据的目标行为关系联合分析挖掘技术

5) 跨时域的多源情报联合分析技术

面向海量情报的时空分析能够可靠探测到情报之间的时空关联、因果关系和未来趋势,从而有力地支持情报的高效分析。跨时域的多源情报联合分析方法,以特定情报事件的时空属性为基础,面向海量情报数据进行联合分析,实现对空军作战态势关联分析,具体而言:①以事件的时间、空间特征为基础,面向分解后的情报需求,搜索与需求有关的情报数据,并从中选出适用于关联分析和知识挖掘的目标数据集;②以事件的关键要素为基础,面向海量情报数据实现运动特征参数与目标类型和种类的关联分析、辐射源特征关联分析、图像特征与目标身份的关联分析、基于海量历史数据的意图推理与预测等,实现自动化的目标识别、意图分析等。

6) 基于空军联合情报大数据的情报分析与决策支持应用

在空军联合情报大数据知识挖掘的支撑下,通过基于知识的全过程异类信息关联分析与推理,历史支撑与背景数据的结合,实现全维全过程的联合情报分析与决策支持,实现以知识为核心的战场空间洞察能力,为形成对敌信息优势和智能决策提供技术支撑。

8.3 智能化指挥控制

8.3.1 发展需求

前不久,美国辛辛那提大学研发的空战人工智能计算机阿尔法驾驶三代机F-15,与一名飞行20多年的美空军上校驾驶四代机F-22的模拟空战中,空战人工智能计算机完美击落了F-22。可以预见,人工智能军事技术创新和应用将进入一个集中爆发期,智能化战争也许比预料的来得更早、更快,更具颠覆性和深远性。

空军作为未来战争中的先行者、踹门人和全球打击力量,在变化莫测的战争态势下,必须在快速感知、认知态势变化基础上,通过智能化指挥控制及时作出正确决策、制定规划方案、实施临机调整控制,实现预定或动态作战目标。

智能化指挥控制[1]是指将智能信息处理的先进算法(遗传算法、神经网络等)及概念(边操作边学习、系统自组织等)与指挥控制的"观察—判断—决策—行动"作战指挥活动循环模型相结合,提高对信息的深层次实时处理和对武器的有效协同控制能力,其目的在于提高决策速度和指挥效率。智能化指挥控制特点是使军事决策科学化、群体化、实时化,使决策者依靠智能化技术,既能弥补人自身难以克服的弱点、完善决策手段,又能优化决策过程,能在一定时间内对战局作出正确判断,指挥控制智能化发展的需求包括以下几个方面。

1) 掌握和使用现代战场信息资源,从而夺取信息优势的需要

随着大量传感器以及智能化组网运用,作战指挥人员面临的问题不再是信息太少,而是信息太多,这是激增的数据背后隐藏着许多重要的信息,但同时有的信息是冗余的,有的信息是完全无关的。此时指控系统在显示目标信息时不应该仅仅是简单的罗列,而应该是将最重要的信息及时、准确地提交给决策者,使之能够对战场态势进行更高层次的分析。提供过多的不相关的信息会干扰和误导指挥人员,使之感到困惑。目前的指控系统中的信息信息处理环节无法发现数据中存在的关系和规则,仅仅凭借指挥人员自身的专业知识和作战经验,难以从海量的战场数据中迅速、准确地获取清晰、有用的战场信息,已成为夺取战争生理的"焦点"和"瓶颈"。鉴于这些现代战争中的智能化观测装备的使用以及对信息处理能力需求的不断提高,指挥控制系统必须逐步实现智能化的需求变得越来越迫切。

2) 指挥控制过程决策支持自动化,实现作战资源运用效能最大化的需要

信息时代战争具有突发性、隐蔽性及战争过程的快速性、大纵深和海地空一体等特点,而现代联合作战体系指挥控制系统与网络化多类型传感器系统以及网络化多平台武器控制系统之间接口关系复杂,信息量和控制量十分庞大,要面对多方向多类型多梯次的各类作战对象和威胁目标攻击,指挥员是否能在最短的时间内做出攻击判断是一件异常复杂而困难的工作,没有指挥控制系统的自动化、智能化的辅助功能,指挥员难以对来袭威胁进行正确评估、制定正确有效的作战方案、组织实施精确高效的作战行动、统一调度作战资源以及保证作战目的的实现。因此,智能化辅助决策是形成适应现代战争指挥控制过程自动化的关键。

3) 深层次总结经验教训,实现战争规律的量化分析和学习的需要

智能化建立在知识的基础上,发展智能化指挥控制,首先要建立指控知识体系,解决战争认知层面的知识表示、复杂战争规律的知识学习、面向博弈对抗的知识推理等基础问题。因此,需要结合机器学习等理论,研究有限作战样本数量条件下的知识学习方法、多因素制约下的复杂战争规律学习模型、战争规律动态演化的增量式在线学习方法,建立一套学习机制和模型算法,揭示复杂战争规律的知识学习机理,实现机器高效学习战争背后的规律,通过作战案例分析、对抗训练和演习等不断提高智能水平,从而支撑各类智能化应用。

4) 迎接新一轮世界军事变革挑战的需要

随着高技术群体的不断发展,未来将相继出现智能计算机、神经网络计算机、光计算机、高速超导计算机、生物计算机等新概念计算机,将使人工智能技

术迈上新的台阶。未来计算机的功能,将由运算、存储、传递、执行命令转向思维和推理;由信息处理转向知识处理;由代替和延伸人的手功能转向代替和延伸人的脑功能。从而为作战指挥控制提供更加先进的智能化手段,使作战指挥与控制真正进入自动化、智能化时代。因此,指挥控制系统的产生和发展是一个由低级到高级、由简单到复杂的演变过程。智能化指挥控制系统以其独特的智能化优势以及全天候、全方位的作战能力、生存能力、较低廉作战费用和绝对服从命令的优势,已成为作战指挥与控制的信息高速公路,可以高度自动化地确保指挥员近实时地感知战场,下定决心,协调、控制部队和武器平台的作战与打击行动,极大提高指挥员观察战场和指挥作战的能力,充分适应新一轮世界军事变革的挑战。

8.3.2 发展思路

联合作战模式由基于网络技术支持的一体化作战正在向基于智能技术支持的自主性联合作战转变,性能更先进的计算机、人工智能等技术的发展正推动着指挥控制系统将更多地转变为思维、推理和知识处理,实现脑功能的延伸。然而智能化指挥控制系统的产生和发展也是一个由低级到高级、由简单到复杂的演变过程,应分步骤分阶段地开展其所涉及的基础技术研究,突破其所涉及的大数据处理实时化、态势分析自动化、辅助决策知识化、武器控制自主化、决策干预智能化以及人机一体化等关键技术,使之广泛地应用到战术乃至战役、战略级指控系统工程中,逐步实现指挥控制系统的知识化、智能化,为作战人员提供自动化的辅助决策支持能力。

(1) 采用先进的信息、通信、网络以及系统顶层设计技术,制定智能化指挥控制系统的统一的标准、规则、规范,开发新型集成环境(硬件和软件以及计算机语言和工具等),以此整合现有的各指挥系统及相关信息资源,扩展现役网络、通信与指挥自动化设备的功能。

(2) 逐步开发和研制具有智能化指挥控制技术的相关系统,包括建立智能化专家系统,能够自动进行分布式决策,对威胁与行动结果作出预判。如开发具有智能的战术级地面防空反导指挥控制系统,可自动地进行态势和威胁的估计,自动进行合适的武器配系、火力部署任务规划以及射击预案辅助决策。

(3) 增强智能化指控系统的自学习能力,建立智能化指控系统间的联合决策和相互间的决策支持,也就是说综合运用模糊推理、神经网络等人工智能技术设计研制在确定和不确定环境下,与人脑决策功能逼近的能进行知识获取、逻辑推理、知识表示、逻辑思维和形象思维以及知识库更新的决策支持专家系统,赋予指控系统自学习功能,且可根据人工干预结果形成新的决策。

(4) 开展智能化指控数字/半实物仿真、联合试验与验证、评估等技术研究，使之智能化指挥控制装备技术发展符合预先研究—演示验证—型号研制途径，减少装备和技术应用所产生的经济和军事风险。

此外，要及时把握不断出现的智能计算机、神经网络计算机、光计算机、高速超导计算机、生物计算机等新技术，创新应用到指挥控制系统中，加快推动指挥控制系统智能化发展进程，及早实现作战指挥控制真正进入自动化、智能化时代。

8.3.3 技术方向

智能化指挥控制强调信息汇聚感知、知识自主学习、智能决策、动态服务、人机一体交互等特点，涉及的学科专业或技术领域很多，大致可以将其划分为两个层次或两种类型的技术：一是支撑智能化指挥控制发展的共性基础技术，包括微电子技术、光电子技术、计算机技术、新材料技术、先进制造技术和人工智能技术等；二是为直接开发智能化指挥控制系统而发展的应用技术，包括信息感知、数据融合、情报整合态势汇合、主动感知任务管理、任务规划、目标智能分配、武器协同智能决策以及人机一体化交互等，这些技术决定战场信息采集的效率、信息分析和处理深度、态势汇聚和威胁判定提取、作战计划制定自动程度、武器精确协同、指挥员与动态的战场自动交互作用和推理以及战场资源自我重组等能力，下面重点介绍这些技术方向。

1) 信息感知技术

信息是智能化指挥的基本要素，作战指挥人员分析战场态势，制定作战方案，实施指挥，以及发挥武器系统的效能等，都需要大量的信息作为支撑。而要获取信息，必须使智能化作战系统具有综合的战场信息感知能力，能够多渠道、多手段地获取有关己方、敌方、中立方部队的位置、运动，以及所处的地理环境等方面的所有信息。要使智能化作战系统具备战场信息感知功能，就必须综合运用多种侦察手段，建立战场侦察体系，并与智能化作战系统相连接；同时，智能化作战系统还要能将各探测系统获取的信息进行数据融合。随着超视距侦察器材和先进夜视器材的运用，情报侦察弹的时域、空域、频域大大扩展，在太空、空中、地面、海上、水下都有侦察平台，光、电、声等多种侦察手段并用，红外、微波、声波各种波段侦察并行。信息感知的实时共享，缩短了"观察—判断—决策—行动"的周期，增强了战斗力释放的有效性。

2) 数据融合技术

信息融合技术是人们通过各种传感器对空间分布的多元信息进行时空采样，对所关心的目标进行检测、关联（相关）、跟踪、估计和综合等多级多功能处理，以更高的精度、较高的概率或置信度得到人们所需要的目标状态和身份估计，以及完整、及时的态势和威胁估计。其基本特征是目标和环境特征的搜集和建模、算法、概率和统计、时空推理、辅助决策、认知科学、并行处理、仿真、测试、异构系统集成和多级安全处理技术。信息融合技术可提高系统空间和时间的精度范围,增加系统的利用率,提高目标的探测识别能力,增加系统的可靠性,为指挥员提供有用的决策信息。

采用信息融合技术的指挥控制系统可有效地辅助战区或更低级别的指挥员,进行从空间到水下的大范围监视,预测环境条件,管理分散配置的信息系统与装置。信息融合技术还用于集成来自各种探测器和情报机构的各种信息,以便对信息进进行分析、筛选、识别等处理。采用信息融合技术的指挥控制系统,通过生成和维持一致的作战画面,支持对分散配置的部队与武器系统进行协调和指挥控制。信息融合技术在汇集有关敌方力量和作战现场的必要数据,以及向指挥员提供有关信息方面,也具有十分重要的作用。

3)情报整合技术

现代战争中,情报的搜集数量之大、范围之广、同一目标信息来源之多,超过了以往任何一个时期。但数据和信息并非越多越好,面对过多的信息,指挥员可能会被淹没,感到没有足够的时间去分析判断,下定决心。信息过剩、信息泛滥成为影响决策的新动因。在信息化条件下,既需要获取尽可能全面的信息,又必须借助计算机信息处理、综合数据库等技术,对大量的信息进行选择、比较、分析、甄别、融合等智能综合处理,将信息转换为有价值的情报。信息空间的情报整合工作是对信息的分析与处理,是信息的一种过滤活动。情报整合通常分为4步:第1步,分类综合,把接收到的从探测系统获取的信号侦察、密码破译、空间检测、遥感图像等战场目标状态和属性数据,来自部队侦察的情报,以及友邻部队传来的通报存放到相应的数据库,或标注在图上或表格内;第2步,初步认定,根据情报信息的获取时间、地点以及收到的时间,研究与判断信息来源的可靠程度以及获取时的具体情况;第3步,分析判断,仔细分析情报所含内容,并与同一目标的其他情况进行比较进一步判断情报的可靠程度、重要程度、紧急程度和价值;第4步,做出情报综合的结论,把敌人的行动性质、部署和重要目标的情报归纳在一起,结合情报系统中的地理信息数据、武器装备数据等,通过综合处理,正确断定战场实际发生的各类事件的位置、性质及相互关系,并对整个战场的威胁和敌方意图做出评估,得出有关结论。

情报整合的对象是整个战场环境,比数据融合的信息种类要宽泛得多,其粒度大但离散。进行情报整合时,关心的已不仅仅是空间1个或1群目标具体运动的属性和物理状态的属性,而是多种信息源获得的多目标群的整体合成环境。情报整合的实时数据量可能少些,但难度要大得多,更需要情报人员的介入和干涉。

4) 态势汇合技术

为了获取信息优势,指挥员必须全面掌握战场的物理空间情况,包括敌我双方的兵力部署、作战任务、运动情况,以及所处地理环境(如地形、天气、水深条件)的各方面信息。信息技术的发展,使得战场上的情报能够迅速汇合到指挥所,经过计算机处理形成战场态势,通过监视器或大屏幕等设备清晰、直观地显示,供指挥员分析、研究,为指挥决策提供帮助,这个过程就是态势汇合。态势汇合的关键是能够近乎实时地向各级指挥员提供战场空间内敌对双方的态势信息,形成通用作战图,以扩展他们的视野,更好地了解战场情况的任何变化,及时有效地做出应变措施,同时,形成对战场态势的一致理解。态势汇合的基础是异地分布的联合作战指挥员共同标绘同一张态势图的工具集合实时响应能力。

5) 主动感知任务管理技术

在对多方向、多类性目标进行主动感知的过程中,考虑在复杂实时动态环境下,由于存在众多约束条件,需要对传感器所在平台的探测任务进行有效规划和管理,即根据探测任务,制定出按传感器的空间协同、工作模式协同、交接协同、时间协同的所有感知实体的一个全局连贯可并发执行的行为序列,其中空间协同是指保障整个作战空间对敌方的有效最佳覆盖;工作模式协同是指选择传感器的工作模式和相应的工作参数,使得目标被有意识地置于不同传感器设备的工作范围之内,以获得整个传感器系统对目标的最佳综合探测效果;交接协同是指协同多个传感器间目标进行及时有效交接,以形成对目标的连续不间断探测;时间协同是指根据当前时间、目标状态以及战术原则,预测未来事件,检测或验证所期望的事件,制定出详细的传感器协调控制时间表。从而达到提高战场传感器的整体探测跟踪性能,保证对目标全程的覆盖、跟踪目标的连续性和可靠性。

6) 任务规划技术

任务规划"(Mission Planning)一词来自于美军非条令性文献,所谓任务是指一项具体的战术作战飞行任务(飞机、巡航弹等),而规划就是制定执行这项战术任务的行动方案,现在已延伸战略和战役级。它是通过融入各种作战规则、交战模型和大量的能力数据,基于作战思想、原则、条令和方法,采用人机交互方式,快速制定和生成计划方案、任务指令、机动航路/轨道和加载参数等,从而支持战略、战役和战术级作战任务。其中,战略级任务规划主要用于综合分析研判战略形势,确定作战指导方针,制定作战方案,配置作战兵力和战略资源,筹划组织战略预警/侦察/监视/情报、战略投送和反导作战等行动,进行战略评估;战役级任务规划主要用于分析战场态势和战役任务,评估部队作战能力,制定战役计划,进行战役目标分析和兵力指派,规划设计的各类作战行动,进行战场组织管理和作战效果评估;战术级任务规划主要用于分析任务目标和战场威胁,确定战斗队形和武器配置,规划行动计划,优化战术战法,进行作战效能评估,并根据上级分配的任务和赋予的权限,对打击时敏目标等战术任务进行动态实时规划。

7) 目标智能分配技术

网络中心环境下的陆、海、空、天战场态势复杂、信息瞬息万变,武器种类繁多,而当面临陆、海、空各类威胁目标时,指挥人员只有很短的时间来进行观察、定位、决策和采取行动,因此,需要目标智能分配技术,才能够实现在极短时间内对来袭目标合理分配武器,形成最佳兵力、兵器的使用方案。它包括三个阶段:第一阶段判断目标进入下辖火力单位的可能性;第二阶段根据目标轨道/航迹参数和落点估算,作出威胁等级判断;第三阶段优选具有拦截能力的武器资料,从而达到最佳利用广泛分布在陆海空天的多个平台上武器获取最大作战效能。

8) 武器协同智能决策技术

高技术空天战场目标越呈现多样化、隐身化以及高超速特点,如各种类型导弹、飞机以及高超速武器采用多方向、多波次、大饱和度的方式发起攻击,且这些目标威胁度极高。因此需要快速高效组织各类作战武器对来袭的目标进行协同拦截,即根据来袭目标的战斗运动要素、作战意图要素、作战空域等,结合各类武器部署位置、射击诸元、交战空域以及环境约束条件,建立动态环境下的多变量、多元函数优化的目标—武器协同交战规划决策模型,利用智能体协同机制和方法,对武器进行分布式分配,从而达到多平台协同作战中目标分布式分配的优越性,提高作战资源的分配效率。

9) 智能代理技术

智能代理又称智能体,是人工智能研究的新成果,它是在用户没有明确具体要求的情况下,根据用户需要,代替用户进行各种复杂的工作,如信息查询、筛选及管理,并能推测用户的意图,自主制定、调整和执行工作计划,具有智能性、理性、移动性、主动性和协作性,是可进行高级、复杂的自动处理的代理软件。它是人工智能领域近年来研究的一个热点,应用于信息检索领域之后,成为开发智能化、个性化信息检索的重要技术之一。其中,智能性是指具有丰富的知识和一定的推理能力,能揣测用户的意图,并能处理复杂的难度高的任务,对用户的需求能分析地接收,自动拒绝一些不合理或可能给用户带来危害的要求,而且具有从经验中不断学习的能力,适当地进行自我调节,提高处理问题能力。理性是指在功能上是用户的某种代理,它可以代替用户完成一些任务,并将结果主动反馈给用户。移动性是指可以在网络上漫游到任何目标主机,并在目标主机上进行信息处理操作,最后将结果集中返回到起点,而且能随计算机用户的移动而移动。主动性是指能根据用户的需求和环境的变化,主动向用户报告并提供服务。协作是指能通过各种通信协议和其他智能体进行信息交流,并可以相互协调共同完成复杂的任务。

10) 多模态人机交互技术设计

随着计算机技术的高速发展,人机交互方式的种类也越来越多,比如鼠标、键盘及触摸屏等输入方式。而在现有的人机交互中,用户每次只能用键盘、鼠标一种输入设备来指定一个或一系列完全确定的命令或参数,因此,用户输入以串行性和精确性为特征。这种人机交互的串行性和精确性在许多场合不必要地增加了用户的作业负荷,降低了交互效率,破坏了交互的自然性。为了提高人机交互的自然性、高效性,必须改变现存单模式交互方式而采用多模态用户界面。智能指挥系统的人机交互技术和用户界面必须能完成与不同计算机装置的交互。由于这些计算装置使用的时间和空间特点不同,使得交互方式也不尽相同,多模态人机交互技术是解决这一问题的方法之一。

多模态人机交互手段具有传统人机交互不可比拟的优势,比如采用触摸屏的人机交互界面能通过计算机技术处理声音、图像、视频、文字、动画等信息,并在这些信息间建立一定逻辑关系,使之成为能交互地进行信息存取和输出的集成系统。换而言之,它能综合信息发布者的意愿和接受者对信息的需求及接受习惯,对信息进行收集、加工、整合并双向式传播。触摸屏输入方式符合简便、经济、高效的原则,具有人机交互性好、操作简单灵活、输入速度快等特点。它能与迅猛发展的计算机网络和多媒体技术相结合,使用者仅仅用手指或笔点击触摸屏幕,就能进行信息检索、数据分析,甚至可以做出身临其境、栩栩如生的效果;比键盘等传统输入方式简单、直观、快捷,具有丰富多彩的表现能力和亲和力。

8.4 有人/无人平台协同

8.4.1 发展需求

随着信息技术的飞跃发展,以及"分布式作战""远程精确打击"和"零伤亡战争"等作战思想的兴起,"机上无人、系统有人"的无人平台正在成为未来空军前出作战体系的主角。

无人机的主要优势是长航时、多功能、生存能力强,隐蔽性好,部署灵活、响应及时、造价低廉,适合于执行枯燥、恶劣或危险环境的任务,其主要劣势是平台载荷能力、探测感知能力、打击能力有限,智能决策和自主控制能力不强,难以执行复杂任务,实时动态任务调整能力较差。受限于单平台无人机的劣势,发展无人机协同作战能力成为目前国内外无人机发展的主要方向。利用有人机控制无人机群,可以实现大范围、实时性、高机动的预警侦察,作为预警探测、侦察防空的有效补充手段,满足热点区域常态化无缝覆盖监视的需求,并且实现在有人机控制下的多无人机协同打击能力,克服单架无人机载荷有限带来的弊端,充分发挥无人机高灵活、低成本、伤亡率低的优点。但是无人机编队协同作战模式的研究尚在起步阶段,在目前的技术条件下,实现高度可靠、安全、有效的自主控制无人机有较大难度。根据未来战争对无人作战飞机的作战任务需求,结合有人、无人作战飞机的作战特点,考虑目前无人作战飞机的发展现状及相关技术发展的水平,在未来信息化、网络化、体系对抗作战环境下,无人机将主要采取与有人作战飞机联合编队实施协同作战任务的作战方式。这种作战方式将实现有人、无人作战飞机之间以及整个作战体系之间信息和资源的共享及作战任务的协同,能够实施更加灵活的作战战术,从而提高整个系统的作战效能,有着重大的军事应用价值。

1) 最大程度发挥无人机作战效能的需要

在以网络为中心的高科技战争中,有人机无人机协同作战将显著增强体系作战能力,有人/无人系统能够优势互补和分工协作,从而将各自的效能发挥到最大。有人机无人机协同作战方式,可以充分发挥有人平台中指挥员判断决策能力在关键时刻的作用,弥补无人平台智能性的不足,提高系统环境适应能力和整体作战效能。实施联合目标确定、协同指挥控制、一体化作战、快速打击决策及动态评估,从而实现"传感器—控制器—射手"的一体化作战模式,极大地缩短发现目标到打击目标的时间,还能够避免我方战斗人员伤亡。因此,需要尽早研究各种有人机无人机的多类型协同作战模式,在作战体系中验证无人作战装备的能力,最大程度发挥无人装备作战效能。

2) 探索有人无人协同作战优化运用规律的需要

为了获取未来无人作战的优势,必须尽早研究无人/有人协同作战的特点,探索有人无人协同空战、海战、地面战、跨域联合作战的发展规律,充分利用各种无人作战装备能够超越人体生理极限、可在危险高威胁环境下执行任务的优点,并与有人系统结合以避免无人作战装备的缺点,才能实现无人作战体系效能的最大化。例如:由于无人机可采用非常规气动布局,从而可能比有人机具有更加优越的飞行性能、隐身性能,同时无人机在长航时、高空、高速、高机动、载弹量等方面也更有优势;但无人机在自主性、智能化、识别、判断和远程控制时延等方面存在着劣势,必须充分利用有人/无人协作,因此继续探索有人/无人协同作战以及组网运用等方面的规律,以应对未来高技术局部战争。

3) 满足遂行多类型复杂作战任务的能力的需要

当前,无人作战飞机大多仍处于自成体系的状态,设备构成复杂,仅能满足低威胁环境下的侦察监视、电子对抗、反恐等作战任务。而现代战争已成为系统与系统对抗,成为五维合一的联合作战。依靠任何单一军兵种的单一平台和系统,都难以发挥应有的战斗力。由此可见,通过制定有人、无人作战装备之间的互操作标准、加强无人作战装备与有人作战装备综合集成,实现互联互通互操作以及通用化保障,构建无人作战装备和有人作战装备高度联合作战体系,形成优势互补,才能真正提高联合作战的整体效能。

4) 引领无人作战力量建设与世界发展同步的需要

根据相关资料追踪研究,美军正大力开展将无人机融入到有人作战空间的相关研究,旨在实现无人机和有人机"同一基地、同一时间、同一节奏"的综合集成,随着其在无人机自主/半自主控制、自适应任务规划、有人机无人机协同管控等技术上的迅猛发展,使得美军在有人机无人机协同运用的技术开发和应用试验方面均处于世界领先地位,而我国空军有人机无人机协同运用仍处于起步阶段,相关指挥流程、入网信息、指挥命令、行为规则、战役战术战法、协同模型以及通信链路等亟须统一进行顶层设计和开发,有效缩短与美军无人机体系装备发展距离。

8.4.2 发 展 思 路

面向未来无人作战平台大规模作战运用需求,基于对有人机/无人机协同作战样式、作战流程的深入分析,构建支持多类型协同模式有人机/无人机协同管控框架[2],突破有人机/无人机协同任务管控技术,有人机/无人机一体化调度与能力聚合技术,实现对抗条件下有人机/无人机协同运用能力,推进形成无人作战平台高烈度作战环境下遂行多类型复杂作战任务的能力。

1) 实现指挥信息系统对有人机无人机的一体化指挥控制

地面/空中指挥信息系统承担对有人机/无人机作战一体指挥控制、围绕多机种协同作战的要求,基于作战任务、当前态势和战场环境,综合分析无人机、航空兵、信息作战防空等作战力量的作战能力,空中预警和情报侦察能力,统一组织运用无人机与有人作战飞机等作战力量,协同制定作战方案,确定时间、空间和资源的协同要求。

在任务执行过程中,依据协同作战计划关键节点、任务监视和态势预测结果关联生成实时指挥命令,监视有人机对无人机的任务控制状态、无人机任务执行状态以及有人机无人机协同状态,适时生成协同侦察、协同攻击、协同防护等指令;指挥有人机/无人机编队协同侦察、协同攻击;向地面站下达指控权变更命令,管理地面站任务交接状态;管理有人机对无人机的任务控制,适时发送打击目标授权指令,实现对空/对地目标的最终打击。

2) 实现有人机对无人机的任务控制能力

在有人机上加装对无人机进行任务控制的任务管理装置,是实现有人机/飞行员对无人机协同控制的关键,也是降低飞行员负担的必要手段之一,有人机将根据作战任务与作战计划、战场态势、系统可用资源等多种因素,进行任务级的决策,并将任务决策的结果以指令形式发送至无人作战飞机。

任务管理装置的功能应包括:根据指挥信息系统的任务指令,确定有人机无人机编队的具体行动方案,生成有人机无人机航路规划以及载荷/武器行动方案;在任务执行过程中,监视无人机状态和任务进展情况,根据战场实时态势,进行临机任务调整/航路重规划,产生行动建议,提交有人机飞行员批准,飞行员可以选择采纳和否决,并依据行动方案,向无人作战飞机发送调整后的航路规划、飞行控制指令、载荷(传感器)的控制指令;能够对无人机运动状态、运动姿态进行远程控制,能够对无人机上的侦察载荷、侦察吊舱等进行远程控制,能够支持对无人机携带的武器进行火力控制。

3) 实现无人机半自主决策能力

无人机具备一定半自主任务智能决策能力,是实现有人机/无人机有效协同的关键之一。无人机应具备根据有人机的任务规划指令自主规划和调整无人作战平台的任务执行参数的能力,包括任务执行路线、载荷工作参数。

无人机在接收有人机的打击目标授权指令后,由指挥信息系统在进入作战段前完成战术决策和任务动作决策,无人机机载任务管理系统解析并执行机动动作,根据有人机控制指令或预装规则控制开关雷达、施放诱饵弹、生成武器发射诸元并适时发射武器。

4) 实现有人机无人机精确时空同步能力

对于有人机/无人机的协同作战而言,协同是根本,而要达到协同,必须建立起基本的协同控制环境,能够对有人机和无人机进行时间/空间上的管理,使其具有精确的时空一致性。

有人机/无人机协同编队中的相对坐标系通常采用以某平台为坐标原点的地理坐标系、载体坐标系或者地心地固坐标系,利用本平台及它平台的绝对位置、速度、姿态及时间信息以及平台间的相对位置、距离、角度及时间等信息,进行相对导航信息的处理,从而获得平台间的相对位置、速度及时间配准信息。编队中的有人机无人机都是以自身为中心。通过相对导航手段获得与该平台建立通信连接的其他平台的相对时空基准信息,并结合本平台的绝对参考基准信息,将从其他平台获得的时空信息转化到本平台时空统一基准下的时空信息,由此编队中的各平台都可实时地掌握全局态势。

5) 实现有人机无人机高可靠性信息交互能力

指挥信息系统对有人机无人机的一体化指挥控制以及有人机对无人机的任务控制,都离不开高可靠性信息交互能力的支撑。

由于战场环境的瞬息万变,通信链路应考虑到由威胁引起的通信暂时中断或数据延迟等情况下的应对方案,实现宽带高效的数据链传输和抗干扰低截获低检测传输能力,以保证态势信息的共享和指挥控制指令的传输,从而为有人机无人机协同任务组提供战场范围内的统一态势,并基于统一态势实现高效的指挥控制与目标打击。

8.4.3 技 术 方 向

1) 有人机/无人机作战协同技术

解决复杂环境下有人机/无人机协同作战筹划和任务管控能力,突破有人机/无人机多要素协同任务筹划任务技术,实现面向行动的空域协同、时域协同、频域协同、目标协同和火力协同的有机结合;构建多模式有人机/无人机协同管控框架[3],基于协同决策库,形成面向行动的自适应管控、分布式管控和集中式管控模式的切换机制,基于群体智能统一框架,研究其收敛性与稳定性,阐明群体智能机制、突破有人机无人机自主协调控制机制。

2) 抗干扰、抗截获的无人机数据链技术

由于无人机上没有飞行员操控,无人机在指挥控制、作战协同和态势共享等方面对数据链的依赖程度要远大于传统有人飞机,保证数据链的安全性和可靠性是无人机必须解决的关键技术问题。本技术从射频信号、基带处理和数据加密三个层面加强无人机数据链的安全性和可靠性,发展抗干扰、抗截获的无人机数据链。研究重点包括:定向波束跟踪技术、自适应功率控制技术、干扰抑制技术、数据加密技术。

3) 无人机离机自主控制代理技术

面临不确定战场环境和复杂的通信条件,若在有人机/任务控制站配置离机自主控制代理,将能够与无人机机载自主控制器并行工作,二者互为备份、无缝连接,同时可以兼容平台的不同自主控制能力。离机自主控制代理将完成基本的避碰、威胁规避、自主飞行等控制任务,实现无人机基本任务剖面的自动控制。控制权将在有人机/任务控制站和机载自主控制器间无缝迁移,实现可变权限自主控制,从而减少操作员工作负担。

通过本技术研究,将实现对无人机的控制权在有人机/任务控制站和机载自主控制器间无缝迁移,实现可变权限自主控制。研究重点为无人机自主控制内容及自主控制权限等。

4) 多模态实时人机交互控制技术

在有人机/无人机协同作战中,有人机飞行员不但承担本机的驾驶及交战控制,同时担任编队无人机的指挥控制任务,有人机飞行员需要操作简单、实时、可靠的人机交互控制界面。

通过本技术研究,将提供有人机飞行员对显示画面、计算结果、输入信息的控制手段。研究重点包括:自然语言分析理解技术、文语交换技术、手势控制技术。

5) 多载荷协同运用规划技术

分析雷达、通信、导航干扰载荷性能参数、使用频域和使用场景,结合干扰目标雷达、通信、导航载荷性能参数,计算目标携带侦察载荷收容能力、我对抗载荷干扰能力,按照目标活动规律和任务企图,以及我需要保护的区域和重要电磁信号,基于干扰使用规则,采用区间数方法,统一优化有人机/无人机载荷运用模式、运用规则、工作地域、工作频域、协同时序,需要研究雷达成像收容能力计算、雷达干扰效果计算、通信干扰效果计算、导航干扰效果计算、频谱冲突检测和频谱协调等技术。

6) 有人机/无人机协同定位技术

多机协同高精度快速定位技术基于高精度时统,通过多平台组网协同工作,能快速、准确测量辐射源的位置,将多平台获取的多个传感器的数据进行综合处理,有助于产生准确的实时战场态势图,为重点目标监视、跟踪提供情报支撑,为支援通信反辐射打击提供目标高精度目标指示依据。

针对有人机/无人机组网协同工作特点,通过研究有人机/无人机组网协同高精度定位总体设计、高概率信号截获与配对、高精度参数提取与定位解算、运动平台之间高精度时空同步,提升对通信辐射源的定位精度,满足对敌方通信网络侦察识别、网络拓扑结构分析和通信网络对抗引导的需要。

8.5 赛博对抗与韧性

8.5.1 发展需求

未来战争是基于信息系统的体系与体系的对抗。在复杂多变、对抗激烈的战场环境里,空军指挥信息系统局部受损将趋于常态化。如何使空军指挥信息系统在部分节点失效、瘫痪、损毁的情况下能够降级运行并尽快恢复,保障关键任务完成,已成为迫切需要解决的现实问题。

对于空军而言,由于空、天的战略地位,防空作战将首当其冲,并贯穿始终、影响全局,空军将面对拥有高度信息化武器装备的强敌。夺取战场制信息权将成为敌我双方争夺的焦点,而网络化信息系统作为战场的"神经中枢",成为敌方首先打击的重点目标。敌方现代化的侦察、探测、定位能力,高强度、全时空的电子战、网络战、网电一体战能力,高精度、高强度的空袭能力使空军信息系统面临精确侦察、精确打击、精准摧毁等诸多威胁,其生存性受到严峻挑战。因此,空军网络化信息系统必须具备容侵拒止、快速恢复能力,确保信息系统的持续运行,保证关键任务的完成。

1) 适应信息系统网络化发展,支持多样化作战任务的需要

经过多年的发展,空军指挥信息系统已全面进入"网络中心化"建设阶段。为充分利用网络化资源、最大发挥系统网络化优势,满足多样化作战任务,需要提高空军指挥信息系统的灵活性、适应性和敏捷性。

2) 应对赛博空间威胁的需要

目前,赛博空间已成为一个作战域,随着世界上军事强国网络空间战略的深入推进,空军指挥信息系统面临着极大的来自赛博空间的威胁。2015年4月,美国防部发布了新版《赛博空间战略》,提出了在战术行动中纳入赛博战,标志着世界军事强国的赛博作战能力已进入实战化。目前世界上军事强国正在加紧针对隔离网络的无线攻击技术攻关。通常,军事信息系统是物理隔离的,但核心网络技术体制和互联网基本相同,一旦实现接入,针对互联网的很多攻击手段在军用网络上也可能起到类似的破坏作用。针对伊朗核设施的"震网"病毒为专用物理隔离网络的安全性敲响了警钟。因此,迫切需要开展赛博韧性研究,提高空军指挥信息系统应对赛博威胁的能力,确保对抗条件下的安全可靠运行。

3) 支持体系作战能力形成的需要

在未来体系对抗中,信息系统将成为战争主导权争夺的焦点,也是敌我双方攻击的首要目标[4]。针对信息系统的攻击主要包括物理攻击、电子攻击和赛博攻击等。任一种攻击都可能造成信息系统节点损毁,系统降级、降效。在实战中,上述攻击手段会被综合运用,使得信息系统面临威胁更大,例如美空军的"舒特"系统就综合运用了电子战、网络战和物理打击等多种手段。因此,迫切需要研究信息系统的结构灵活适应、资源动态重组、信息精准服务、态势准确感知、快速自愈恢复等技术,确保关键任务完成,支持体系作战能力形成。

8.5.2 发展思路

为了在发生扰动和变化情况下,仍然能够及时完成预定任务,空军网络化指挥信息系统需具备韧性的特性,即能够持续监控自身和环境,建立主动调整的适变机制,从而消除或减轻扰动影响、适应变化,保障任务的完成。将空军网络化指挥信息系统发展为具备韧性特性的系统,可从以下方面入手:

1) 结构自适应

结构决定功能是系统论的基本观点。具有最优结构的系统并能在战场环

境及任务的不断变化时,主动适应并再次达到最优是实现系统韧性的基础。系统结构由系统单元及其单元之间的关系组成,系统单元是指具有特定功能的、担当一定角色的、物理上独立存在的功能体,它是系统的组成部分。结构自适应的本质是系统结构以灵活性、鲁棒性和高效性等结构韧性能力指标的综合最优为目标,进行优化调整以满足任务和环境变化要求。

2) 功能自同步

当发生故障、受到攻击导致能力受损或不足时,系统能自动组织和运用网络化资源快速重构,形成任务所需的能力,是实现韧性的根本。功能自同步本质上是面向动态变化的战场环境和系统任务要求,通过实现信息系统体系中的各类系统资源之间主动信息交互,建立动态协同机制和模型,并通过非线性相互作用,以复杂系统运行中的自组织、自同步的方式,形成一个微观动态交互、宏观稳定有序、高度自适应的系统资源共同体。

3) 信息自汇聚

针对不断变化的战场环境,系统自动感知用户需求并及时提供任务所需的准确信息,保证任务完成,是实现韧性的关键。信息自汇聚的本质是从大量分布、异构信息中自主地提取、过滤、挖掘出符合任务与用户角色需求的高质量信息,最终目标是使得用户获得信息的质量和效用最大化。

4) 体系自防护

综合集成运用多种防护方式,抵御各种威胁,确保系统正常运行是实现韧性的前提。系统通过主动感知整个体系运行和损毁状况,生成系统全维态势,再通过体系协同、主动改变、功能重构等手段,实现快速恢复,迅速隔离威胁源,确保保障系统功效正常发挥。

体系自防护是指系统能够实时感知自身的运行状况和所处赛博环境的状态,在遭遇外部威胁时,能根据预设的防护策略,采取相应的措施保护体系的正常运行。具体表现在系统能够主动地对网络电磁空间中的各种目标的状态、行为、属性等进行侦查,并对侦查数据进行深度处理,挖掘和预测目标行为的意图和动机,建立网络电磁对抗态势,在此基础上实现对各种威胁目标和威胁行为等的告警,并主动对遭受到的网络攻击与毁伤,通过功能恢复、系统重构、体系调整等措施修复和保持系统体系运行效能,并对威胁目标和行为采取反制行动,保持系统体系效能的持续发挥。

8.5.3 技术方向

1) 多因素的系统结构优化技术

影响系统结构效能的因素包括单元和关系的类型、组成、行为特征等属性,如单元的能力、组织、装备以及功能软件、信息服务、基础数据等多个属性,关系的物理连接、逻辑关系、信息交换要求等属性。系统结构设计的多维约束条件包括网络通信能力、使命任务、系统技战术能力、系统资源等。多因素的系统结构优化机理是实现结构自适应的关键,其本质是指在任务、环境动态变化的多维约束条件下,以灵活性、鲁棒性、适应性、高效性等为系统结构的优化目标,建立系统结构多目标优化函数,求解系统结构单元和关系的设计变量。

2) 系统资源协同特性建模技术

围绕系统资源动态协同问题,以任务功能为驱动,对网络化资源进行分析,按照属性、应用特点、功能进行分类;同时,利用资源矢量空间、资源约束矩阵和行为树等方法分别对资源的一般属性和动态行为特征进行建模,建立资源的统一表示模型,提出资源标识和封装方法。利用多约束条件下联合建模工具,生成系统的约束矩阵,包括功能约束、性能约束、时间约束和空间约束;研究和利用多智能体模型等手段,基于资源模型和与任务空间、指挥关系相关的协同规则,研究面向任务的资源协同模式、协同结构和协同流程,以此形成协同的一般要求;基于协同约束和协同一般要求,根据系统能力协同生成方法和规范的数学表示形式,研究协同能力随外部激励和约束条件的变化规律,形成资源动态协同的理论基础。

3) 系统资源协同交互技术

通过建立面向任务空间、生成策略和构建原则,形成系统资源协同交互的原则和约束条件;采用禁闭搜索、模拟退火、粒子群等启发式算法,求解资源之间的交互和时序关系,可以有效克服传统求解方法有可能会陷于局部最优解和搜索不到全局最优方案的难点,并研究采用着色方法建立资源之间的协同关系,以消解资源协同中的冲突。

4) 任务信息按需共享技术

通过分析不同任务的信息活动及其对信息价值的影响方式,提炼影响信息价值的关键因素,借鉴信息熵技术、信息计量学方法进行定量描述,以挖掘其中的规律,借鉴复杂适应性系统理论,研究各信息活动中任务信息价值的演化过程,建立任务信息的价值链模型。基于元模型方法,实现任务信息统一描述;采用特征提取方法,研究基于任务特征的信息按需组织模式;在此基础上,通过对各类任务分析,并结合任务信息的组织方法论,研究和建立任务信息汇集的策略与原则;结合典型的信息传输机制和信息汇集方法,并遵循任务信息价值链模型的约束,研究和建立基于价值链的任务信息汇集方法。

5) 任务信息精准利用技术

通过研究任务信息需求的描述方法,建立任务信息需求描述模型;利用模板匹配方法结合信息的搜索与过滤方法,研究和分析任务的内容特征,完成任务的特征提取,并自动进行相似度计算,滤去目标任务活动不感兴趣的信息,选择并推荐那些跟模板相匹配的有用信息,从而建立面向应用的任务信息特征提取与过滤模型,综合形成面向任务的信息自主提取方法。根据任务信息需求,结合信息聚合方法,对各自治的信息源建立整编原则与策略,研究和提出面向任务的信息集整编方法,建立任务信息整编的组织结构与目录索引,综合形成任务信息整编规范,支持面向任务的信息集的整编生成与统一组织;根据语义关联度计算方法,分析任务信息之间以及用户角色和任务信息之间的关联关系,研究和建立各项任务的各类关联信息,能够依据关联关系,为不同用户提供精准服务的机制。

6) 赛博空间态势感知技术

赛博空间态势感知技术需要解决三个层面的技术问题:(1)赛博空间传感器技术。综合运用入侵检测、回溯跟踪、日志分析等方法,利用软传感器实现对赛博空间态势基础数据的采集。(2)赛博空间行为挖掘技术。从态势基础数据中发现敌方的组织结构、网络拓扑、威胁源的攻击路径等,分析潜藏在表象下的敌方的真实意图,该技术的实现需要综合应用知识推理、机器学习等方法实现高层的态势感知能力。(3)赛博空间态势评估与预测技术,实现对敌方行动可能造成的威胁充分预估。赛博空间态势评估与预测技术研究的基础是建立赛博空间的特征表征,在此基础上综合运用统计分析、数据挖掘、事件关联等技术,根据敌方行动的攻击图、事件序列等对敌方行动的威胁进行评估和与预测。

7) 系统自愈技术

系统自愈技术是指挥信息系统体系自保护的基础条件。在系统部分资产受到物理摧毁或者降效、瘫痪时,能够及时将局部的被攻击网络或系统断开,通过采用自组织网络、系统服务化、云计算等技术,自动调整网络拓扑关系、资源配置关系、功能调用关系等,快速恢复系统功能,保持其运作效能。

参 考 文 献

[1] 金欣. 指挥控制智能化现状与发展[J]. 指挥信息系统与技术,2017,8(4):8-18.

[2] 钟赟,张杰勇,邓长来. 有人/无人机协同作战问题[J]. 指挥信息系统与技术,2017,8(4):19-25.

[3] 王建宏,熊朝华,许鸾,等. 无人机协同体系结构分析[J]. 指挥信息系统与技术,2015,6(1):22-28.

[4] 赵鑫,刘书航,黄鑫. 任务关键系统赛博安全性评估[J]. 指挥信息系统与技术,2015,6(5):7-12.

内 容 简 介

本书围绕以网络为中心、以信息为主导、形成体系能力等空军网络化指挥信息系统的主要特征进行了深入的探讨,融入了国内外指挥信息系统的最新进展,包括美国和俄罗斯空军网络化指挥信息系统的发展现状和未来建设目标,重点介绍了空军网络化指挥信息系统总体架构,以及信息栅格、感知网、指控网和武器网四个核心系统,最后分析了涉及的主要关键技术和未来发展趋势等。

本书是作者研究团队多年来对空军网络化指挥信息系统研制和关键技术攻关的经验总结,其内容反映了空军指挥信息系统当前发展的新思想、新架构和新方向,适合从事网络化指挥信息系统总体设计、工程研制和装备建设等工作的研究人员与工程技术人员,也适合从事作战管理、装备规划、条令条例编制的部队和装备科研人员研究参考。

Carrying on the deep discussion around the main characteristics of networked C^4KISR system for Air Force, such as network centric, information driven, system capacity oriented, and so on, this book analyzes the latest development of C^4KISR system at home and abroad, including the United States' and Russia's present situation and future goal. And then this book mainly introduces the architecture of networked C^4KISR system for Air Force, and its four core systems, like information grid, sensor network, command and control network and weapon network, etc. Finally, the key technologies and the future development trend are analyzed.

This book is an experience summary of the author team in studying and developing the C^4KISR system for Air Force and tackling the key technologies for many years, which reflecting the new thoughts, new structure and new direction of the current evolution of the system. It is suitable for the researchers and engineering staffs who are engaging in overall designing, project developing and equipment constructing, also suitable for troops and researchers who areengaged in combat managing, equipment planning, doctrine regulating.